EASING YOUR LIFE BURDEN BY STUDY

用学习代替拼命

任何人都适用的训练计划

陈立之 / 著

江西人民出版社
Jiangxi People's Publishing House
全国百佳出版社

图书在版编目（CIP）数据

用学习代替拼命/陈立之著. --南昌：江西人民

出版社，2017.1

ISBN 978-7-210-08880-6

Ⅰ．①用… Ⅱ．①陈… Ⅲ．①成功心理－通俗读物

Ⅳ．①B848.4-49

中国版本图书馆CIP数据核字(2016)第261519号

用学习代替拼命

陈立之 / 著

责任编辑 / 冯雪松

出版发行 / 江西人民出版社

印刷 / 固安县保利达印务有限公司

版次 / 2017年1月第1版

2017年1月第1次印刷

720毫米×1000毫米　1/16　23.25印张

字数 / 345千字

ISBN 978-7-210-08880-6

定价 / 39.80元

赣版权登字-01-2016-680

如有质量问题，请寄回印厂调换。联系电话：010-64926437

　　在这个世界上，谁都想为自己梦想中的成功奋力拼搏，谁都想站在成功的巅峰领略人生的奇景壮观。然而很多有梦想、有热血、有拼劲的人，在经历了一番艰苦的拼搏后，并没有达成梦想中的愿望，而在人生的道路上颠簸徘徊，迷茫彷徨。

　　成功，仅有梦想和热血是不够的；成功，不只是"拼命"两字就能解决的。成功，更多的是靠素质，靠技能，靠实力，靠智慧。很多为梦想打拼的人们，最后未能取得成功，关键在于自己缺少应对挑战的素质，缺少解决问题的能力，因此一遇困境，他们便很快败下阵来。

　　如何拥有成功的技能？歌德说："人不是靠他生来就拥有一切，而是靠他从学习中所得到的一切来造就自己。"人非生而知之、生而能之，而是通过学习，学而知之、学而能之。

　　一个人，从一生下来就开始了学习，学习走路，学习拿筷子，学习穿衣服，学习说话，学习做事，学习处世，学习一切。可以说学习贯穿人的一生。一个人如果脱离了学习，就不能成为一个真正的人，也不会成为一个有本领的人。学习作为一个过程，是一个性格磨炼的过程，是一个完善自我、塑造自我的过程。学习，可以增长见识，可以开启智慧，可以锻炼思维，可以吸收经验，可以汲取教训，可以弥补不足，可以提升技能，可以拓展才干……一句话，学习可以使人生价值得到最充分展现。

学习之路，就是成功之路。那些被称为社会精英的成功人士，无不重视学习，通过学习来提升自我，塑造自我，改造命运。香港地产大王李嘉诚就是一个在任何情况下都不忘记学习的人。他的成功思维不是求学问，而是抢学问。李嘉诚 12 岁来香港即负起赚钱养家的重任，但他上进心极强，工作之余别的同事打麻将玩乐，他就捧着书埋头苦读，天天如此，一本《辞海》都被他翻烂了。如今已功成名就、享誉华人世界的李嘉诚，仍旧爱书如命，他每晚睡前都要看一会儿书。在资讯科技的发展如日中天的今天，他也在天天更新知识。

当今时代是知识经济时代，资讯瞬息万变，竞争日趋激烈，成败就在一瞬之间。在激烈竞争中，个人如果不能不断提高自身技能，跟不上时代发展步伐，将会被淘汰。罗曼·罗兰曾说："成年人慢慢被时代淘汰的最大原因不是年龄的增长，而是学习热忱的减退。"怎样才能不被淘汰呢？就是不断学习、善于学习。只有不断学习、善于学习的人，才能具有高素质、高能力，才能不断获得新资讯、新机遇，才能少走弯路、少受挫折，才能突破困境、走向成功。

本书贯穿"用学习代替拼命"这一主线，紧跟时代潮流，从个性训练、潜能训练、生涯技能训练、目标训练、自控力训练、信念力训练、学习能力训练、思维能力训练、时间管理能力训练、口才训练、社交能力训练等诸方面，层层深入，点面结合，为读者量身打造了一套严谨完备、科学高效的学习训练计划。通过本书，读者可以最大限度地挖掘、发挥自己的潜能，冲破思维中的定势，跨越阻碍你走向成功的无形陷阱，全方位地突破自己，学习和掌握成功必备的各种重要技能，获取通向成功的入场券和通行证，直达成功的巅峰。

学习改变命运，知识点亮人生。当你的才华撑不起你的梦想时，你需要静下心来学习；当你的能力驾驭不了你的目标时，你需要沉下心来历练。用学习代替拼命，用成长换取成功，为了梦想的明天，开启你一生的学习训练计划。

目 录
Contents

潜能篇

Part1 个性训练
世界因我而精彩

Part2 潜能训练
唤醒沉睡的巨人

心智篇

生涯规划篇

学习篇

Part7　学习能力训练

用学习代替拼命

Part8　思维能力训练

创造成功，不是复制成功

Part9　时间管理能力训练

把 24 小时变成 48 小时

社交篇

Part10　口才能力训练
你的口才价值百万

Part11　交际能力训练
和任何人都能交朋友

职业技能篇

Part12　执行能力训练
别让梦想只停在开始

Part13　管理能力的训练
让人人都追随你

Part14 销售能力训练
迈向销售冠军之路

创富篇

Part15 投资理财能力训练
让你的财富滚雪球

Part16 创业能力训练
把握时代的财富风口

潜能篇

持久不变的并不是财富，而是人的性格。

——亚里士多德（古希腊）

一个知识不全的人，可以用道德去弥补，但是一个道德不全的人，却难以用知识去弥补。

——但丁（意大利）

没有人事先了解自己到底有多大的力量，直到他试过以后才知道。

——歌德（德）

多数人都拥有自己不了解的能力和机会，都有可能做到未曾梦想的事情。

——戴尔·卡耐基（美）

每个人都可以让世界变得不同，应该尝试。

——约翰·肯尼迪（美）

Part1

个性训练

世界因我而精彩

▊▊▊▊ 发现真实的自己

个性——发现自我，掌握命运

命运掌握在自己手中，生命的奇迹只能由自己来创造，在物竞天择的大环境里，要想更好地主宰自己的命运，我们必须清楚地了解自己的个性，这是最基本的一步。

生活在同一个地球上，有的人腰缠万贯，有的人穷困潦倒，有的人名闻天下，有的人却默默无闻，平凡一生。是什么决定了这一切呢？难道是冥冥之中命运作出的安排吗？当然不是。那么，究竟是什么原因呢？那就是你的个性。你的个性决定了你怎样生活，也就决定了你成功与否。

个性对生命的影响，主要因为个性决定了你是否有创新精神，能否在事业上取得成功。

我们每个人在经历了不同的时代、事件及接受了不同的教育、培养后，都会形成自己独特的性格品质。而在不同的时期、不同的环境中，为了发展需要，个人还可能在个性上进行有意识的改造，通过自我学习、自我培养，向自己认为良好的个性方面发展。它的好坏、优劣在很大程度上决定着一个人的整体素质，决定着一个人能否取得可观的成就。如果一个人对自己个性的缺陷不通过自己的努力加以抑制与完善，不进行有意识的"性格改造"，那么，失败的个性沉淀下来，趋于定型，就会给自己的生活、工作等带来失误，

甚至因此走向失败的人生。

小说《三国演义》清晰地显示了个人性格品质上的缺陷同胜败之间的关系。袁绍"多端寡要，好谋无决""外宽内忌，用人疑之"，结果兵败官渡；吕布有勇无谋，白门楼束手就缚；周瑜气量窄小，结果三气而死；关云长性格骄傲，"大意失荆州"；张飞生性鲁莽，被部下范疆、张达砍下头颅；司马懿多疑，被诸葛亮空城计所迷惑……的确，金无足赤，人无完人，用"个性是天生的""江山易改，本性难移"来原谅自己或宽恕自己，都是不对的，因为个人性格品质的形成，不仅与先天有关，而且是同后天的修炼分不开的，并且个性也不是固定不变的，而是随个人生活阅历的加深、思想的成熟、生活方式的改变等具体情况而改变的。正如法国唯物主义思想家霍尔巴赫所说的：人的个性，不过是周围社会环境和社会实践的产物，而且是随着各种环境和社会实践的改变而不断改变的。所以说，个性，归根结底是个人生活、自我教育和不断修炼的产物。因此，注重自己个性方面的修养有助于我们每个人塑造成功的个性，以更好地开拓我们自己生活的道路，开辟我们自己事业的天地，实现自己人生的价值。

不同个性的人对待同样一件事情的看法是不同的。面对半杯子水有人会看到充满的那部分，说已经有半杯水了；而有些人会看到未充满的那部分，说还有半杯待充满。

实际上生命的幸福与困厄，不在于降临的事情本身是苦是乐，而要看我们如何面对这些事情，我们感受的强度如何。幸福快乐完全由我们自己来创造，我们自身具备的人格，所具备的一切特质是人的幸福与快乐最根本和直接的因素。人格因素的影响是不可消除的，其他因素都是间接的，所以它们的影响力可以消除。这就说明了为什么人的根深蒂固的嫉妒心理难以消除，不仅如此，人们还常小心翼翼地掩饰自己的嫉妒心。

在我们所经历的人生中，意识、素质总占据着一个经久不变的地位。一切其他的影响都依赖机遇。机遇都是过眼烟云，稍纵即逝，变幻莫测；惟独个性在我们生命的每一刻里不停地工作。所以亚里士多德说："持久不变的并不是财富而是人的性格。"我们对完全来自外界的厄运还可以容忍，但由自己的个性导致的苦难却无法承受：命运可以改变，个性却难改变。但是一些良好的人的品性，如高贵的天性、精明的头脑、乐观的气质、爽朗的精神、健康完全的体魄，简而言之，是幸福的第一要素。要想让自己的生命变得精彩，让自己的生活充满笑声，就得珍视这些良好的品性。

一双慧眼看自己

有句古语，叫做"画龙画虎难画骨，知人知面难知心"。人心难测。知人难，为人知更难。而要知己，则是难上加难。所以有"人贵有自知之明"之说。

然而，一个人要想认识自己，又谈何容易？一辈子不认识自己而做出了可悲之事的大有人在。在今天，还有一部分青年正是由于不认识自己，不能充分理解今天这个社会的情况，而受不得一点点挫折、打击，悲观、失望、苦恼、抱怨、彷徨，终日在哀声叹气、无所事事中把时光轻易地放走。

认识自己，是非常困难的。但对自己有一个正确的认识，是做人的一个最起码要求。

对于有些人来说，自己是什么样的人，只有自己不知道。由于难得有一个真实的参照系来评估自己，所以，我们往往能够很自信地干傻事。

请你先好好地认识自己吧！你也许解不出那样多的数学难题，或记不住如此多的外文单词，但你在处理事务方面却有着自己的专长，能知人善任、排难解忧，有高超的组织能力；也许你的理化差一些，但写小说、诗歌却是能手；也许你连一张椅子都画不好，但你却有一副动人的好嗓子。也许……所以做人，先认识自己，认识自己的长处，如果能扬长避短，认准目标，抓紧时间把一件工作或一门学问刻苦认真地做下去，自然会结出丰硕的成果。

认识你自己，就好像你多了一双睿智的眼睛。

古人早就说过："与其临渊羡鱼，不如退而结网"。只有在你认识了自己之后，你才能自信起来，坚定起来，成为有韧性有战斗力的强者。

认识你自己，充实你自己，这样你就不会哀叹：世界之大，竟找不到自己的立足之地。

真实的自我，真实的成功

要获得成功，应该追求真实。莫将目光避开真实。所有的成功者，都是从看透欺骗和蒙蔽起步的。我们每个人都具备一种看穿现实的本领，只不过这种本领如果一直不用就会钝化，久而久之还会完全丧失。

我们应该永远追求真实，努力使自己正视真实，而不能蒙骗自己。歪曲事实而到手的成功，即便可以算得上是成功，归根结底也不过是偶然的、短命的。真正的成功之路是回避不了真实与现实的。尽管那可能是一条荆棘丛生之路，你也只能在事实的土壤上摸索前进。因为通往成功的光明之顶，非此别无他途。

人应该是由真实、诚实和正直三大支柱而支撑的。那些已经获得成功的先驱者，无不遵从这三大因素。

在日常生活中，针对每件事、每个行动，应该常问自己："这是事实吗？这是他（我）认真的想法吗？"如果你能挺着胸膛说"是"，如果你能得到"不错，那想法是认真的"的评价，那么你的认识可以说多半是对的。任何目标都靠积极行动才能达到，行动的结果完全取决于你。只有始终看清真实，成功的道路才会向前延续。

不管你处于什么样的环境中，要成为一个能正确认识自己的健全之人，真实是超过一切的至关重要的条件。了解真实，承受真实，就有了成功的希望。

一个善于识别真实的人，必定对自己与他人的差异很敏感。不仅明了自己，也能看透别人正需要什么和正追求什么。

成功是一种过程，不可一蹴而就，我们所余下的时间不是还相当多吗？但是，也不要忘记，时间的钟摆一秒钟也不会停歇。胜利的女神从不把微笑赐给那些拱手奉送时间的人。世上没有可供任意挥霍的时间。

给自己一个准确的定位

在现实生活中，人们往往忘记自己的存在，忘记对自己的关爱，从不去问"我从哪里来，我到哪里去"之类的问题，偶尔想起，也不过茫茫然一片空白。

在人生这个舞台上，正可谓：乱哄哄，你方唱罢我登场，反认他乡是故乡；甚荒唐，到头来都是为他人做嫁衣裳。

要给自己一个准确的定位，就要探讨认识自己的问题。这里所说的认识并不是像曹雪芹在《红楼梦》中所讲的道理一样，对于那些身外之物我们还是应该去追求的。我们不反对去追求"身外之物"，更不鼓励人们这辈子禁欲，下辈子进天堂享福。

正好相反，我们鼓励人们去追求现实中的身外之物。但同时我们也绝对不赞同将这些身外之物当作惟一。那些将身外之物当作惟一的人，当追求得到满足后，又会很迷茫，结果是找不到"自己"，不知该往哪里去，于是会堕落，寻求感官享受。

可见人必须清楚地认识自己，不但要建设极大丰富的物质家园，同时还需要建设自己的精神家园。做人固然要追求物质，但在追求物质的同时，一定要有精神。没有精神，任何物质都经不起人们的推敲，没有精神，任何物质都无法使人得到最大的满足。

人首先应该给自己一个定位，自己到这个世界上来究竟是干什么的，必须有个十分清晰的描述。离开了这个描述，人就会迷茫，就会失去前进的方向，就会在一个个十字路口徘徊，这样的人生是没有意义的。

保持做人的本色

现代社会是快节奏的。你在大街上看到的每一个人，都是行色匆匆，似乎有永远做不完的事，整天都是忙忙碌碌的。如果你走上前去，随意问一个从你身旁擦肩而过的行人：你活在你真实的生命里吗？对方给你的也许是一脸的茫然。在商品经济大潮裹挟之下，许多人失去了真实的自我。

当儒雅的学者离开大学讲堂到潮起潮落的商海里去搏击时，当富于激情的诗人丢下自己的笔沉浸于股市行情的跌宕起伏时，你不禁要问：他们快乐吗？他们有自己的归属感吗？当他向你呈上缀着一大堆头衔的名片时，你是羡慕他的成就，还是遗憾他的缺失？

一位作家讲了这样一件事。一天，他到一所寺庙里去吃了一次斋饭。

席间，他问僧人寺庙的斋饭为何这般清淡？为什么不多放一些佐料？为什么不把油盐放重一些呢？那位老僧指着桌上的一盘青菜笑着说：世上人人都吃青菜，可是又有几个人品尝出青菜的味道。要想品出青菜的味道，只要将其洗净放在清水里煮便可，这样我们吸取的才是青菜真正本色的营养。而世人席间所吃的青菜，看似做法讲究，五味调和，味道鲜美，其实，他们尝的不过是佐料的味道而已，满意的不过是厨师精湛的技术而已，至于青菜的味道和营养，他们并没有品尝到。

老僧的一席话，道出了我们生活中时时处处所疏忽和遗忘的本色。是啊！在如今这个复杂多变的社会中，人人为了保护自己，都刻意地给自己加点"佐料"，粉饰自身。虽然这是一种自我保护的需要，然而，正因为人人都戴着面具，我们正渐渐地失去做人真实的一面，很难体会到真实给我们带来的美。

真实是保持做人本色的本真体现，做人就应该讲究真实。真实是难得之美。当我们与自己内心和谐一致的时候，当我们与同样真诚直率的人在一起的时候，我们觉得自己是真实的。真实就像循环的能量一样帮助我们充满活力。在儿童故事《棉绒兔子》里，玩具兔子问道："什么是真实？""真实就是自然发生在你身上的事。"玩具皮马给它解释说。

除去面具，回想你觉得自己"真实"的时刻。想一想你有哪些尖利的、脆弱的，或者需要小心保存的地方。你是不是很容易发火、受惊或者期望别人按照你的意愿做事？改变这些行为的一个办法是把它们说出来。我们不一定要做完人；相反，承认自己的不足可以使我们更加真实，也更容易建立亲密关系。

保持做人的本色，就是不要丢掉自己真实的一面，用真实的一面去体察，你就能够透过肤浅的表象，看到一个人的实质。

随着自己变得越来越真实，我们看到表面之下的灵魂，不再担心年龄、外表和日渐稀疏的头发。这个时候，我们看到了精神的美。

一个人最为看重的幸福和成功只能从自己生命的本色里去获得。富翁看重金子，而本分的庄稼人却看重脚下那片拴紧他们灵魂的土地，因为他们深信"泥土里面有黄金"。

失去本色的人生是灰色的、无光泽的人生，做人，就应该保持自己的本色。

开发成功者的气质

小胜靠智，大胜靠德

意大利著名诗人但丁说过："一个知识不全的人，可以用道德去弥补，但是一个道德不全的人，却难以用知识去弥补。"

古人云，"道之以德"，"德者得也"。就是告诉我们，要以道德来规范自己的行为，只有有道德的人，才能得到人生的乐趣、生命的精彩。"德"，无声、无形，看不见、摸不着，但是它和"道"紧紧相连，无时无刻不在控制和影响着我们的言行和生活。"小胜在智，大胜靠德"。古今中外，一切真正的成功者，在道德上都达到了很高的境界。任何一个人的成功，都可以从道德品格上找到答案，没有一个人可以超越其道德品格的限制而行事。高尚的品德胜过强大的武力。

人才素质有三个层面：①表层——知识结构、基本技能；②深层——态度、思维、价值观、信念、习惯；③核心层——品格、精神、心灵境界。因此，做人要坚持品格第一，品格高于才智。崇高正直的品格，本身就是最大的成功，金钱买不来品格，权力换不来品格，邪恶压不住品格，历史忘不了品格。人生拼搏的最后，是品格，有什么样的品格就会有什么样的人生。事实证明，越是在金钱和权力面前，越是在邪恶势力猖獗的时候，品格就越是闪光，具有不可战胜的力量。

现实中大量事实说明，很多人的失败，不是做事的失败、能力的失败，而是做人的失败、道德品格的失败。一切工作、事业上的成就，归根结底是源于做人的成就。人生发展的规律是高尚的道德→形成高尚的品格→形成高尚的事业→形成高尚的命运，否则，没有高尚的道德→便没有高尚的品格→便没有高尚的事业→便没有高尚的命运。一个人丧失道德→就会丧失人性→丧失人性就会伤天害理。人以牺牲道德品格来换取利益，最终将

以几倍甚至几十倍的代价来偿还道德成本。所以，我国著名教育家陶行知先生说，"千学万学，要学会做人"。

道德等级与道德本质

我们为什么需要道德？"道"，是指人们应该走的路，是人世间的游戏规则、行为规范；"德"，是指人们如何上路，如何掌握这些游戏规则、行为规范。什么样的人，走什么样的路，办什么样的事，结什么样的果。人与他人的关系是道德的基础，感觉他人、理解他人、服务他人是道德的基本特征，道德的本质是善念、利人。

人的道德修养有 6 个等级：

1. 损人损己（如杀人之后自杀者）。

2. 损人利己（如欺诈者、偷窃者）。

3. 不损人，不利己（如虚度光阴者）。

4. 不损人，只利己（如修身养性者）。

5. 利己利人（如企业家赚钱后回报社会）。

6. 舍己利人（如牺牲自己救助他人者）。

正如明代哲学家王阳明所说，为人之道就是"良知"和"致良知"五个字，"良知"，就是要讲良心；"致良知"，就是要按良心办事。

一个品格成熟的人要具备以下基本德性：

1. 仁："仁者爱人"，是爱的能力。

2. 义："义"代表公正、正义，是承担艰巨重任的能力。

3. 礼：是最大众化的，最具控制力的社会规范。

4. 智：是一种判断是非的能力，"智者不惑"。

5. 信：是人格完整的表征，坚守对他人的承诺。

6. 勇：是冲破障碍、克服艰困的能力。

道德品格塑造与道德学习

道德品格是一个人的人格魅力的核心体现，是一个人立足社会的根本，更是一个人成就事业的基石。修炼自己的道德，塑造自己的品格，是成就事业与人生的重要前提。

1. 道德品格塑造三要素

（1）理想——成为什么样的人，具有什么样的价值观。

（2）规范——做什么，不做什么。

（3）超越——自我更新，自我重铸。

著名经济学家董辅礽在一篇文章中说："我国的改革开放经历了曲折的道路，每前进一步都有斗争。面对这种斗争，理论工作者是否敢于坚持真理，坚持改革的方向，就是是否能坚持学术节操的考验。"

2. 道德的三个层面

人的道德有三个层面，是互相联系互相影响的：

（1）社会公德：文明礼貌、助人为乐、爱护公物、保护环境、遵纪守法

（2）职业道德：爱岗敬业、诚实守信、办事公道、服务群众、奉献社会

（3）家庭美德：尊老爱幼、男女平等、夫妻和睦、勤俭持家、邻里团结

著名经济学家于光远对人生有"八劝"：一劝勤——五官四肢要勤，更要脑勤；二劝正——敢说真话实话，作真正科学家必须具备的正直；三劝真——要真诚待人接物；四劝深——深在抓住事物本质，不被表面现象所迷惑；五劝创——要独立思考，不人云亦云，时时创新，当巨人肩膀上的超人；六劝忍——坚韧不拔，像拳击那样，先有抗打击能力而后胜；七劝情——为人处世要有人情味，要有理解人、同情人、尊重人的一颗火热的心；八劝喜——要自得其乐、有问题要看得深，想得开，不自寻烦恼。

于光远是这样说的，也是这样做的。他真正做到了一个有德性、脱俗、干净的人。

3. 道德的心理结构

人的道德心理结构有四个层次：

（1）道德认识：是非、好坏、善恶道德行为及其社会意义的认识。

（2）道德情感：是对自己和他人的道德行为所引起的内心体验，包括正义感、同情感、耻辱感、事业心、责任感、义务感、团队精神等。

（3）道德意志：是将道德认识、道德情感转化为道德行为的意志力，

如决心、信心与恒心。

（4）道德行为：是在道德认识、道德情感、道德意志的基础上所形成的道德品质和道德习惯。道德认识、道德情感、道德意志是人的道德信仰，是道德信仰决定人的道德行为的，它是人的道德行为的前提。

清代学者袁了凡说："人生最大的祸患，不在于物质的匮乏，而在于理性的知障，人性的扭曲。"

修炼成熟的道德

世界成功学家研究认为，一个道德成熟的人需要具备 6 个特征：

1. 尊重人的尊严——尊重所有人的价值和权利；杜绝欺骗和不诚实；追求人与人之间的平等；尊重良心的自由；能与不同意见者共事；克制有偏见的行为。

2. 关心他人的利益——意识到人与人之间的互相依赖；热爱自己的祖国；追求社会正义；助人为乐；努力帮助他人在道德上成熟起来。

3. 把个人利益与社会责任结合起来——积极参与社会生活；做有益于社会的事情；自尊和尊重他人的道德价值观，能够自控、勤勉、公平、和善和谦恭；履行社会的职责；通过与他人的关系培养自尊。

4. 正直的人格——坚持道德原则；具有道德勇气；勤勉实践；懂得何时让步及何时勇敢地挺身而出；为自己所作的选择负责。

5. 对道德问题作出正面选择——意识到现实中的道德问题；能够运用道德原则作出道德判断；能够考虑到各种决定的后果；关注社会的各种道德问题。

6. 寻求和平解决冲突——努力寻求个人与社会之间冲突的和平解决；避免身体和语言方面的侵犯；认真听取他人意见；为和平而工作。

这些道德原则，对不同文化都是适用的，这是人类的共同价值追求。有价值心态的人比没有价值心态的人，更富有创造性，而且更富有。

人一生要干好三件事：第一想大事；第二干实事；第三不出事。这样，才可能拥有成功的人生，幸福的人生，快乐的人生。

培养成功者的 16 大素质

人生有两个层次上的要求：一个是法律制度上的要求——外在的、强制的；一个是道德伦理上的要求——内在的、自觉的。道德伦理上的要求，是落实法律制度要求的保证。如果一个人道德伦理方面坏了，那么法律制度对他根本不起作用。当前，我们社会上的一些"乱象"，很多都是因为道德伦理上出了问题。

"君子以厚德载物"。道德成就人生事业，是制胜的第一法宝。世界文明史的发展，都强调人的道德建设。"小胜在智，大胜靠德。"古今中外一切真正的成功者，在道德上都达到了很高的境界。中华民族在其发展的历史长河中，有无数仁人志士，以那种惊天地、泣鬼神，辉映千古的"浩然正气"，铸就了我们民族的脊梁，开拓着中国的希望。

大科学家爱因斯坦说过："素质，就是将学校里、书本上所学来的东西都忘掉后而剩下的东西。"人生成功靠的是一种德性，一种素质。中国"青年读书课题组"经过多年研究认为，一个人要获得成功获得幸福，需要具备 16 种基本素质：

1. 自信心。

2. 感恩。

3. 积极心态。

4. 养成良好习惯。

5. 抓住机遇。

6. 功底与才华。

7. 信念。

8. 敬业精神。

9. 特殊个性。

10. 承受力。

11. 人际关系。

12. 善于表现自己。

13. 了解人性。

14. 善与人合作。

15. 独立思考。

16. 专注。

那么，如何获得这些素质？就是靠行动，行动的前提是看到问题并决心改变。

训练独一无二的卓越个性

个性让人生大放异彩

随着新世纪的到来，我们生活的这个世界的现代化气息也越来越浓，在这充满竞争的社会中人们都需要培养自己的个性，以适应自己的角色，在自己学习、工作和生活的大舞台上演出精彩的一幕。

也许有人会认为，只要有能力自然就会被赏识，就能很好地工作与生活，个性根本无所谓。其实不然，在残酷的竞争面前，如何吸引别人的目光是获取竞争优势的关键，没有个性通常也就意味着没有成功的机会。

如果你是领导却没有自己的个性，下属认为你是"见风使舵"，没有主见的庸人，不会接受你的领导；如果你是老板却没有自己的个性，员工会认为是你一个毫无能力的愚人，只会将公司引向破产边缘，不会在你的公司里认真地工作；如果你是公务员，却没有自己的个性，上司会认为你不能担当大任而不重用你；如果你是公司员工，没有自己的个性，老板会认为你缺乏能力而不给你应有的待遇；如果你是科学家，却没有自己的个性，你将不能独立研究得出新成果……

其实不用我们多举例，你也会明白，个性对生活在 21 世纪的我们来说实在太重要了，它对我们的各种影响都是可以亲身体会到的。我们在自己的生命历程中，千万不要将自己的个性抹煞而成为平凡大众的一员。

个性是我们生存的关键，有了适合自己的个性，你就会本能地知道对与错之间的差别，你将会成为一个相对很成功的人，被人信任，你的话就是你的契约。你的人性美将因你的个性而发挥至极限。从某种程度上说，我们的诸多品质组成了个性，这些品质，比如诚实、勇敢、勤奋等，都是人类组成一个社会，并在地球上赖以生存的精神力量。

当然，沮丧、自卑、堕落也可以构成一个人的负面个性，而这些个性将直接导致失败。

这是一个信息大爆炸、经济大发展的时代，也是一个英才辈出的时代。海阔凭鱼跃，天高任鸟飞，卓越的个性能够改变一个人一生的命运。

卓越个性，改造命运

个性影响一个人的前途和命运，在这样一个个性生存为主流的时代，我们应当塑造自己的卓越个性。文明古国印度也有一句谚语："播种行为，收获习惯；播种习惯，收获性格；播种性格，收获命运。"人不能选择命运，但命运不是固定的。人无法选择自己的出身，也无力改变所处的环境，但人可以改变自己的思想，受到挫折时，你可以选择屈服，从此放弃努力，甘于平庸的生活；也可以选择不放弃而坚强走下去，最终获得充实而成功的人生。可以看出，只有把握自己的性格，才能真正掌握自己的命运，决定自己的人生。

《时间简史——从大爆炸到黑洞》是一部畅销全世界的科普著作，它的作者斯蒂芬·霍金是个残疾人，他不仅丧失了语言能力，而且全身上下能动的只有左手的三根手指。被科学界公认为继爱因斯坦之后最伟大的理论物理学家的，正是这样一个残疾人。每一位有幸见到他的人，都会对人类中居然有如此的灵魂而产生发自内心深处的敬意。在21岁时霍金被确诊为患有不可治愈的运动神经病。医生断言他只能活两年半，他以执着和坚定粉碎了医生的预言。他曾被选入伦敦皇家学会，被任命为卢卡逊数学教授——这个荣誉职位曾经是牛顿获得的。他是一位划时代的英雄。他的伟大在于性格的伟大，刚毅的性格使他藐视身体的痛苦，执着追求梦想与成功，激发出他巨大的勇气和意志力。敢于挑战、顽强拼搏的人，就能战无不胜，对于那些一往无前的人，世界是属于他们的。

身体的残疾是无法改变的命运，但我们可以创造生活中的成功与幸福，一个人如果坚强、勇敢、自信、宽容、谦虚，比那些怯懦、自卑、自私、自大的人，成功的机遇和可能要大得多。卡耐基有一个著名的论断：一个人的成功85%归于性格，15%归于知识。在一个人的成功中起决定性作用的因素，是性格、意志情绪与非智力因素，而不是智力的知识。美国斯坦福大学一位教授曾经几十年如一日地跟踪研究了1000多名智商在140分以上的天才儿童。在研究中，他比较了这些人中最有成就的150人和成就最低的150人。他们在智力上相差无几，而能否取得更大成就主要在于性格的差别：自信或不自信，无自卑或自卑，坚毅或不能坚持，是否有适当的适应能力和实现目标的动机等。可见，我们自己是成功的主宰者，个性决定了命运。

个性具有很强的可塑性。良好个性的形成更离不开个人的主观努力。形成良好的个性需要我们从小事做起，从现在做起，从身边做起。如果你认为自己不够关心别人，那么当你看到别人遇到困难时，主动伸出你的手，力所能及去帮助他们，这样一来，你就能逐渐养成乐于助人的个性。无论在学习或生活中，在困难与挫折面前你都要提醒自己坚持下去。既然认定是应该做的事，就要毅然决定，义无反顾，这样的人，个性怎会不刚毅？以宽容之心对待朋友和同学，以严格之心要求自己，不断地播下个性的种子，最终创造生命的辉煌。

活出独一无二的自己

在我们作了一番个性探知，明白了个性对个人命运所起的重大作用之后，也无须杞人忧天地去忧虑自己的个性是否会成为成功的绊脚石。

《忏悔录》中有句名言："上帝造了我，然后把模子打碎了。"也就是说我们从出生就有自己的优点和缺点，没有整齐划一的方法能为我们创造奇迹。只有我们意识到自己的独一无二，在同一所学校上课，在听同样的老师讲同一门课程，却往往获得不同成绩，我们天生就有着与兄弟姐妹不同的组合特征。多年来，生活在我们身边的人们不断塑造我们，不断用刀削，用锤打，用砂纸磨，用皮革擦。当我们以为自己是完成品时，其他人又开始重塑我们了。在与别人交往的过程中，我们不断地自我调整，努力让自己的言行举止得到别人的称赞，而不是批评、嘲笑。但不管我们是否作出努力，或者说不管我们在改造自我个性方面作出多大努力，也无法使周围的每一个人都很满意，有时被冷落、被忽视也是在所难免的。

属于我们自己的性情特征很大程度上是与生俱来的，自己的组合材料，就像某种岩石。有些是花岗岩，有些是大理石，有些是雪花石膏，有些是沙石。岩石的种类不可改变，但外形却可以选择，我们的个性亦是如此。我们有一套与生俱来的特质，其中某些特征由于金子的点缀而变得完美，而另一些则被断层所破坏。环境、智商、经济环境和父母的影响都能塑造我们的性格，但内在的本质却很难改变。

活出"独一无二的自我"，这对人的一生都很重要。惟有这样，我们才能充满信心地接受任何挑战，满怀自信地面对生活，而自信本身就意味着已成功了一半，所以说，重视"真我"将会成为成功路上的一笔巨大财富。

世界因我而精彩

世界上没有两片相同的树叶，同样，生活在这个世界上的每一个人都是独一无二的，每一个人所做的事，别人不一定能做得来；而且，你之所以是你，必定有一些与众不同的地方，而这些与众不同的地方又是别人无法模仿的。发掘并运用你与众不同的地方，有助于你走向精彩的人生。

在中国歌剧界，有这样一位名人，他出身于农村，20岁之前根本不知钢琴为何物，从小跟着收音机、大喇叭学唱歌，22岁才开始接受正规音乐训练。可是，就是这样一位农民、建筑工，最后凭着执着和努力成为了中国第一男高音，同时成为世界著名歌唱家帕瓦罗蒂的首位亚洲弟子。他就是著名歌唱家戴玉强。

戴玉强出生在河北廊坊的一个小山村里。小时候，他和大多数农家子弟一样，砍柴、喂猪、喂兔、干农活、挣工分……上学就是跟老师捣乱，把麻雀蛋放在老师的坐垫下，出洋相，逗全班人发笑，靠着抄别人的作业或者让别人为自己抄作业过日子。

戴玉强读高中时，学校大喇叭上天天放着《祝酒歌》《再见吧妈妈》《泉水叮咚》，他听得多了，也就跟着学。谁也不知道，在戴玉强年轻的心灵里，从那时起就埋下了音乐的种子。后来他考入北京煤矿学校学建筑。煤校毕业后，戴玉强被分配到太原古交矿区公司的建筑队，当了一名技术员。在建筑队，戴玉强扛材料、和灰浆、垒砖墙。可是，他一直告诉自己要像关贵敏、李双江、吴雁泽等歌唱家一样登台演唱。所以，他参加了山西省歌舞剧院委托中央戏剧学院代培学员的招生考试，并且顺利进入中央戏剧学院学习歌剧表演。那一年，戴玉强已经22岁了。22岁上第一堂声乐课，实在是太迟了点，再说戴玉强还要利用课余时间帮装修公司搞预算、监工、做装饰装修活儿以赚钱糊口。戴玉强就是在这样艰苦的条件下，完成了学业并回到了山西省歌舞剧院歌剧团。

一个偶然的机会，戴玉强在一位老师的介绍下报考了总政歌剧团，终于如愿以偿地回到了北京。1991年，戴玉强又以第一名的成绩考入了解放军艺术学院继续深造。1995年，戴玉强成功考上了中央歌舞剧院排演的歌剧《图兰朵》的正式男主角，演出获得了巨大成功。当他唱到《今夜无人入睡》那一著名唱段时，整个剧场像要爆炸了，雷鸣般的掌声如潮水一样向他袭来。不期而至的巨大成功，使他惊呆了，让他不敢相信眼前的一切都是真的。他终于成功了！

此后，戴玉强的才华获得世界三大男高音经纪公司副总裁托马斯的赏识，托马斯又将戴玉强推荐给总裁鲁道斯。就这样，戴玉强顺利地成为帕瓦罗蒂的首位亚洲弟子，他也因此被誉为"世界第四高"、"中国第一高"。

其实，像戴玉强这样因为认识到自己的天赋，孜孜以求并最终走向成功的例子数不胜数。即使是我们身边的普普通通的人，只要他有一天能够感悟到自己的价值，并且为实现自己的人生价值而不懈努力，同样能走向成功。

一个人在自己的生活经历中，在自己所处的社会境遇中，能否真正认识自我、肯定自我，如何塑造自我形象，如何把握自我发展，如何抉择积极或消极的自我意识，将在很大程度上影响或决定一个人的前程与命运。换句话说，你可能渺小而平庸，也可能美好而杰出，这在很大程度上取决于你的自我意识究竟如何，取决于你是否能够真正了解自己。

我们每一个人都应该相信，这个世界之所以如此精彩，正是因为有了那么多依靠自我努力和不懈追求走向成功的人在创造并装扮着它。只要你能认识自我，准确为自己定位，你就有理由相信：世界因你而精彩！

魔鬼训练营——塑造成功的个性

我们说失败源于失败的个性，那么成功自然离不开成功的个性。成功的个性有着不可思议的力量。

有这么一些人，他们总能以自己满腔的热情深深打动别人。很多人，无论在理智上还是在情感上，都会被他们吸引，而且这种吸引是那样的心甘情愿，以至会在不知不觉中去为实现他们的目标而效力。

那么他们的威信是怎样来的？究竟是什么因素构成了这些威信？这些先生和女士是由于什么而这样有吸引力？

难道仅仅是天花乱坠的演讲结果吗？要不就是他们在待人接物方面有着天生的圆滑？再或者是他们在设法引人注目方面有着秘诀，而正是这些秘诀使得我们围着他们团团转？

确实，以上都是原因，但仅仅是部分原因，更科学的说法是，他们具有独特的"个性魅力"。所谓魅力就是这么一种能力，它是由你的个性所决定的，通过在身体上、情感上及理智上与他人的相互接触，对他人产生积极的影响。个性魅力包括以下几个要素：

1. 无声语言

无声语言是一种信号，是你在不知不觉中向周围人发出的，一个眼神，说话时看鞋的动作，耸动肩膀的样子，或者是一个不自然的笑容，一次不热情的握手，甚至是穿衣不甚得体。所有这些都会形成我们的"无声语言"——你的"形象"。

2. 表达能力

也许我们有很不错的想法，但是，如果不把它说出来，又有谁会知道呢？如果你不把它恰当地说出来，又有谁会赞同呢？

3. 聆听技巧

对于那些没有受过很多教育或训练的人来说，多听也是一把交流的钥匙，它同样会使人觉得耳目一新。

4. 说服技能

这是一项鼓励人们接受你的领导或采纳你的意见的技巧。一个再正确再伟大的观点，如果不被认同、采纳，也无济于事。

5. 运用时空的能力

同样,这一点也常常被人忽视。事实上,时空的运用,既能促进人际关系,也能破坏关系。

6. 适应他人的能力

不了解他人的风格,却又想与之交往,这是不可能的。所以,为了建立良好的人际关系,努力提高你的行为的适应性,才能与他人交往。

7. 重要见识

也许我们是一个强有力的雄辩者,也许我们在建立人际关系上有很大能耐,也许我们在形象、聆听和利用天时地利方面做得出色,但如果我们没有什么好东西可说,我们始终是一个空架子。

可见,个人性格魅力并不是由某个单一因素构成的,事实上,一个领导之所以有魅力,正是由于他有一系列联成一体的技巧和方法。

智商遗传、财产、幸运、社会地位都不能决定性格魅力,它只能通过个人努力而形成。

我们通常会犯一些错误,如果我们认为这些都是一些小缺点的话,那就错了。因为这些缺点的混合速度是非常快的。这些缺点会使人们对我们的印象大打折扣。

Part2

潜能训练
唤醒沉睡的巨人

发掘尘封的宝藏

潜能——等待挖掘的金矿

爱因斯坦曾突发奇想：如果人类的各种行动速度能够达到光速，那么，人的生命将无限延长，人将永远不会老。爱因斯坦的相对论提出已经一个世纪了，他的奇想也没有办法实现。不过，这却给了我们一个启示：潜能是有待挖掘的金矿。

事实上，我们每一个人都有 140 亿个脑细胞，一个人只利用了肉体和心智能源的极小部分，一般人的心智能力使用率不超过 10%，大部分人不太了解自己还有些什么才能。与我们应该取得的成就相比，其实我们还有一半以上是未醒的。我们所使用的心智，只是全部身心资源的冰山一角而已，潜在于人体之内的更多能量，一旦开发出来，其所创造出来的价值是不可限量的。

美国一名心理学家曾经运用整体分析的方法，系统地研究了一些历史名人的成功经验，最后得出这样一个结论：高水平地承认自己，相信自己具有超常的创造力，是促使他们获得成功的主要原因；而那些所谓超常的创造力，是一般人都应该具有的。

每个人都有巨大的潜力，这是一个事实。我们人生的全部希望，都包含在这条原理中。这条原理告诉我们：我、你、他——不管过去、现在怎样——

我们的身心内部，都有着等待开发的巨大潜力。在我们的身体内，在我们的心灵中，蕴藏着无数的、各式各样的才能和智慧，等着我们去发挥出来。

因此，不论摆在我们面前的是怎样的道路，怎样的处境，都难不倒我们。我们的潜力，会应付一切。天无绝人之路。按照现代心理学的说法：我们这些普通的人，在平时的工作和生活中所发挥的潜力，只占到我们全部潜力的 3% ～ 10%。

平时，我们总是把自己看得很低，总是妄自菲薄，觉得有些事情不是我们这些凡夫俗子所能做到的。其实，是我们自己把自己低估了。我们每个人，都有强大的、没有表现出来、没有被开发的潜能。如果遇到适当的条件，适当的激励，这些潜能就会被激发出来，表现出来。

其实，一个人只要有信心，只要相信自己会成功，那么，他就能够调动自身更大的潜力，发挥有待开发的聪明才智，最终走向成功。

潜意识蕴藏着无穷的宝藏

我们往往谈及意识的作用，却很少谈及潜意识的力量。即使有的人对潜意识有一定的感悟和体察，也往往是停留在浅层次、相对感性的层面上。事实上，潜意识的作用是非常惊人的，能否充分认识和发挥潜意识的力量，乃是影响人生成败的关键因素之一。

人类大脑中的潜意识，总是不断地在相互碰撞、追逐、扰攘，那里蕴藏着无穷的宝藏，是人类创造性的源泉。如果低估了潜意识的作用，就将阻碍人类社会的进步与发展。几乎所有的发明家、艺术家，都充满了幻想和创造性，他们的成果大都是潜意识作用的结果。

有一次，意大利著名男高音歌唱家卡鲁索在演出前，突然产生了"怯场"现象。他说，由于强烈的恐慌，他的肌肉开始痉挛，喉咙也像是被什么东西给卡住了一样，几乎很难发出声音。

卡鲁索惊恐万状，因为几分钟后，他就得登台演出。他的脊梁骨开始"嗖嗖"地冒冷气，浑身冷汗不止，他说："如果我无法从容地演唱，人们就会嘲笑我，那我不是丢人了吗？"于是，熟知该如何运用潜意识的他，在后台不住地对心中那个作祟的"我"说：你快走开，别干扰我，你快让平时那个正常的"我"回来！你休想阻止我一展歌喉。他所谓的正常状态下的"我"，我们可以叫它做"大我"，而阻碍他正常发挥，让他恐慌的"我"，我们可以把它叫做"小我"。而所谓的"大我"就是潜意识中所具有的无穷力量与智慧。他不停地大声说："走开，快走开！'大我'需要出场了。"

卡鲁索的潜意识作出了回应，他的体内产生了蓬勃的力量。当幕布开启时，他充满自信地走上台，嗓音刚劲有力，雄浑而满怀激情，让所有在场的观众都被他的声音所吸引。

显然，卡鲁索了解两种思维模式，"大我"与"小我"之间的关系，也就是意识思维即理性思维与影响着意识思维的非理性思维。当你意识性思维（小我）充满恐惧、忧虑与慌乱时，你的潜意识思维（大我）就会产生消极情感，使你被惊恐、不祥、绝望的情绪所笼罩。如果出现了这样的情形，你也不要惊慌，而要平心静气，尽量保持镇定，并对自己体内的"小我"说，"你赶快闭嘴""我能控制你""你必须服从我，听我指挥""我不允许你干扰我的事情"。

对于意识与潜意识的差异，或许我们可以援引说明：意识性思维就如一艘航船的舵手或船长。它指引船只的航向，给船舱内的工作人员下达指令，使后者对于仪表、锅炉以及其他动力设备，进行相应的调控和操作。他们只有在接到指令后，才能了解船只所处的位置和前进的方向。不过，如果得到的指令存在误差或纰漏，那么，船只就可能触礁沉没。

船长是一船之首，他的指令将决定航船的命运。同样的道理，你的意识性思维，引导着你的潜意识这艘"航船"的方向。根据你的意识性思维所下达的命令，你的潜意识将给出同一性质的回应。

自己就是一座金矿

罗兰说过，每个人生命中都有属于他自己的一份精华。的确，任何一个人，无论他是普普通通的劳动者，还是一个残疾人，他自己本身就是一座金矿，只要去挖掘，就能发现其中的无价之宝。这座"金矿"，是由千百万

年来人类进化所赋予每个人的特定素质构成的，在后天开掘性的塑造中，它将各自焕发出独特的光泽和能量。

之所以是"金矿"，并不是标志着"矿物含量"的"品位"，而是指每个个体的人所能给予世界的独特的奉献——哪怕发出的只是区区嘤声，也确实蕴含着自身独特的音韵。明代庄元臣就在他的《叔苴子·内篇》中说过："禽虫之鸣，亦有专能，乌之哑哑，鹊之喳喳，蝉之嘒嘒，虫之唧唧，动于天者，人虽欲效之而不能似也。若鹦鹉鸲鹆，失其真而慕为人言，则人固得而胜之矣。"大致是说，各种虫鸟，能鸣叫出各自独特的声音最好，而不必像鹦鹉、鸲鹆那样，因师法人言之巧而丧失心声。

无独有偶，俄国语言大师屠格涅夫对此也有精彩的论述："在一切的天才之上，重要的是我敢称为自己的声音的一种东西。是的，重要的是自己的声音，重要的是生动的、特殊的自己个人所有的音调，这些音调在其他每一个人的喉咙里是发不出来的。"

在这里，屠格涅夫所说的"自己的声音"其实就是一个人所拥有的"金矿"。梅兰芳用自己的"声音"挖掘自己的"金矿"；鲁迅用文字的"声音"来掀起文学思潮；陈景润用数学符号的"声音"来显示智慧……关键的问题是，并不仅仅这些名人才是一座开发不尽的"金矿"——但凡是人，都是一座"金矿"，就看我们能否把它开发出来。成功地进行开采的，便是强者；惰于进行挖掘的，便是弱者。

虽然我们不能完全赞同成功学大师拿破仑·希尔所说的"人人都能成功"的观点，但是，任何一个人，哪怕业绩平平，才不出众，但是，只要我们承认自己就是一座"金矿"，并时刻充满信心、持之以恒地着力开发它，都能够在适应自身素质的基础之上，在不同层次的意义上，各自发现弥足珍贵的自己的价值来的。

每个向往成功、不甘沉沦者，都应该牢记这句至理名言：你自己就是一座金矿。成功的关键是如何发掘和重用自己。

跳出自我设限的高度

不要给自己设限

有人曾经做过这样一个实验：往一个玻璃杯里放进一只跳蚤，跳蚤立即轻易地跳了出来。再重复几遍，结果还是一样。根据测试，跳蚤跳的高度一般可达它身高的 400 倍左右。

接下来实验者再次把这只跳蚤放进杯子里，不过这次在杯上加了一个玻璃盖，"嘣"的一声，跳蚤重重地撞在玻璃盖上。跳蚤虽然困惑，但是它不会停下来，因为跳蚤的生活方式就是"跳"。一次次被撞，跳蚤开始变得聪明起来了，它开始根据盖子的高度来调整自己跳的高度。再过一阵子以后呢，这只跳蚤再也没有撞击到这个盖子，而是在盖子下面自由地跳动。

一天后，实验者把这个盖子轻轻拿掉了，跳蚤还是在原来的这个高度继续地跳。三天以后，他发现这只跳蚤还在那里跳。一周以后，这只可怜的跳蚤还在这个玻璃杯里不停地跳着，其实它已经跳不出这个玻璃杯了。

生活中，很多人都在过着"跳蚤人生"。年轻时意气风发，屡屡去尝试成功，但是往往事与愿违，屡屡失败。几次失败以后，他们便开始不是抱怨这个世界的不公平，就是怀疑自己的能力，他们不是千方百计去追求成功，而是一再地降低成功的标准，即使原有的一切限制已取消。就像刚才的"玻璃盖"虽然被取掉，但他们早已经被撞怕了，或者已经习惯了，不再跳上新的高度了。人们往往因为害怕去追求成功，而甘愿忍受失败者的生活。

所以对于我们每一个人来说，不要自我设限。每天都大声地告诉自己：我是最棒的，我一定会成功！这样才能不枉此生。

你的能量超出你的想象

人的潜能是无限的，但是被挖掘出来的却很少，很大一部分原因是人们习惯了自己的现状，懒得去改变。但是当受到外界刺激，不得不做出改变的时候，潜能就爆发出来了。

一位名叫史蒂文的美国人，他因一次意外导致双腿无法行走，已经依靠轮椅生活了 20 年。他觉得自己的人生没有了意义，喝酒成了他忘记愁闷

和打发时间的最好方式。有一天，他从酒馆出来，照常坐轮椅回家，却碰上3个劫匪要抢他的钱包。他拼命呐喊、拼命反抗，被逼急了的劫匪竟然放火烧他的轮椅。轮椅很快燃烧起来，求生的欲望让史蒂文忘记了自己的双腿不能行走，他立即从轮椅上站起来，一口气跑了一条街。事后，史蒂文说："如果当时我不逃，就必然被烧伤，甚至被烧死。我忘了一切，一跃而起，拼命逃走。当我终于停下脚步后，才发现自己竟然会走了。"现在，史蒂文已经找到了一份工作，他身体健康，与正常人一样行走，并到处旅游。

史蒂文残疾了20年，竟然因为一次意外而奇迹般地康复了，这说明了什么？人的潜力到底有多大，谁也说不清楚，甚至自己也说不清，所以我们习惯了自己现在的样子，不想做出什么改变，也没有想过要去做一些看起来自己做不到、但是经过努力却能做到的事情。当我们的生命受到威胁时，求生的欲望战胜了一切，所以竟能在瞬间爆发出如此大的能量，这不能不说是一个奇迹。著名作家柯林威尔森曾用富有激情的笔调写道："在我们的潜意识中，在靠近日常生活意识的表层的地方，有一种'过剩能量储藏箱'，存放着准备使用的能量，就好像存放在银行个人账户中的钱一样，在我们需要使用的时候，就可以派上用场。"

如果我们在平常的日子里也能试着去挖掘自己的潜力，是不是可以比现在的自己在很多方面做得更好呢？掌握挖掘自己潜力的方法也是很重要的。

我们每个人都要学会积极归因。当自己取得进步时，可以归功于自己的努力，这样会激发自己继续挑战自我的欲望；也可以把自己的进步看成是自己实力的体现，这样你会对自己进行以后的挑战更有信心，因为你相信自己的实力。

习惯往往是人们拒绝去挖掘自己潜力的一个重要因素。它就像一个能量调节器，好习惯自发地使我们的潜能指引思维和行为朝成功的方向前进，坏习惯则反之。好习惯会激发成功所必需的潜能，坏习惯则在腐蚀有助于我们成功的潜能宝库。

人一旦习惯了安逸的环境，就变得迟钝起来，很难看清外界的变化。当这些变化累积到足以让你的人生陷入低谷的时候，自己才恍然大悟，但是这个时候往往已经太晚了。所以，在风平浪静的时候要养成好的习惯，让自己主动地去挖掘自己的潜力，如可以尝试一些自己以前从未做过但是很有兴趣的事情。也许经过尝试，你会发现自己做得很好，这就相当于又找到了一条成功之路。

你尽最大努力了吗

一位猎人带着他的猎狗外出打猎。猎人开了一枪，打中了一只野兔的腿。猎人放狗去追。过了很长时间，狗空着嘴回来了。猎人问："兔子呢？"狗"汪汪汪"地叫了几声，主人听懂了，意思是"我已经尽心尽力了，可还是让狡猾的兔子逃脱了"。

那只野兔回到洞穴，家人问它："你伤了一条腿，那条狗又尽心尽力地追，你是怎么跑回来的？"

野兔说："狗是尽心尽力，而我是竭尽全力！"

"尽心尽力"和"竭尽全力"，其区别在于，让自己发挥能力和让自己的潜能充分燃烧，它们所散发出来的能量是大不一样的。我们无论做任何事情，只是尽心尽力还远远不够，这样你最多比别人干得好一点，却无法从平庸的层次跳出来。只有竭尽全力，发挥出别人双倍的能量，你才会有优秀的表现。

在一次英语讲座中，一位听者问讲演者："现在，《疯狂英语》在各高校相当流行，你能谈谈对《疯狂英语》的看法吗？"讲演者笑着答道："《疯狂英语》我也看过，我并不想具体地评论这本书的优缺点，但是我要告诉大家《疯狂英语》好就好在'疯狂'二字上。要想学会英语，先理解'疯狂'二字，是让自己'疯狂'起来，疯狂地去学它，这样你才能有一定的收效。如果你在学习英语时能投入一股疯狂的劲，无论什么书你都一样能学好。"

是啊，无论我们做什么，还是学什么，只要我们让自己的潜能燃烧起来，疯狂地去做，去学，这个世界上没有什么是我们学不会、做不成的。

俗话说得好：天不负人。你付出多少，便会得到多少回报。因此，不要埋怨生活，不要哀叹命运，你尽了最大的努力，生活就会给你最丰厚的回报！

1946 年，年轻的吉米·卡特从海军学院毕业后，遇到了当时的海军上将里·科费将军。将军让他随便说几件自认为比较得意的事情。于是，踌躇满志的吉米·卡特得意洋洋地谈起了自己在海军学院毕业时的成绩："在全校 820 名毕业生中，我名列第 58 名。"他满以为将军听了会夸奖他，孰料，里·科费将军不但没有夸奖他，反而问道："你为什么不是第一名？你尽自己最大努力了吗？"这句话使吉米·卡特惊愕不已，很长时间答不上话来。

但他却牢牢地记住了将军这句话，并将它作为座右铭，时时激励和告诫自己要不断进取，永不自满和松懈，尽最大努力做好每一件事情。最后，他以自己坚韧不拔的毅力和永远进取的精神登上了权力顶峰，他成了美国第 39 任总统！卸任后，吉米·卡特在撰写回忆录时，曾将这句话作为标题：你尽最大努力了吗？

学一门知识或做一件事情，只满足于自己想学好做好，是学不好也做不好的，要有如溺水者求生一样的强烈欲望，你才能把自身潜力发挥到极致。

发掘潜能，挑战极限

人究竟具有多大的潜能？开发的极限是什么？谁都无法回答。看来，其实我们每个人都可以活得比现在卓越，因为我们并没有达到自己的人生极限。

现代科学显示，一个正常人只运用了全部能力的 10%，甚至 6%。有人估计人能记忆的东西相当于 5 亿册书那么多，但通常人们所展示出的记忆力还不及 10%；人的想象力也不过展示了 15%；人的听觉、嗅觉、视觉等均未得到充分利用；人本应活到 150 岁，现在平均还活不到 70 岁。人的很多潜能尚未见过"天日"就又伴随生命的终结而无影无踪了。这不仅仅只是人类的遗憾，更是人类的巨大的悲剧。

随着早期教育的普及和终生学习的推广，人们的心理发育提前，衰老期会推迟，即成熟期延长，日后从小到老每个阶段的潜能都将放出奇光异彩，社会的发展和科学技术将达到空前的水平。人们为了自己的目标和愿景，会不断开发自己的潜能，实现自己的人生价值。

潜能包含两层意义，一层意思即是指潜力。所谓"潜力"，指那些露于外而未发的才力，以智力、能力等来说，你本有歌唱天才，而且你也喜欢，你发现了自己的天赋，但你并没有成为一位伟大的歌唱家，而只是"大材小用了"，完全被当作一种业余爱好，甚至从来不敢想自己会成为大歌唱家。这时你的歌唱能力就只能说是一种"潜力"，需要你进一步发掘、发展，才能修成"正果"。潜能的另一含义则是指那些蕴藏于大脑之内尚未开发的智慧、智谋、智略等。这层意义上的潜能一般不能为人所知，只有等待日后开发出来，但也许会跟你的肉体一起消失，成为一抔黄土。假如一个人具有天生的体育才能，只不过这一才能深藏于大脑之内，任何人包括他自己都无法意识到，更不用说发挥这种才能，有潜能而没有发挥出来，就等于没有潜能。因此，潜能要转化为实际的才能，并不是自然而然的，它需要我们去发现自己，设计自己。

潜能开发在不同年龄段都可以进行，而且人的潜能有别于自然资源。自然资源越用越少，可人的潜能越开发越多，即大脑越用越聪明。

唤醒和开发身心的潜能

唤醒体内沉睡的潜能

每个人的潜能都需要激发才能表现出来，而且这种被激发的潜能常常大大出人意料。

法约尔看见自己的儿子利马在福特的店里招待顾客，就问福特："福特，近来利马生意学得怎样？"

福特一边从桶里拣出一块点心递给法约尔，一边答道："老兄，我们是多年的老朋友，不想让你日后懊悔，而我又是一个直爽的人，喜欢讲实话。利马肯定是个稳健的好孩子，无疑，一看就知道。但是，即使是在我的店里学上一千年，也不会成为一个优秀的商人。他生来就没有做商人的天赋。法约尔，还是把他领回乡下去，让他牧羊吧！"

如果利马依旧留在福特的店里做伙计，他日后决不会成为举世闻名的商人。可他随后到了温哥华，亲眼目睹许多原来很贫穷的孩子做出了惊人

的事业，他的潜能突然被唤起，他决心做一个大商人。他问自己："别人能做出伟大的事业来，我为什么不能呢？"其实，他完全具有商人的天赋，只是福特店铺里的工作不足以激发他的潜能，无法发挥他贮藏着的能量。

一般来说，一个人的才能取决于他的天赋，而天赋又难以改变。但实际上，大多数人的志气和才能都潜伏着，必须要外界的东西予以激发才能爆发出来，潜能一旦被激发，并能加以关注和引导，就能发扬光大，否则终将渐渐磨去棱角，一事无成。

因此，如果人的潜能不能被激发并发扬光大，那么，其固有的才能不但不能保持，还会变得迟钝并失去它原本的力量。

爱迪生说："我最需要的，就是有人叫我去做我力所能及的事情。"表现"我"的才能的最好途径，就是先去做"我"力所能及的事情。恺撒、罗斯福未必能做的事情，也许"我"能够做，只要尽"我"最大的努力，发挥"我"所具有的潜能，就有可能取得成功，潜伏在绝大多数人的体内的潜能都是巨大的，但这种潜能酣睡着，只有被激发，才能做出惊人的事业来。

积极的语言吸引好运

我们常说"言必行"，意思是说话要有信用。其实这句话还有更深一层意思，就是语言有着非常明显的暗示和自我暗示作用，因为你所说的对你的行为已经产生了影响，因为"说"，也是一种心理强化。无论是说积极的话还是消极的话，它的影响都无法抹杀。

我们都有这样的感受，当痛苦万分，无法排遣的时候，对其他人表述，痛苦就会减轻许多。当一个基督教徒内心有"罪恶"感而无法超脱时，采取的办法就是向"主"忏悔——对主倾诉，以减轻罪恶感。

另外，当我们为某事"夸下海口"时，都会尽自己最大努力去完成。因为说出来了，就有压力，就有动力，有个言行一致的信誉问题。这就是心理暗示。

在日常生活中，这样的例子比比皆是，一个经常说消极话语的人，决不会积极向上；反之，积极奋进的人，说的话则多是积极的。

因此，经常用带激励色彩的自我暗示的话语提醒自己，便会使积极的心态融入自己的身心，并能长期保持，形成强大的心理力量，激励自己前进。

积极的语言包括：

我是负责任的！

我是最优秀的！

我一定会成功！

好运即将降临在我身上！

……

这样的言词，根据各人的实际情况和需要可以有所不同，但目的却一致，就是要提高自信，督促自己不断前进。

你可以经常对着山水、旷野或在屋内高声喊叫或不停地默诵，日久必见成效。不要把这当成形式主义，实际上形式达到一定的"量"，一定能引起"质"的变化。

著名的霍桑实验表明，生产效率的高低除受一定外部因素的影响之外，在更大的程度上取决于士气的高低。人们经常通过一些特殊的方法，即用某种语言和行为来刺激人的心态，从而达到调节士气的目的，用以纠正自己的行为。

提高自我价值需要不断地用激励暗示自己。心理学上激励的含义，主要是指激发人的行为动因，使人具有一股内在的动力，而为期望目标作出努力的心理过程。哈佛大学的心理学家威廉姆·詹姆斯研究发现，一个没有受到激励暗示的人，仅能发挥其能力的 1/5 左右，而当他受到激励暗示时，其能力可以发挥至 4/5。这就是说，同样一个人，在通过充分激励后，所发挥的能力相当于激励前的 3~4 倍。

著名黑人领袖马丁·路德·金说过："世界上的每一件事都是抱着希望而做成的。"人们基于对环境的认识，进而产生了价值感和期望，导致需要，而需要又引起动机。但动机是否必定产生相应的行为，这将取决于目标的实践可行性。

让潜意识听命于你

法国著名心理疗法医师里库埃曾经说："如果你的愿望与想象之间发

生冲突，那么后者将会占据主导。"

倘若你在地上放着的一块木板上行走，对你来说，实在是易如反掌。但是，假如这块木板搭在两堵高墙的墙头之间，离地面足有20英尺高，那么，你还能够无所畏惧地在上面走吗？你行走于其上的愿望，很容易会被你的想象力——唯恐从上面掉下去这一念头所抵消。于是，你在木板上行走的愿望、意志乃至事实上的行动，在片刻之间就会发生逆转，担心失败了从木板上掉下来的念头很快就占了上风。这样的大脑意识不啻"自拆台脚"，最终导致结果走向愿望的对立面。其潜台词就是：你做出了"无力改变局面"这一自我暗示。这种自我暗示的力量是如此强大，致使潜意识思维受到抑制，因此，避免或禁止在祈祷时产生不必要的想象，是你的愿望得以实现的重要前提。

向潜意识说出自己的要求和渴望是必要的，但是完成这一过程，需要你不温不火，全身放松，心态平和地进行，只有这样，潜意识才能自主地工作，并发挥力量。不要过分关注过程之中的细节和手段，重要的是你的心态。不论何时，只要你想要解决的问题得到了解决，你就要记住这种成功后的快感。当你从一场大病中走出，那种难以言喻的喜悦之情，理应伴随你左右。你要时刻用那些快乐的事情来充满你自己。

运用潜意识思维时，不要使用意志力，不要假定会存在任何对手。你需要做的，就是想象目标已经实现后，你的那种喜悦和高兴的状态。这时，你将会发现，自己的某些"悟性"与"智慧"总想站起来，试图挡住潜意识的前进之路。

此时，你需要尽力保持一份单纯而强烈的信念，它终将产生奇迹。要是潜意识做出有效的回应，一个相当可行的方案，就是运用一切科学的手段，"激活"头脑中的想象力。另外，你也可以诉诸于有效的"祈祷术"。具体的方法是：首先，对你的问题进行分析；其次，把解决问题的任务下达给你的潜意识思维；最后，酝酿情感，对潜意识的能力寄予完全的信任，坚信你的问题一定能够得到解决。在祈祷的时候，不要流露出"我希望自己有可能痊愈""但愿一切顺利"等这样的字眼。这种意识的努力是不会起到任何作用的。这样做，只能使潜意识思维产生抗拒，从而使你的愿望泡汤。我们的言词要充满无限的权威，充满坚定的力量。我们要对自己说"我一定能够痊愈"，"我相信将一切顺利"。

很多人可能都会有这样的经历。参加考试的学生，当他们拿到考卷的时候，经常会发现，原来熟记于心、背得滚瓜烂熟的东西一时都想不起来了。只觉得头脑中一片空白，回想不起任何和考试内容相关的东西。这时，如果你越是想想起某些东西，越是和自己较劲，你就越是想不起来。在这种情况下，你最好的选择，就是暂时把它放弃，做那些你可以记住的东西。等到把全部试题都答完了，再回过头考虑刚才想不起来的问题。还有的学生，在考试时间内难以想出它的答案，可是刚走出考场，心中的压力全都解除了，那些怎么想也想不出的问题，却神不知鬼不觉地跑了出来。以强迫性意识进行记忆，正是考场的大忌。

对大脑使用强迫性力量，其实是你自己给自己预先设下了对立面。如果你的思维集中于解决问题的方法或过程，那么，它就不会关注于问题本身。对于任意想法、愿望或头脑意象而言，意识与潜意识之间必须达成某种默契。只有二者之间不存在任何冲突，答案才会出现。所以，为避免愿望和想象之间出现"打仗"的情况，你在进行祈祷时，最好让自己进入意识模糊的状态，比如将要睡着的时候、刚刚起床的时候，这种时候，既有助于排除各种杂念的干扰，又是潜意识思维活动的"高峰期"，潜意识能够老老实实地听你的安排。

拿破仑·希尔自我暗示6步骤

人的心理暗示是一种信息传导：信息产生信念，信念形成态度，态度制造感觉，感觉决定行为，行为导致结果。积极健康的自我暗示，能把人带入"天堂"；消极有害的自我暗示，能把人带入"地狱"。自我暗示，就是通过词语的作用来调节大脑的兴奋水平，进而调节人体内的生理、心理机制，以对人的心理状态产生积极迅速的影响过程。自我暗示对人的潜能开发和成才有着重要影响。

拿破仑·希尔博士在《心理创富法》一书里认为，自我暗示是一种树立正确财富观念的好办法，并且首次提出6个自我暗示的"黄金"步骤。

第一步，你要在心里，确定希望拥有的财富数字。笼统地说"我需要很多很多的钱"是没有积极作用的，你必须确定你所要求财富的具体数额。

第二步，确确实实地决定，你将会付出什么努力与代价去换取你所需要的钱——世界上没有不劳而获这回事。

第三步，规定一个固定的日期，一定要在这日期之前把你想要的钱赚到手——没有时间表，你的船永远不会"泊岸"。

第四步，拟定一个实现你理想的可行性计划，并马上进行——你要习惯"行动"，不能够再耽于"空想"。

第五步，将以上四点清楚地写下——不可以单靠记忆，一定要记成白纸黑字。

第六步，不妨每天两次，大声朗诵你写下的计划的内容。一次在晚上就寝之前，另一次在早上起床之后——当你朗诵的时候，你必须看到、感觉到和深信你已经拥有这些钱！

以上的几个自我暗示步骤看似简单，其实却非常重要，所以希尔博士在书中反复叮咛：

"对一些没有接受过严格心灵锻炼的人来说，以上六个步骤是'行不通'的……请你先记住，将这些步骤传下来的人不是没有完善意识和致富勇气的平庸之辈，而是一些世界上经济和政治领域中颇为成功的杰出的人物。"

希尔博士的自我暗示步骤使我们深刻认识到自我暗示的重要性与激励作用。因为，人们的意识会形成一种"心理导向效应"，即人的内心都会有一种强烈的接受外界暗示，通过语言、声音的传播媒介树立形象的渴望。

所以，我们在心里为自己描绘的形象，就决定了自己的未来，暗示往往是无法改变的，因为它在潜移默化中影响我们的成长。

开发并利用你的潜意识

要想使你的大脑更聪明、更富有智慧、更富于创造性，就必须给潜意识输送更多的相关信息。既然潜意识包含这么多的奥妙，那么我们该如何开发和利用它，以使它得到最大限度的发挥呢？

1.训练开发潜意识无限的"储蓄"和记忆功能，为你的聪明才智奠定更为广阔、雄厚的基础。

如果你想建造高楼大厦，就必须先储备好各种各样的建筑材料、装修材料、设计图纸、建筑技能、建筑机械、管理指挥技能等等。同样，如果你要追求成功，就应该不断地学习新的东西，给你的潜意识不断输入新养料。要想使你的大脑更聪明、更富有智慧、更富于创造性，就必须给潜意识输送更多的相关信息。

为了使你的潜意识"储蓄"功能效率更高，可采取一些辅助性的手段，如重要资料的重复输入，重复性学习，增加记忆功能，建立看得见的信息库，分类保存图书、剪报、笔记、现代的电脑软件等，以便协助潜意识，为你创造性思维和其他聪明才智服务。

2. 训练对潜意识的控制能力，使它为你的成功服务，而不是把自己的前途导向失败。

如上所说，由于潜意识"是非不分"，不管积极的、消极的，还是好的、坏的，它都统统吸收，并且常常跳过意识而直接支配人的行为，或直接形成人的各种心态，所以，在某种意义上，"成"也是潜意识，"败"也是潜意识。因此，你要训练自己，努力开发利用有益的、积极的、有助于成功的潜意识，对可能导致失败的、消极的潜意识，必须加以严格控制；你应该珍惜潜意识中原有的积极因素，并不断输入新的、健康的信息资料，使积极的、成功的心态占据统治地位，成为最具优势的潜意识，使之成为支配你的行为的直觉性习惯和"超感"意识。对一切消极的、失败的心态和信息进行控制，不要让它干扰你的正常生活，不要让它进入你的潜意识。

如果遇到消极性信息时，可采取两个办法加以控制：一是立即抑制它，回避它，不要让其"污染"你的大脑思想。对于过去无意中吸收的消极信息，永远也不要提及它，把它遗忘，让它沉入潜意识的海底好了。二是进行判断性分析，"化腐朽为神奇"。你要用成功的、积极的心态，对它们进行深入分析和评价，化害为利，如同使有毒的草化成肥料一样，把它们变成有益于成功的思想意识。

3. 开发、利用潜意识自动思维创造的智慧性功能，帮助你解决问题，获得创造性灵感。

潜意识蕴藏着人的一生于有意无意间所感知或认知的信息，并且能够将它们自动地排列、组合、分类，产生一些新的信念。所以，你可以给它指令，把各种美好的梦想，把你所碰到的难题转变成清晰的指令，经由意识转到潜意识思维中，然后放松自己的身心，等待它给你答案。

魔鬼训练营——自我激励的9大方法

当我们生活得不如意，觉得未能发挥潜能时，不妨问问自己："父母为我们所创造的自我形象是否有问题？"如果你觉得确有问题的话；那就表示你的生活方式未能将你的潜能发挥出来，你需要求变。想要发挥自己的潜能，就要积极激励自我。以下是自我激励最关键的9种方法。

1. 调高目标

真正能激励你奋发向上的是：确立一个既宏伟又具体的远大目标。许多人惊奇发现，他们之所以达不到自己孜孜以求的目标，是因为他们的主要目标太小，而且太模糊，使自己失去主动力。如果你的主要目标不能激发你的想象力，目标的实现就会遥遥无期。

2. 离开舒适区

不断寻求挑战，体内就会发生奇妙的变化，从而获得新的动力和力量。但是，不要总想在自身之外寻开心。令你开心的事不在别处，就在你身上。因此，找出自身的情绪高涨期，用来不断激励自己。

3. 慎重择友

对于那些不支持你目标的"朋友"要敬而远之。你所交往的人会改变你的生活。结交那些希望你快乐和成功的人，你在人生的路上将获得更多益处。对生活的热情具有感染力。因此同乐观的人为伴能让我们看到更多的人生希望。

4. 正视危机

危机能激发我们竭尽全力。无视这种现象，我们往往会愚蠢地创造一种舒适的生活方式，使自己生活得风平浪静。当然，我们不必坐等危机或悲剧的到来，从内心挑战自我是我们生命力量的源泉。

5. 精工细笔

创造自我，如绘一幅巨幅画一样，不要怕精工细笔。如果把自己当做一幅正在创作中的杰作，你就会乐于从细微处作改变。一件小事做得与众不同，也会令你兴奋不已。总之，无论你有多么小的变化，一点点都于你很重要。

6. 敢于犯错

有时候我们不做一件事，是因为我们没有把握做好。我们感到自己"状态不佳"或精力不足时，往往会把必须做的事放在一边，或静等灵感的降临。如果有些事你知道需要做却又提不起劲，尽管去做，不要怕犯错。给自己一点自嘲式幽默。抱一种打趣的心情来对待自己做不好的事情，一旦做起来了一定会乐在其中。

7. 加强排练

先"排演"一场比你要面对的局面更复杂的战斗。如果手上有棘手活而自己又犹豫不决，不妨挑件更难的事先做。生活挑战你的事情，你正好可以用之挑战自己的能力。这样，你就可以开辟一条成功之路。成功的真谛是：对自己越苛刻，生活对你越宽容；对自己越宽容，生活对你越苛刻。

8. 迎接恐惧

世上最秘而不宣的体验是，战胜恐惧后迎来的是某种安全有益的东西。哪怕克服的是小小的恐惧，也会增强你对创造自己生活能力的信心。如果一味想避开恐惧，它们会像疯狗一样对你穷追不舍。此时，最可怕的莫过于双眼一闭假装它们不存在。

9. 把握好情绪

人开心的时候，体内就会发生奇妙的变化，从而获得新的动力和力量。但是，还是不要总想在自身以外寻开心为好。令你开心的事不在别处，就在你身上。自己本身才是自己快乐的源泉。

心智篇

你要控制自己的情绪，否则你的情绪便控制了你。

——大仲马（法）

不失控的人生要求人们提高情绪自我掌控能力，内驱力要适中，情绪太过高涨或低落，都难达到最佳的人生状态。

——戴尔·卡耐基（美）

一个人的成功，只有 20% 是靠 IQ（智商），80% 是凭借 EQ（情商）而获得。

——丹尼尔·戈尔曼（美）

即使拿走我现在的一切，只留下我的信念，我依然能在十年之内重新夺回它们。

——洛克菲勒（美）

Part3

自控力训练
成熟比成功更重要

 自控，成熟比成功更重要

自控力——掌控命运的关键力量

人类有许多行为，大部分行为总是指向环境的，与自我控制无关，比如我们每天吃饭、娱乐等。人类还有另一类行为，即指向或为改变自我以后行为反应的可能性而产生的行为，这类行为就是自我控制的行为，自控行为改变了原有的行为后果，是一种有意识的意志行为。

自控能力就是自我控制能力，就是实施自控行为的能力。它是自我意识的重要成分，是个人对自身的心理和行为的主动掌握；是个体自觉地选择目标，在没有外界监督的情况下，适当地控制、调节自己的行为，抑制冲动，抵制诱惑，延迟满足，坚持不懈地保证目标实现的一种综合能力，表现在认知、情感、行为等方面。

自我控制能力是指我们在任何时候都能够保持冷静，能及时地控制自己的情感和行为。控制自己往往是在自己理性的时候，而不想控制自己往往是在感性的时候。所以用理性的目标似乎不能解决感性的问题。每个人都有这样感觉，不能够完全避免，所以只能改善。

心理学研究者做过一个有趣的实验，他们请来一群三四岁的小孩子，分给他们每人一份棉花糖。告诉他们，他们可以马上就吃，但如果他们愿意等一等，等到研究者出去办完事回来以后再吃，他们就可以得到双份的

棉花糖。研究者说完后即离开了房间。

孩子们是如何表现的呢？可以分成三类：

A类：急不可耐，立刻把糖拿起来吃掉了。

B类：等了几分钟，但实在忍不住了，也把糖吃掉了。

C类：耐心等待，一直等到研究者回来，终于吃到了第二份。

之后，研究者对这些孩子进行了跟踪研究。若干年后，孩子们长大了——

自我控制能力强的"C类"孩子讨人喜欢，比较敢于冒险，自信、坚强、可靠、自制力较高。不仅在学习上表现优越，社会适应能力也很强，普遍都获得了成功。

那些只想满足眼前欲望的孩子，没有办法克制自己的"A类"和"B类"孩子，在各方面的成就都比较低。

事实上，幼儿阶段自控能力较好的人，到了小学阶段学习成绩大都比较好。有的孩子很聪明，可是自控力差，上课做小动作，貌似听讲实则神离，结果是一听就会、一放就忘、一做就错。

为了获得更大的成功，或以最佳方式获得成功，而对自己的欲望、情绪加以克制，这就是自我控制能力的表现。

成大事者皆需自控

一个人无论有多么过人的天赋，如果他没有自控力，就绝不可能把自己的潜能发挥到极致。

对于法拉第的性格特征，廷德尔教授的描述就如同绘制了一幅精美的图画——一幅自我克制而为科学事业刻苦努力、辛劳付出的图画。法拉第在这幅图画中展现了自己的性格特点，他倔强、脾气古怪，容易冲动，可是也有温和敏感的一面。廷德尔教授说："他火山般炙热的激情潜藏在温文尔雅之下。他容易冲动，而且脾气也很暴躁。可是他火焰般的激情在高度的自我控制下，变成了生命的活力，这股力量没有被浪费，它变成了一束光芒。"

自控的品格存在于法拉第的性格之中。他在投入了全部精力的分析化学事业上获得了杰出的成就。在科学的探索之路上，他抗拒了所有诱惑。廷德尔教授说："他父亲是位铁匠。他当过装订工的学徒。他没有选择十五万英镑的巨额财产，而是选择了科学的事业。最后，他离开人世时，身上没有一分钱。可是，英国科学名人的光荣榜上，四十年里都是他的名字独占鳌头。"

安格迪尔，这名历史学家面对拿破仑的政权毫不屈服，他是法国少有的几个不畏强权的文人之一。他贫困潦倒，每天只有最低的消费去买面包、牛奶，用来维持生活。一位朋友对他说道："我每天要节省一点，是为了讨得征服者欢心，我要在日后送礼给马伦戈和奥斯特里兹。我每天存的钱与你用的钱差不多。你现在如果生病了，就只能靠救济金来过活了。你要想生活下去，也要像其他人那样讨好皇帝啊。"安格迪尔不屈地说道："要是那样的话，不如让我去死！"可是贫困并没有夺走他的生命，他活了94岁。临死之前，他说："我这个将死的人依然活力无穷啊。"

只有在任何事情上都能够自我控制，才能拥有平和与光彩的人生。人类是不能缺少容忍与克制这两项品德的。理智不能受到脾气的左右。那些坏心情、坏脾气、刻薄的表现和嘲弄他人的行为是要尽量避免的。这些恶习会在人们疏忽大意时趁虚而入，在我们本性中埋藏，甚至会控制我们的心灵。

成熟比成功更重要

一个真正意义上的人是必须具有自我控制能力的。莎士比亚说过："人类能够为尚未发生的事情做好准备，这也是因为人类有着自我控制这一美德。"

自我控制帮人类控制本能的冲动。物质生活和道德生活也是靠着自我控制区分开来。品格的主要基础也是这种自我控制能力。郝伯特·斯宾塞说："那些有理想的人类追求的伟大目标就是——严格的自我控制。他们不会受到欲望的左右，也不会被冲动掌控。他们会在深思熟虑后行动。道德教育的最终目的就是这样。"

一个人倘若能够真正地控制自己，他也就能控制外界。因为绝大部分的人都会有共同的人性弱点：怯懦、犹豫、敏感、冲动、懈怠、易变……

面对复杂的身外世界，他们往往难以把握自己。他们未必缺乏知识与才能，而是缺乏控制情绪的自控力。一个拥有自控力而不受制于任何外界影响的人，也就自然地成为人们的心灵可以依赖的"领袖"。这就是那句古老的格言所说的："一个人，征服了自己，也就征服了世界"。

能否理智地驾驭自己的情感，是一个人是否走向心智成熟的重要标志。感情用事者不仅会远离成功，还会因为自己的不成熟给别人带去伤害、给自己招来祸端。

能否理智地驾驭自己的情感，还是区分强者与弱者的方法之一。弱者不在于战胜不了别人，而在于战胜不了自己。他们或多或少地充当着情感的奴隶、受着情感的驱使，少有克制自己的勇气和信心。真正的强者都是驾驭情感的高手，他们控制情感冲动和内心欲望的过程也正是战胜自我、超越自我的过程，而战胜了自我的人大多是生活中的强者。

控制冲动情绪，成就非凡人生

察古可以知今。看看历史，你就该明白自我控制的重要性。

韩信是秦末汉初著名的军事统帅，他出身贫贱，从小就失去了双亲。建立军功之前的韩信，既不会经商，又不愿种地，家里也没有什么财产，过着穷困而备受歧视的生活，常常是吃了上顿没下顿。他与当地的一个小官有些交情，于是常到这位小官家中去吃免费饭，可是时间一长，小官的妻子对他很反感，便有意提前吃饭的时间，等韩信来到时已经没饭吃了。

在韩信的家乡淮阴城，有些年轻人看不起韩信。有一天，一个少年看到韩信身材高大却常佩带宝剑，以为他是胆小，便在闹市里拦住韩信，说："你要是有胆量，就拔剑刺我；如果是懦夫，就从我的裤裆下钻过去。"围观的人都知道这是故意找茬羞辱韩信，不知道韩信会怎么办。只见韩信想了好一会儿，一言不发，就从那人的裤裆下钻过去了。当时在场的人都哄然大笑，认为韩信是胆小怕死、没有勇气的人。这就是后来流传下来的"胯下之辱"的故事。

后来，在帮助刘邦打天下的过程中，他每战必胜，立下了赫赫功勋。

是大丈夫，必有容人的胸襟与气度，志存高远，不与小人同识，才能成就一番伟业。

齐国攻打宋国，燕王派张魁做为使臣率领燕国士兵去帮助齐国，齐王却杀死了张魁。燕王听到这个消息，非常气愤，就召来有关官员说："我要立即派军队去攻打齐国，为张魁报仇。"

大臣凡繇听说后谒见燕王，劝谏说："从前以为您是贤德的君主，所以我愿意当您的臣子。现在看来您不是贤德的君主，所以我希望辞官不再做您的臣子。"燕昭王说："这是为什么呢？"凡繇回答说："松下之乱，我们的先君不得安宁被俘，您对此感到痛苦，却特奉齐国，是因为力量不足。而今张魁被杀死，您却要攻打齐国，这是您把张魁看得比先君还重。"燕王说："你认为应该怎么办？"凡繇回答说："请您穿上丧服离开宫室到郊外，派遣使臣到齐国，以客人的身份去谢罪，说'这都是我的罪过。大王您是贤德的君主，哪能全部杀死诸侯们的使臣呢？只有燕王的使臣独独被杀死，这是我国选择人的时候不慎重啊，希望您能让我改换使臣以表请罪'。"

燕王接受了凡繇的意见，又派了一个使臣到齐国去。

使臣到了齐国，齐王正在举行盛大的宴会，参加宴会的近臣、官员、侍从很多，齐人让燕王派来的使臣进来禀告，使臣说："燕王非常恐惧，因而派我来请罪。"使臣说完了，齐王又让他重复一遍，以此来向官员、侍从炫耀。

于是齐王派出地位低微的使臣去告诉燕王，让燕王返回宫室居住。

这样，由于燕王忍怒而委曲求全，从而保全了国家，为他后来攻打齐国准备了充分的条件。试想假如燕王逞一时之怒，匆忙去攻打齐国，恐怕早已成为齐国刀俎下的鱼肉了。

能忍与不能忍，两人的最终命运，竟有如此大的区别。所以为了明天，你必须控制自己。

人生在世，不如意事十有八九。面对不愉快的事，千万不可冲动，一定要三思而后行。正如大仲马所说："你要控制自己的情绪，否则你的情绪便控制了你。"

克服坏情绪，激发好情绪

情绪成就你，或者毁灭你

情绪是人们对事物的一种最浅、最直观、最不用脑筋的情感反应。它往往只从维护情感主体的自尊和利益出发，不对事物做复杂、深远和智谋的考虑。本来，情感离智谋就已距离很远了，作为情感的最表面部分的情绪，更是最浮躁部分，以情绪做事，是没有理智可言的。

然而在工作、生活、待人接物中，经常依从情绪摆布的人不知道有多少，他们头脑一发热，情绪上来了，什么蠢事都愿意做，什么蠢事都做得出来。比如，因一句无甚利害的谈话，便可能与人打斗，甚至拼命。诗人莱蒙托夫、诗人普希金与人决斗死亡，便是此类情绪所为；又如，别人给一点假仁假义，就心肠顿软，大犯根本性的错误……如此之类因情绪的浮躁、简单、不理智等而犯的过错，大则失国失天下，小则误人误己误事，真是不胜枚举。事后冷静下来，当事人也会感到其实可以不必那样，完全是因为一时的情绪躁动和亢奋，蒙蔽了人的心智所为。

如果一个人无法控制自己的情绪，那他终将会为此付出代价。第一次世界大战中，德国第104装甲旅旅长阿萨夫·亚古里与英国军队第二步兵师先头部队遭遇时，因三次进攻均未成功，便恼羞成怒，孤注一掷把剩余的85辆坦克全部投入战场，结果中计惨败，使85辆坦克在3分钟内毁于一旦。

做人不能太情绪化。不善于驾驭情感不仅会使人伤身伤心，还会使人远离真理，甚至成为别人操纵的对象。所以，你要想学会真正掌控自己，就要学习运用理智的原则驾驭情感、控制情绪。

情绪成就一切。如果愤怒之时，你能冰释掉心中的火焰；消沉之时你能寻回奋斗的力量；无聊之时你能够将时间用于有意义的忙碌；空虚之时，你能够充实自我；懦弱之时，你能够找回信心，扬帆起程……那么，孤独、忧心、失望、丧气、沉沦永远不能搅扰你，生活的缰绳也永远紧握在你手中。

一般心性敏感的人、头脑简单的人、年轻的人，易受情绪支配，头脑容易发热。问一问你自己，你爱头脑发热吗？你爱情绪冲动吗？检查一下你自己曾经因此做过哪些错事，犯傻的事，以警示自己的未来。

如果你正在努力控制情绪的话，可准备一张图表，写下你每天体验并且控制情绪的次数，这种方法可使你了解情绪发作的频繁性和它的力量。一旦你发现刺激情绪的因素时，便可采取行动除掉这些因素，或把它们找出来充分利用。

别让情绪失控毁了你

俗话说：天有不测风云。生活中每个人都可能遇到许多不尽如人意之处。比如：你在外面做生意失败了；回到家中突然遇到父母不幸去世；太太被老板炒了鱿鱼；孩子踢球把邻居家的玻璃打碎了，人家找上门来，等等。假使你面对上述情形，你会有"发疯"的感觉吧。其实，生活中有许多人就是在这些突发情况下，因为坏情绪丧失了判断力，从而使事情恶化，自己也在其中成了受害者。

尼格尔毕业后应聘于一家公司销售家用电器，公司提出试用三个月。三个月过去了，尼格尔没有接到正式聘用的通知，于是他一怒之下提出辞职。公司的一位副经理请他再考虑一下，他却越发火冒三丈，说了很多抱怨的话。于是对方也动了气，明明白白地告诉他，其实公司不但已经决定正式聘用他，还准备提拔他为营销部的管理者。然而这么一闹，公司无论如何也不能再用他了。当年涉世未深的尼格尔就这样因为自己一时的情绪失控而白白地丧失了一个绝好的工作机会。

坏情绪经常会干扰人的理性判断。人的生命是短暂的，如何才能抓住机会，不让自己的生命留下悔恨呢？这需要你有一双智慧的眼睛、一颗敏锐的心，还有不要因为情绪而失控。

流浪歌手大卫回忆他在年轻的时候，曾满怀信心地把自制的录音带寄给某位知名制作人。然后，他就日夜守候在电话机旁等候回音。第一天，他因为满怀期望，所以情绪极好，逢人就大谈抱负。第十七天，他因为情况不明，所以情绪起伏，胡乱骂人。第三十七天，他因为前程未卜，所以情绪低落，闷不吭声。第五十七天，他因为期望落空，所以情绪坏透，接通电话就骂人。没想到电话正是那位知名制作人打来的。他为此而自断了前程。

远离坏情绪，拥抱健康生活。好情绪有利于人的身体健康，而坏情绪则会给人的机体带来损害。心理学家做过这样的实验：设法收集人在生气时呼出的气体，然后将这些气体溶于水中，将溶液注射到小白鼠的体内，发现小白鼠在一段时间后死亡。这种和香烟有害的实验相类似的结果告诉我们，人在生气的时候，体内的免疫细胞的活性下降，人体抵御病毒侵害的能力减弱，因此容易受到病毒的侵入，导致疾病；人情绪不好的时候，体内还会分泌出一种毒性的荷尔蒙，这种荷尔蒙聚积起来，会形成和漂白粉一样的分子结构，对人体产生不利的影响。时间一长，人容易患上慢性病甚至癌症。

坏情绪对人的影响如此之大，迫使我们应该学会如何控制坏情绪，并尽可能地将之转化为好情绪。当我们处于情绪的低谷即将爆发时，要用意识控制自己，提醒自己应当保持理性，还可进行自我暗示："别发火，发火无济于事，还会伤身体。"

调控内驱力，提升自控力

心理学研究表明，轻松、愉快、乐观的良好情绪，不仅能使人产生超强的记忆力，而且能活跃创造性思维，充分发挥智力和心理潜力。而焦虑不安、悲观失望、忧郁苦闷、激愤恼怒等坏情绪，则会降低人们的智力活动水平。因此，消除不良情绪，保持良好的精神状态，是进行创造性学习、提高工作效率、人生不失控的一大法宝。

我们常常可以听到这样的事情：考场上，一个平时成绩优秀的学生会因临场的状态不佳，而使头脑一片空白，反应迟钝，思路闭塞，表现出浮躁不安的情状，结果成绩平平，高考落榜。

实际上，做任何事情，内驱力适中，能够稳定情绪，提升自控力都是非常重要的。临场的心理体验会直接影响到你成绩的成败。

运动员的体验会告诉我们，为了成为一个获胜者，你必须认为你是个获胜者。因为当你信心百倍地参与竞争时，会领略到"搏杀"的刺激，获得成功那瞬间的兴奋满足；当你心事重重、无精打采，或过度紧张时，又会尝到不安、沮丧烦躁和焦虑的滋味。

拳击比赛很容易得出结果：一胜一负。然而常常是力量最大、速度最快、耐力最强的一方获胜吗？事实并非如此。如果体质较弱的一方有较好的自我感觉，他就有可能获胜。相信自己会胜的一方比没有信心的另一方具有明显优势。

在拳击术语中，这叫做"最佳竞技状态"。带着自我失败感觉的拳击手会发挥失常，他会逃避，因为他害怕他的对手。

情绪稳定会使一个人有更大的耐力，反应更为敏锐。它使肾上腺素流动，给人补充信心，使他发现自己做什么事情都得心应手。身心配合默契，更能战胜对手。

其实每个人都拥有内驱力适中的能力。在很多事情上，你都有自信、勇气、冲动，或者是冷静、轻松，或者是坚定、决心，也或者是创造力、幽默感，更或者是敢冒险、灵活、随机应变……所有这些能力，细想一下，你会发觉都是一份内心里的良好感觉。

因此，生活中情绪稳定，自控力良好的人，往往表现出坚毅、爱和面对现实的活力。他们神采焕然，专注负责，勇于开拓，肯冒险犯难。他们敢于及时把握机会作出改变，而不优柔寡断，所以能把握时运。他们不逃避现实，所以，好运气更容易降临在他们身上。这样的人就是处于内驱力适中的状态。相反，内驱力过高或过低的人，情绪掌控能力比较差，也更容易遭遇到失败。

操纵好自己的情绪转换器

日常生活中我们难免会遇到一些挫折、困苦等不愉快的事，而一味地生气、焦虑、怨恨，不但不会使事情好转，反而严重地伤害我们的身心健康。

人不会永远都有好情绪，任何人遇到灾难，情绪都会受到一定影响。这时，你一定要操纵好情绪的转换器。面对无法改变的不幸或无能为力的事，就抬起头来，对天大喊："这没有什么了不起，它不可能打败我。"或者耸耸肩，默默地告诉自己："忘掉它吧，这一切都会过去！"

作家爱默生在每天睡觉前，总是告诫自己说："时光一去不返，每天都应尽力做完该做的事。疏忽和荒唐事在所难免，尽快忘掉它们。明天将是新的一天，应当重新开始一切，振作精神，不要使过去的错误成为未来的包袱。"他十分清楚，如果以悔恨来结束一天，实在不是明智之举。因此，爱默生就像一个关门人，在一天结束时就把门关上，将一切忘记。

曾任英国首相的劳合·乔治也是这样做的。有一天，他和朋友在散步，每经过一扇门，他便随手把门关上。"你没必要把这些门关上。"朋友说。"哦，当然有必要。"乔治说："我这一生都在关身后的门。你知道，这是必须做的事。当你关门时，也将过去的一切留在后面。然后，你又可以重新开始。"

要成为一个成熟的人，很重要的一点就是要学会往前看。忘记过去的不愉快，努力向着未来的目标前进。如果某些不好的事情已经发生了，就不要总是耿耿于怀，应该学会放下，将懊悔关在门外。因为，即使你总是想着它，事情的结果也不会有什么改变，只会白白浪费你的时间。与其在追悔莫及中度过每一天，为什么不抓紧时间多做些有意义的事情呢？你可以制定新的计划，树立新的目标，让你的人生更加丰富多彩。今天，不要为昨日的失误而悲伤，否则，明天就要为今日的颓丧而懊悔。

情绪是可以调适的，只要你操纵好情绪的转换器，随时提醒自己，鼓励自己，你就能让自己常常有好情绪。那么，当坏情绪突然来临时，如何调适，操纵好情绪的转换器呢？下面的方法可以供你参考：

（1）合理宣泄。通过体育运动、写日记、听音乐、旅游、找朋友聊天来加以宣泄，也可以在无人的地方大声喊叫或大哭一场来解除自己的压抑情绪。

（2）转移注意力。当遇到困难挫折时，通过转移注意力的方法来切断不良情绪的发展，发挥自己的优势和兴趣爱好，把不良情绪转移到现实的行为中去，以弱化坏情绪。切记不要把心中的烦恼和怨气发泄到他人身上，或采取一些不良的嗜好进行错误应对。

（3）升华。把不良情绪升华到现实的学习、工作、生活中去。在情绪不佳时，应理智地面对人生，冷静地对待每一件事情，把着眼点放在自己的事业上，创建新生活和工作。全心投入到学习工作之中，以增加自信和动力，淡化坏情绪。

（4）提升幽默感。"笑一笑十年少，愁一愁白了头"。幽默可以解除心病，对坏心情起到调节作用，并可控制不良情绪的发生。

训练情绪，驾驭情绪

每个人的情绪都会时好时坏。实际上没有任何东西比我们的情绪，也就是我们心里的感觉更能影响我们的生活了。一个心理成熟的人，不是没有消极情绪的人，而是能够很好地控制住情绪，能够自己的情绪自己做主的人。

我们对待情绪的基本态度首先是：承认和接受它。因为对任何问题，如果你不面对它，不肯承认它，那么你只能被动地受它影响，而无法很好地处理它。

不同性格的人对情感的要求程度不同，但有一个普遍的共识：就是不断地压制情感会导致心理障碍，包括心理矛盾、心理压抑，情感纠葛、自我否定、模糊不清、漂浮不定的忧虑。而在那些对与身心相关疾病感兴趣的医生们中也存在一个共识，即情感压抑是导致某些疾病的原因之一。

这些都说明，有充分的理由让我们揭开情感生活的面纱，即使在不能公开表达情感的时候，也至少承认它们的存在。不管你对它采取什么态度，你首先要做的是正视它。如果你否定它，它不会消失，只会潜藏在你的意识里，会继续影响你。虽然你可能感觉不到，但是在你想象不到的地方，它可能会操控你做出自己不想做出的事，或者影响你的身体健康。

而且，对自己情感的坦率，也有助于我们理解和接受他人的情感：假如我们不能正视自己的眼泪，我们就可能对别人的眼泪失去耐心；假如我们不能正视自己的愤怒，我们就可能被别人的愤怒搅得心烦意乱；假如我们不能正视自己的快乐，我们就不可能分享别人的快乐；假如我们不能正视自己的爱慕，我们就可能对别人的爱慕表现冷漠；假如我们不能正视自己的缺点，我们就可能对别人的缺点吹毛求疵……

情绪是态度的反应，是对情绪源的外在表现，有消极、积极之分，却没有对错之别。

　　一个人在情绪起了变化的时候，注意力会放在引起情绪反应的事情上，也就是陷入情绪当中，无法"跳出来"看到当下的情绪。经常在事后，才察觉到：我这是怎么了？是否能控制、纾解和调理自己的情绪，关键在于自我觉察。

　　要养成觉察情绪的习惯。很多人在情绪发生变化的时候，并没有意识到。比如很多人表现出生气的态势，却没有觉察到。还有的人一大早从睡梦中醒来，或许由于残留在潜意识中的噩梦，或许因为一个想不起来具体情景的尴尬经历而感觉不快，一整天在工作中总是闷闷不乐，对同事们看到自己阴沉面容时所显露的表情感到莫名其妙，对自己在这一整天遇到的种种不顺觉得无法理解。

　　假如你被激怒了，感到心中蓄满着排山倒海的怒气，肌肉紧绷，表情紧张，并怀着敌意的冲动时，你要觉察到它的存在，知道它随时会产生失控的行为——可能说错话，做错事，做出不正确的判断和回应。只有觉察到它的存在，保持警觉与理性，才可能排解困难，度过难关。

为坏情绪找个释放通道

　　每个人都应注重建立一个健全的家庭。社会可以说是个大家庭，一个人如果能很好地适应家庭中的人际关系，也可以很好地在社会中生存。

　　在20世纪60年代的美国，有一位很有才华、曾经做过大学校长的人，准备竞选美国中西部某州的议会议员。此人资历很高，又精明能干、博学多识，看起来很有希望赢得选举的胜利。但是，在选举的中期，有一个小谣言散布开来：三四年前，在该州首府举行的一次教育大会中，他跟一位年轻女教师"有那么一点暧昧的行为"。

　　这实在是一个弥天大谎，这位候选人对此感到非常愤怒，并尽力为自己辩解。由于按捺不住对这一恶毒谣言的怒火，在以后的每一次集会中，他都要站起来极力澄清事实，证明自己的清白。其实，大部分的选民根本没有听到过这件事，但是，现在人们却愈来愈相信有那么一回事，真是愈抹愈黑。公众们振振有词地反问："如果他真是无辜的，他为什么要百般为自己狡辩呢？"如此火上浇油，这位候选人的情绪变得更坏，也更加气急败坏、声嘶力竭地在各种场合下为自己辩解。然而，这却更使人们对谣言信以为真。最悲哀的是，连他的太太也开始转而相信谣言，夫妻之间的亲密关系被破坏殆尽。最后他失败了，从此一蹶不振。

人们在生活中有时会遇到恶意的指控、陷害，更经常会遇到种种不如意。有的人会因此大动肝火，结果把事情搞得越来越糟，就像这位议员一样。

当你因不愉快的事而情绪不佳时，你不妨试试转移自己的注意力，为坏情绪找个释放通道，不要在不愉快的事情上纠缠不休，陷入失败的泥沼。

1. 积极参加社会交往活动，培养社交兴趣

人是社会的一员，必须生活在社会群体之中，一个人要逐渐学会理解和关心别人，一旦主动爱别人的能力提高了，就会感到生活在充满爱的世界里。如果一个人有许多知心朋友，可以取得更多的社会支持。更重要的是可以感受到充足的社会安全感、信任感和激励感，从而增强生活、学习和工作的信心和力量，最大限度地减少心理应激和心理危机感。

一个离群索居、孤芳自赏、生活在社会群体之外的人，是不可能获得心理健康的。随着核心家庭的增多，来自家庭的社会支持减少，因此走出家庭，扩大社会交往显得更有实际意义。

多取得身边资源。经理可以多找部属聊，同事之间也可互相讨论，激发出一个可执行的方案，执行时大家都有参与感。执行方案因为已纳入所有工作者的智慧，个人会有值得存在的价值感，减少不必要的失落。

2. 多找朋友倾诉，以疏泄郁闷情绪

生活和工作中难免会遇到令人不愉快和烦闷的事情，如果有好友听您诉说苦闷，那么压抑的心境就可能得到缓解或减轻，失去平衡的心理可以恢复正常，并且得到来自朋友的情感支持和理解，获得新的思考，增强战胜困难的信心。

还可向自然环境转移，郊游、爬山、游泳或在无人处高声叫喊、痛骂等。也可积极参加各种活动，尤其是将自己的情感以艺术的手段表达出来。

3. 重视家庭生活，营造一个温馨和谐的家

家庭可以说是整个生活的基础，温暖和谐的家是家庭成员快乐的源泉，事业成功的保证。在此环境下成长的孩子，也利于其人格的发展。如果夫

妻不和、吵架，将会极大破坏家庭气氛，影响夫妻的感情及其心理健康，而且也会极大地影响孩子的心灵。可以说不和谐的家庭经常制造心灵的不安与污染，对孩子的教育很不利。

理想的健康家庭模式，应该是所有成员都能轻松表达意见，相互讨论和协商，共同处理问题，相互供给情感上的支持，团结一致应付困难。

提升情商，提升自控力

高情商的人魅力无穷

美国著名心理学家、《情绪智商》的作者丹尼尔·戈尔曼认为，一个人的成功，只有 20% 是靠 IQ（智商），80% 是凭借 EQ（情商）而获得。而 EQ 管理的理念即是用科学的、人性的态度和技巧来管理人们的情绪，善用情绪带来的正面价值与意义帮助人们成功。

毕业于哈佛大学，美国颇负盛名的总统罗斯福，在他小时候是一个脆弱胆小的男孩，脸上总是露出惊恐的表情，背诵时双腿发抖，嘴唇颤动，回答含糊不连贯。然而他的这些缺陷并没有使他自暴自弃，反而促使他更加努力地去奋斗，改善自我，提升自我。他的积极情商促成了他的奋斗精神，终于使他成为美国历史上杰出的总统。

钢铁大王安德鲁·卡内基从一个贫苦少年变成美国大富翁，凭借的也是他积极的情绪和涵养："如果一个人不能在他的工作中找出点罗曼蒂克来，这不能怪罪于工作本身，而只能归罪于做这项工作的人。"

还有我国的周恩来总理，同样是一个高情商者。在国际交往中，他用高超的外交艺术，用他的高情商，为我们打开了国际局面。

在一次国际交往中，有人对周总理发起挑衅，问道："总理先生，听说在你们中国有很多马路，我要请教一下，中国的马路是不是马走的路啊？"周总理听闻此言并没有发怒，而是非常礼貌地回答："我们中国确实有很多马路，因为我们走的是马克思主义之路！"如此机智而巧妙的回答，闪烁着周恩来的智慧之光。他的回答既明确地表明了我国的立场，同时也没有直接伤害到他人，但是也在其中含蓄地反驳了对方。

情商的高低表明了人们所站立的起点不同，高情商的人所站的位置相对更高。因此他们可以看得更远，更广。因为高情商，罗斯福没有只看到眼前的不幸而忘却了不懈的努力；因为高情商，卡耐基在枯燥的工作中努力寻找乐趣；也因为高情商，周恩来总理在他的外交中不逞一时的口舌之利，而是理智地有弹性地应对外来的言语攻击。

情绪决定了人的心理状态。良好的状态才有良好的欲望，才能将一个人内在的其他能力发挥到极致，其中当然也包括智力。

丹尼尔·戈尔曼教授花费多年，对全球 500 家企业、政府机构和非营利性组织进行了研究分析，除了发现成功者往往具备应当具备的工作能力以外，杰出的成就和卓越的表现与情绪智能往往有着不可分离的密切关系。而企业的优秀领导人在一系列的情绪智能，如影响力、团队领导、自信和成功动机等方面，都有非常优秀的表现。情商影响着人的一生，它在一个人的命运中具有决定性的作用，在人生各个领域中也都占据着重要的地位。一位成功者可能不是聪明绝顶的天才，却必定是那些能调动自己情绪的高情商者。

实践和发展你的情商技巧

情商主要指信心、恒心、毅力、乐观、忍耐、直觉、抗挫折、合作等一系列与个人素质有关的反应，说得通俗点就是指心理素质，指一个人运用理智控制情感和操纵行为的能力。"情商"是个体最重要的生存能力，是一种发掘情感潜能、运用情感能力影响生活的各个层面和人生未来的品质要素。"情商"是一种洞察人生价值、揭示人生目标的悟性，是一种克服内心矛盾冲突、协调人际关系的技巧，是一种生活智慧。所以，我们有理由说："高情商"的人比高智商的人更容易获得成功。

情商技巧加强了你的大脑应付情绪低迷压力的能力，使你保持免疫系统的强壮从而帮助你防止生病。情商技巧是工作场所中一个最主要的业绩预报器，是成就领导力和个人优秀的最强有力的驱动力量。

生活中的每个困境都会在一个恰当的时机找到成熟的解决方案。当问

题足够大、能够看见但仍然还没到解决的时机时，你的情绪给你提供了行动的线索。通过理解你的情绪，你能够熟练地应付当前遇到的挑战并避免将来再度发生。实践情商技巧越多，越容易获得生活的乐趣。

当你压制自己的情绪时，它们会在你体内迅速建立起紧张、压力和焦虑等不舒服的感觉，未被解决的情绪会损害你的心灵和肉体。压力、焦虑和抑郁压制了人体的免疫系统，人们可能会患上普通感冒直至癌症等种种病症。新的医学研究表明，在情绪的长期低迷与各种各样的严重疾病（如癌症）之间有确定的联系。

情商技巧对身体的快速恢复也有一定的帮助作用。在住院治疗期间发展了情商技巧的人可以更快地得到恢复，教会那些患有致命疾病的人学会情商技巧已经表明：情商技巧能够帮助减少疾病的复发次数和降低死亡率。当某个个体被诊断患有危及生命的疾病（如癌症）时，他们常常会对诊断结果产生压力和焦虑。这种疾病常常是病人从未有过的最大挑战，他常常需要新的技巧来应付伴随而来的压力和不确定性。情商技巧的显著作用在于减少压力的水平，让患者保持更好的食欲，发展更强大的免疫系统。

情商技巧的实践对个人职业成功有多大的影响？简短的回答是：非常非常大！这是一种强有力的方式，情商能帮助你在职业方向上集中精力，并取得职业成功。你可以通过多种方法应用你的情商技巧来改善你的工作业绩。在所有类型的工作中，情商技巧对职业成功非常关键，几乎占了60%的业绩。

训练和提高你的情商

控制情绪，掌控脾气的关键在于提高自己的情商，情商高的人是从来不会动怒发脾气的。

以下方法可以帮助你提高自己的情商。

1. 意识到自己在做什么

当你爆发你的愤怒情绪时，无论什么原因，不但会使你的肾上腺分泌急速上升，更重要的是，你根本得不到任何益处。用怒气来恐吓你的伙伴绝不是最好的交流方式。通过控制你的进攻性的情绪，你不但可以赢得自爱而且可以提高你的说服力。这样无论你是在同事、朋友还是陌生人面前，你都会知道采取平和态度而不是轻易发火的重要性。这是情绪智商的一个基本原则。

那些容易生气的人，其实有的时候并没有意识到他们在做什么。拿孩子举例来说：家长有的时候发威并不意味着真的发火。当然，有的时候突然提高你说话的声音是必要的。这之后，我们会感觉舒服一些，但是这不应成为生活中的习惯，除非你想看着你的朋友们都和你对立起来。

2. 提高情绪智商

听要比争吵好。想象一下你遭受到了语言攻击并且完全失去了愤怒的控制。练习对着"进攻者"把这些说出来，即使这并不是很容易。有的时候，你的对手会放弃争吵，因为这不像网球比赛：如果没有人接球，那么比赛就不存在了！开导你的情绪，如果一点小的误会就会使你轻易生气，那么如果你在一个雕刻师的位置上，可以想象你将做出什么反应。这并不是说闭上嘴就好了，而应该试着去解决问题并思考是不是值得为此争吵。

3. 控制自己的声音

提高你的声调是你不能够很好地控制自己的表现。如果大声笑，那没有任何问题，但是当你生气大叫的时候却在浪费呼吸。用下面这个经常被小混混儿使用的小窍门：当你的对手大叫时，降低你的声音。说话越来越慢，并且声音越来越小。那么你的对手在没有意识到的情况下就已经跟随你降低了声音。谁会在温柔的声音下发怒呢？

4. 控制压力

现代生活充满了压力，在各种关系中人们会在没有什么实际原因的情况下就发火。放松，做自己感兴趣的事情，并且学着在和外界失去联系的情况下放松。当怒气上升时，做做深呼吸并用一点儿时间来分析考虑一下应该如何去做。

魔鬼训练营——5招战胜负面情绪

管理自己的情绪，掌握自己的脾气，不但有益身心健康，还能使自己

的工作效能提高。心理学大师告诉我们——管理情绪，掌控脾气，首先要从处理不当情绪开始，主要包括化解愤怒、缓和性急、消除紧张、革除悲观、排遣厌倦 5 个领域。

1. 如何化解愤怒

愤怒令我们失去理智、引发冲突，甚至做出错误决定。处理愤怒（冲突）的基本原则就是"stop → think → do"。你不妨使用纸笔，写下以下的问与答：我现在碰到什么难题？我正在或正想做什么？这样做有益吗？我真正想要做的是什么？我该怎么做？

2. 如何缓和性急

性急就是压力的表现，也是情绪不稳定的表征。性急的人容易使自己的健康受损，也会失去定力，失去理智。在生活中稍不如意都可以让我们心乱如麻，以致不屑与人交谈，或者对一般的生活情趣觉得难耐，或者对未完成的事局促难安；还有些人好争强斗胜，却输不起，易被激怒。

消除性急的方法：给自己多一点时间，或割舍行程表中部分项目；向自己低语（别急！安抚心里那个毛躁的孩子！）；哼一首曲子；休息。这些都有利于你让自己的心平静下来。

3. 如何消除紧张

我们的紧张来自忙碌、竞争、工作效率。紧张时身体会出现异常反应：肌肉绷紧，手心出汗、血液化学平衡失调。因此要注意你的整体身心作用：你的行动、思想、感受、身体反应在交互作用，使紧张扩及你的身心和情绪表现。当你紧张时，你可以通过这样的方法改善自己的心理：净化法——静坐；运动法——松弛技术。

4. 如何革除悲观

事实上我们的悲观是由于不当的思考习惯所造成。碰到挫折，能区别思考的人表现乐观，不能区别思考的人则表现悲观。

面对挫折时，乐观者认为那是暂时的、特定的、外在的原因；而悲观者则认为那是永久的、一般的、内在的原因。面对顺境时，乐观者与悲观者的思考模式正好相反。乐观者如有隔仓的船；悲观者如没有隔仓的船，容易在受挫时不停地进水而沉没。

要时时在心里提醒自己乐观一点看问题，凡事都有它积极的一面。找到事物中对你有益或者有所启发的东西。

5. 如何排遣厌倦

长期承受压力使我们产生厌倦。你可以改变自己的环境，改变自己的观念，保持一个好心情。空虚也会使我们产生厌倦。应该拟订新目标或新的蓝图，或从事物中看出新的意义，跟积极的朋友交往，保持温暖的人际关系。

Part4

信念力训练

做自己的命运之神

 肯定自己，点燃信念之灯

信念——成功的力量源泉

人可以长时间卖力工作，创意十足，聪明睿智，才华横溢，屡有洞见，甚至好运连连——可是，人若是无法在创造过程中了解自己想法的重要性，一切都会落空。

成功、财富以及繁荣的创造中，最重要的元素来自内心——你的想法。如同有句话提醒我们的那样："坚持着一串特殊的想法，不论是好的是坏的，都不可能不对性格和环境产生一些影响。人无法直接选择环境，可是他可以选择自己的想法，这样做虽然间接却必然会塑造他的环境。"

如果你能够窥探成功人士的内心，你便会发现丰富的正面经历——成功的想法，而且毫不犹豫。为了创造外在的财富，你必须先创造繁荣的念头。你必须看见自己成功的模样，成功地在心中演出你的梦想和抱负。

现实生活中来自各行各业的许多成功人士。虽然他们各有不同的才华、气质、技术、工作道德和专业背景，但却有一个共同点。这条共同的金线就是，他们都觉得自己很成功。他们从未质疑过这个事实，他们无法了解为何有人会质疑自己的伟大程度。他们很难了解别人为何无法成功，因为对他们来说，成功的秘诀很简单：成功源于自信，再转换到物质世界。它不像许多人所相信的那样，是倒过来的。成功人士知道，在人生中他们可以控制的一个层面就是自己的想法。

一个丧失了信念的人，连自己的成功也会怀疑，从而丧失了所有的生活意义。这种人是最不可取的，古往今来成大事者都是信充足的人。

信念可以使思想充满力量，你可以在强有力的自信的驱策下，把自己提升到无限的高峰。信念是心智的催化剂。当信念与思想结合时，潜意识中的心灵便立即接收到震波，然后将震波转化为精神的对等物，再将精神的对等物传达给"无穷的智慧"。对自己有信念，对未来有信念，因为：

信念是"永恒的特效药"，它赋予思想以生命、力量和行动。

信念是我们获得财富的出发点！

信念是所有奇迹的基础，是所有不能用科学法则加以分析的神秘事物的基础。

信念是唯一已知的失败的解药。

信念能把人们有限的心智所产生的普通思想转变为精神力量。

给自己积极的肯定

接受自我，对于正确的自我评价非常重要。对自己所做的一切都要勇于承担责任。

在名著《哈姆莱特》中，莎士比亚通过宰相波洛涅斯这样说："最重要的是忠于自己。你只要遵守这一条，剩下的就是等待黑夜与白昼的交替，万物自然地流逝；倘若果真有必要忠于他人，也不过是不得不那样去做。"

提高自我评价的有效方法之一，是把自己平时的优点大声地复述给自己听。对自己性格中的长处，出色的成绩，都要给予肯定的评价，并把这些评价灌注到自己的大脑中。

这种评价带给你的印象越强烈，那个潜在的自我就越会被发掘出来。这种评价中的自我形象，还应随着时代的推移不断地更新，使其总是适合于你的最高基准。

目前，世界上正在进行语言和形象对身体机能影响的研究。研究成果显示，即使胡乱说出的话，也会对身体机能产生惊人的影响。

因此，很有必要控制自己的言语。在成功者的语言里是不会出现轻贬自己的话语的，即使是自言自语。有些人却不然，情绪一低落，语言就立即变得微弱，"我嘛，本来就不行""天生就不成器""要是能有那么个条件嘛……""不过……""那时候本应该……"等等。

成功者每天都在对自己说"我行""我已经准备好了""这次没问题""比上次精神状态好得多"。他们的自言自语，正是为了勉励和激发自我。

胜者相信自己的能力，他们为自己而自豪。因为他们确信自己有价值，所以才能像爱自己一样去爱大家。

但是，也不要过高地估计自己的能力，就犹如一个胃口小的人吃下一块大饼会撑着一样。如果一个能力低的人做的事超出了他的能力，那么他一定会一事无成，干自己力所能及的事，这样不仅会成功，而且也会提高能力，增强信心。

我们要认识自己的力量，有下面的 5 个主要方法可以参考：

1. 利用心理方法，客观地测试你的能力；

2. 留意朋友、同事、老板、顾客对你的反映；

3. 用心检视你的历史——追踪历史可以显现现在和未来；

4. 把自己置于严厉、新奇的环境中，然后，从行为中去认识自我；

5. 运用想像开发潜在的能力。

这五种方法都可以产生宝贵、新鲜、不同的认识。对认识自我大有裨益。

消灭自卑，找回自信

现代社会竞争激烈，强中还有强中手，相互比较中，难免会产生自卑感。自信者往往能勇敢面对挑战，而有自卑感的人，只能遗憾地把自己放在"观众"的位置上。

如果我们的生命中只剩下了一个柠檬，自卑的人说，我垮了，我连一点机会都没有了。然后，他就开始诅咒这个世界，让自己停留在自怜自艾之中。自信的人说，我至少还有一颗柠檬，我怎么才能改善我的状况呢？我能否把这颗柠檬做成柠檬水呢？我能从这个不幸的事件中学到什么呢？

所以，成功的人拒绝自卑，因为他们知道，自轻自卑会把自己拖垮。

一个人若被自卑所控制，其心灵将会受到严重的束缚，创造力也会因此而枯萎。

有自卑感的人总是习惯于拿自己的短处和别人的长处相比，结果越比越觉得不如别人，形成自卑心理。内心的自卑，对一个人的成长与发展是最要命的，因而，如果你发现自己自卑，就要用理性的态度把它铲除掉。

如果你想完善自我，获得成功，就要战胜自卑。自卑缘于自我评价过低，缘于没能正确地定位自己的人生坐标。战胜自卑，首先要正确地认识自己和评价自己。"尺有所长，寸有所短"，每个人都是既有优点，又有缺点的。自卑者要学会正确看待自己的优缺点，努力发现自己的可爱之处，强化自己的长处，弥补自己的短处。

克服自卑，还要学会科学地比较，掌握正确的比较方法，确定合理的比较对象。如果以己之不足和他人之长相对照，肯定只会长他人志气，灭自己的威风，最终落进自卑的泥潭，失去前进的动力。当然，也不能从一个极端走向另一个极端，老是用自己的长处去比别人的短处，这样容易惟我独尊，总觉得你比别人高出一筹，产生洋洋自得、不可一世的心理。

此外，战胜自卑，还应着力去弥补自己的不足之处，使自己得到更大的发展。大凡在事业上做出突出成绩的人，在这方面都是做得很好的。日本前首相田中角荣天资聪颖，但中学时患有口吃的毛病，给他带来巨大的苦恼，他因此变得自卑、羞怯和孤僻。有一次上课，他的同桌捣乱，教师误以为是田中干的，当田中站起来辩解时，竟面红耳赤说不清楚，老师更加认定是他做错了又不承认，别的同学也嘲笑起来。这件事对田中刺激很大，他回家后，分析自己口吃的原因主要还是源于个人的自卑。从此，他时时鼓励自己在公共场合发言，主动要求参加话剧演出，并经常练习，终于克服了口吃的毛病，为他走上职业政治家的道路奠定了基础。

正确全面认识自己的优点和缺点，充分肯定自己，相信自己的能力，挖掘自己的潜力，提高自己，就能消灭自卑，找回自信，赢得完美人生。

走出自卑的阴影

自卑，是一个人对自己的不恰当的认识，是一种自己瞧不起自己的消

极心理。在自卑心理的作用下，遇到困难、挫折时往往会出现焦虑、泄气、失望、颓丧的情感反应。一个人如果做了自卑的俘虏，不仅会影响身心健康，还会使聪明才智和创造能力得不到发挥，使人觉得自己难有作为，生活没有意义。所以，克服自卑心理是克服通往成功路上的一大障碍。

怎样才能从自卑的束缚下解脱出来呢？可以采用以下的方法：

1. 认清自己的想法

有时候，问题的关键是我们的想法，而不是我们想什么事情。人的自卑心理来源于心理上的一种消极的自我暗示，即"我不行"。正如哲学家斯宾诺莎所说："由于痛苦而将自己看得太低就是自卑。"这也就是我们平常说的自己看不起自己。悲观者往往会有抑郁的表现，他们的思维方式也是一样的。所以先要改变带着墨镜看问题的习惯，这样才能看到事情明亮的一面。

2. 放松心情

努力地去放松心情，不要想不愉快的事情。或许你会发现事情真的没有原来想的那么严重。会有一种豁然开朗的感觉。

3. 尝试一点改变

先做一点小的尝试。比如换个发型，画个淡妆，买件以前不敢尝试的比较时髦的衣服……看着镜子中的自己，你会觉得心情大不一样，原来自己还有这样一面。

4. 寻求他人的帮助

寻求他人的帮助并不是无能的表现，有时候当局者迷，当我们在悲观的泥潭中无力自拔的时候，可以让别人帮忙分析一下，换一种思考方式，有时看到的东西就大不一样。

5. 增强信心

只有自己相信自己，乐观向上，对前途充满信心，并积极进取，才是消除自卑、促进成功的最有效的方法。

6. 正确认识自己

自我评价不宜过高，要认识自己的缺点和弱点。充分认识自己的能力、素质和心理特点，要有实事求是的态度，不夸大自己的缺点，也不抹杀自己的长处，这样才能确立恰当的追求目标。特别要注意对缺陷的弥补和优点的发扬，将自卑的压力变为发挥优势的动力，从自卑中超越。

7. 客观全面地看待事物

有自卑心理的人，总是过多地看重自己不利和消极的一面，而看不到有利、积极的一面，缺乏客观全面地分析事物的能力和信心。这就要求我们努力提高自己透过现象抓本质的能力，客观地分析对自己有利和不利的因素，尤其要看到自己的长处和潜力，而不是妄自嗟叹、妄自菲薄。

8. 积极与人交往

不要总认为别人看不起你而离群索居。你自己瞧得起自己，别人也不会轻易小看你。能不能从良好的人际关系中得到激励，关键还在自己。要有意识地在与周围人的交往中学习别人的长处，发挥自己的优点，多从群体活动中培养自己的能力，这样可预防因孤陋寡闻而产生的畏缩躲闪的自卑感。

9. 在积极进取中弥补自身的不足

有自卑心理的人大都比较敏感，容易接受外界的消极暗示，从而愈发陷入自卑中不能自拔。而如果能正确对待自身缺点，把压力变动力，奋发向上，就会取得一定的成绩，从而增强自信，摆脱自卑。

给自己鼓掌，为自己喝彩

有一位美国作家，他是靠着为报社写稿维持生活的。他给自己定了一个目标，每周必须完成两万字。达到了这一目标，就到附近的餐馆饱餐一顿作为奖赏；超过了这一目标，还可以安排自己去海滨度周末，在海滩大声为自己鼓掌、喝彩。于是，在海滨的沙滩上，常常可以见到他自得其乐的身影。

作家劳伦斯·彼德曾经这样评价一些著名歌手：为什么许多名噪一时的歌手最后以悲剧结束一生？究其原因，就是因为在舞台上他们永远需要观众的掌声来肯定自己，需要别人为自己喝彩。但是由于他们从来不曾听到过来自自己的掌声和喝彩声，所以一旦下台，进入自己的卧室时，便会备觉凄凉，觉得观众把自己抛弃了。他的这一剖析，确实非常深刻，也值得深省。

我们鼓励所有人给自己鼓掌，为自己喝彩，决不是叫他自我陶醉，而是为了让他强化自己的信念和自信心，正确评估自己的能力。

当我们取得了成就，做出了成绩或朝着自己的目标不断前进的时候，千万别忘了给自己鼓掌，为自己喝彩。当我们对自己说"你干得好极了"或"真是一个好主意"时，我们的内心一定会被这种内在的诠释所激励。而这种成功途中的欢乐，确实是很值得我们去细细品味的。

人生来就需要得到鼓励和赞扬。许多人做出了成绩，往往期待着别人来赞许。其实光靠别人的赞许还是不够的，何况别人的赞许会受到各种外在条件的制约，难以符合我们的实际情况或满足我们真正的期盼。如果要克服自卑感，增强自己的自信心和成功信念，那么就不妨花些时间，恰当地为自己喝彩。

一个不信任自己的人，一个悲观处世的人，一个只是把自己的成果当做侥幸的人，不可能成为成功者。生活中，一个成功者善于爱护和不断地培育自己的自信心，这些人懂得如何"给自己鼓掌"。

战胜自己，树起强者的旗帜

最大的敌人是你自己

我们无法避免在追求成功的路上所遇到的荆棘与挫折，如果你将这些挫折当作痛苦去对待的话，疲劳将始终纠缠着你，失望将一直笼罩着你。其实，只要我们的内心更加坚强一些，强大到可以战胜自己内心一切的弱点，那么，成功也就离你不远了。

古老的印度谚语这样诠释人生："人的一生只有一成是精彩的，也有一成是痛苦的，另外的八成都是平淡的；人们往往被一成的精彩诱惑着，忍受着一成的痛苦，在八成的平淡中度过。"

是的，如果我们把日常所经历过的种种痛苦烦恼，仔细分析一下，就会发现，这痛苦的来源有一大部分都是不能战胜自己。

美国《运动画刊》上登载了一幅漫画，画面是一名拳击手累瘫在练习场上，标题为《突然间，你发觉最难击败的对手竟是自己》——这个标题实在耐人寻味。

德国青年亚尔曼学业优秀，大学毕业后报考一家大公司，结果名落孙山。得知这一消息后，亚尔曼深感绝望，顿生轻生之念，幸亏抢救及时，自杀未成。不久又传来消息，他的考试成绩是最高的，是统计考分时，录入出了差错，因此被公司录用了。然而，很快又传来消息，说他被公司解聘了，理由是一个人连如此小小的打击都承受不起，又怎么能在今后的岗位上建功立业呢？

亚尔曼虽然在考分上击败了其他对手，可他没有打败自己心理上的敌人，他的心理敌人就是惧怕失败，对自己缺乏信心，遇事自己给自己制造心理上的紧张和压力。

世上没有绝对完美的人，当然也很少有绝对不可救药的人，每一个人的性格中都或多或少地存在着上述的矛盾。这些矛盾，在你遇到一件事情，需要采取行动去应付的时候，往往会同时出现。而当它们同时出现的时候，也就是你开始彷徨困惑、痛苦不堪的时候。你怎样决定，完全看这两种矛盾的力量是哪一边战胜。如果是积极和光明的一边战胜，你走向成功；如果是消极和黑暗的一边战胜，你就走向失败。

这理由很明显，按理说，每一个人都应该知道自己怎样做，才是正确的决定。但是，很少人能够不经交战而采取正确的行动。甚至交战的结果，仍是消极与黑暗的一面战胜。

战胜自己不是一件容易的事，它需要很大的勇气与坚定的信念。想一想看，你战胜自己的次数多呢，还是时常姑息纵容了自己？

成功从战胜自己开始

人的一生，总是要不断地调整和适应自然环境、社会环境、家庭环境，因此有人形容人生如战场，勇者胜而懦者败。从生到死的生命过程中，所遭遇的许多人、事、物，都是战斗的对象。

莎士比亚曾说："假使我们自己将自己比作泥土，那就真要成为别人践踏的东西了。"其实，别人认为你是哪一种人并不重要，重要的是你是否肯定自己；别人如何打败你，并不是重点，重点是你是否在别人打败你

之前，就先输给了自己。很多人失败，通常是输给自己，而不是输给别人。

这是一个真实的故事：

美国从事个性分析的专家罗伯特·菲利浦有一次在办公室接待了一个因企业倒闭而负债累累的流浪者。

罗伯特从头到脚打量眼前的人：茫然的眼神、沮丧的表情、长久未刮的胡须以及紧张的神态。专家罗伯特想了想，说："虽然我没有办法帮助你，但如果你愿意的话，我可以介绍你去见本大楼的一个人，他可以帮助你赚回你所损失的钱，并且协助你东山再起。"

罗伯特刚说完，他立刻跳了起来，抓住罗伯特的手，说道："看在老天爷的份上，请带我去见这个人。"罗伯特带他站在一块看来像是挂在门口的窗帘布之前。然后把窗帘布拉开，露出一面高大的镜子，他可以从镜子里看到自己的全身。罗伯特指着镜子说："就是这个人。在这世界上，只有这个人能够使你东山再起，你觉得你失败了，是因为输给了外部环境或者别人了吗？不，你只是输给了自己。"

他朝着镜子走了几步，用手摸摸他长满胡须的脸孔，对着镜子里的人从头到脚打量了几分钟，然后后退几步，低下头，哭泣起来。

几天后，罗伯特在街上碰到了这个人，而他不再是一个流浪汉形象，他西装革履，步伐轻快有力，头抬得高高的，原来那种衰老、不安、紧张的姿态已经消失不见。

后来，那个人真的东山再起，成为芝加哥的富翁。

就像故事中的主人公一样，人生在世，要战胜自己很不简单，一般人得意忘形，失意时自暴自弃；成功时得意，落魄时觉得没有人比他更倒霉。唯有不受成败得失的左右、不受生死存亡等有形无形的情况所影响，纵然身不自在，却能心得自在，才算战胜自己。

当然，我们不得不承认，人性都是有弱点的。在人的一生中想得最多的是战胜别人，超越别人，凡事都要比别人强。心理学家告诫我们：战胜别人首先要战胜自己。

我们不是常常看到有的人想努力学习努力工作，却战胜不了自己的散漫和懒惰；想谦虚待人，却战胜不了自己的自负与骄傲；想和别人和谐相处，却战胜不了自己的自私与偏见……

关键是我们要懂得：战胜了懒惰，才会有勤奋；战胜了骄傲，才会有谦逊；战胜了固执，才会有协调；战胜了偏见，才会有客观；战胜了狭隘，才会有宽容；战胜了自私，才会有大度。如果说懒惰、骄傲、固执、偏见、狭隘、自私是人性的弱点，那么勤奋、谦逊、协调、客观、宽容、大度就是人性的优点。

美国著名心理学教授丹尼斯·维特莱把这些人性的优点称之为"良好的精神准备"。他指出："良好的精神准备，是打开成功之门的钥匙，否则即是封闭成功之门的铁锁。因此，战胜别人首先要战胜自己，因为最强大的敌人不是别人而是自己。"

战胜自己，你便是强者

我们奋斗在人生的旅途中，每一个人都会陷入成功与失败的漩涡中。我们不轻易服输，相信只要自己努力就没有什么战胜不了的。然而，太多数时候，面对恶劣的环境，面对天灾人祸，面对重重的困难和挫折，是我们在心理上首先否定了自己，因而选择了放弃，选择了失败。

奥古斯汀和巴德同时到医院去看病，并且分别拍了 x 光片，其中巴德原本就生了大病，得了癌症，而奥古斯汀只是做例行的健康检查。

但是由于医生取错了照片，结果给了他们相反的诊断，病况不佳的巴德，听到身体已恢复，满心欢喜，经过一段时间的调养，居然真的完全康复了。而本来没病的奥古斯汀，经过医生的宣判，整天焦虑不安，失去了生存的勇气，意志消沉，抵抗力也跟着减弱，结果还真的生了重病。

周围的人看到这种情景，真是哭笑不得。因心理压力而得重病的奥古斯汀是该怨医生还是怨自己？乌斯蒂诺夫曾经说过："自认命中注定逃不出心灵监狱的人，会把布置牢房当作唯一的工作。"奥古斯汀以为自己得了癌症，于是便陷入不治之症的恐慌中，脑子里考虑得更多的是"后事"，哪里还有心思寻开心，结果被自己打败。而真的癌症患者巴德却用乐观的力量战胜了疾病，战胜了自己。

日本忍者的训言中有一则："战胜自己，我便是强者。"这句话的意

思是说，当你遇到挫折或身处逆境，都应该顽强拼搏，有战胜困难的自信和勇气，那样的你，就是一个强者，一个谁都打不败的强者。

想想古往今来伟大的人物和那些有建树的人们，哪一个不是对自己信心十足，具有顽强毅力的呢？如果爱迪生因为一次次失败而灰心了，那么他还能成为举世闻名的发明大王吗？如果爱因斯坦因为别人的嘲笑而放弃了自己的信念，那么他还能写出《相对论》，成为诺贝尔物理奖的获得者吗？

这个世界上谁是真正能够打败你的人？唯有你自己。

为了成功，我们必须战胜自己，自己是通往成功的最后一道屏障。

战胜自己，训练强者的意志

人有了信心，就会产生意志力。人与人之间，弱者与强者之间，成功与失败之间最大的差异就在于意志力的差异。人一旦有了意志力，就能战胜自身的各种弱点。

美国有位叫凯丝·戴莱的女士，她有一副好嗓子，一心想当歌星，遗憾的是嘴巴太大，还有龅牙。她初次上台演唱时，努力用上嘴唇掩盖龅牙，自以为那是很有魅力的表情，殊不知却给别人留下滑稽可笑的感觉。有位听众很直率地告诉她："龅牙不必掩藏，你应该尽情地张开嘴巴，观众看到你真实大方的表情，相信一定会喜欢你的。也许你所介意的龅牙，会为你带来好运呢！"

一个歌唱演员在大庭广众之下暴露自己的缺陷，首先需要用理智说服自己，还要有勇气打败自己。凯丝·戴莱接受了这位听众的忠告，不再为龅牙而烦恼，她尽情地张开嘴巴，发挥自己的潜能和特长，终于成为美国影视界的大明星。

世界著名的游泳健将弗洛伦丝·查德威克，一次从卡得林那岛游向加利福尼亚海湾，在海水中泡了16小时，只剩下一海里时，她看见前面大雾茫茫，潜意识发出了"何时才能游到彼岸"的信号，她顿时浑身困乏，失去了信心。于是她被拉上小艇休息，失去了一次创造纪录的机会。事后，弗洛伦丝·查德威克才知道，她已经快要登上成功的彼岸，阻碍她成功的不是大雾，而是她内心的疑惑。是她自己在大雾挡住视线之后，对创造新的纪录失去了信心，然后才被大雾所俘虏。过了两个多月，弗洛伦丝·查德威克又一次重游加利福尼亚海湾，游到最后，她不停地对自己说："离彼岸越来越近了！"潜意识发出了"我这次一定能打破纪录"的信号，顿时浑身来劲，最后弗洛伦丝·查德威克终于实现了目标。

战胜自己，不断超越

战胜自己首先要有不断超越的决心，"青出于蓝而胜于蓝"，既是青对蓝的否定，也是对蓝的升华。我们的进步既包括对昨天的褒奖，也包括对今天的否定。

《世界大百科》的作者罗顿热爱自己的工作，并且工作起来不知疲倦。他的父亲有个农场，就在爱丁堡附近。他从小跟着父亲干活，所以养成了热爱劳动的好习惯。他的想象力很丰富，并且具有绘画的天赋。他能把整个园林的设计画出来，他的父亲发现了这一特长，就决定把他培养成优秀的园林家。

罗顿在精心学习规划园林时，每周有两天不睡觉，看一夜书。到了白天仍然勤劳地干活，他总是比其他工人干得多。他充分利用了晚上的时间，学会了法语。他渴望读更多的书，学更多的知识，提高自己的能力。二十岁那年，他仍在园林工作。他在日记里这样写道："我现在已经二十岁了，可是我还没有为人们做出伟大的贡献。也许再过两个二十年我就不存在了，所以我必须努力学习更多的知识，造福人类。"刚刚二十岁的年轻人就能说出这样的话，真是值得我们学习。想想我们自己，真是惭愧。后来他又开始学习德语，没过多长时间，他已经熟练掌握了这门语言。他学习了苏格兰的田园设计技术，自己开始建造农场。后来这个农场给他带来了很多利润。做到这些他并不满足，他想学到更多更先进的技术，他开始去很多国家考察。他把从各国学到的知识记入他的百科全书。当然里边还包括很多事例，所以他的百科全书比其他作家的都要详尽、优秀。这些都是用他辛勤的汗水换来的，他比其他作家吃的苦、受的累都要多。

努力肯定会走向成功，罗顿的例子向我们证明了这一点。成绩只能说

明过去流过的汗水，只能用它来点燃明天的辉煌。如果被往日的成绩压身，洋洋得意的包袱压扁了勇气和信心，罗顿是不可能取得最终的成就的。

在追求成功的道路上，失败者总是被自己打败，而成功者却最终打败了自己。

创造自己，做自己的命运之神

用信念指导你的行动

石油大王洛克菲勒曾说过："即使拿走我现在的一切，只留下我的信念，我依然能在十年之内重新夺回它们。"虽然这只是一个假设，但我们可以看到信念对于一个人的重要性。

坚定的信念让人产生十足的动力，因此，它对于人生的影响举足轻重。它隐藏在我们身体的内部，只要善于运用，它就是一股取之不尽的力量源泉。

当然，信念需要行动来贯彻，源泉也需要开凿。如果怀抱着一生的信念，却守株待兔，那你至多只是个空想主义者。一张地图，无论多么详尽，也不能把你带到目的地。只有行动，才能把你送往想去的地方。而行动，正是通过信念来指导的。我们一般不会察觉，我们所有的行动都是符合一个信念框架的。每个行动的背后都有一个正面的意图。我们所做的事情总是有某些依据、某些目的的，但做出行为的那个人并不是马上就可以看清楚这些，至于观察这个行为的其他人，就更不用说了。

我们的行动也就是信念的证据。信念对行动的影响有正面的也有负面的效果。就以看书为例，如果我们采取的行动是把书放下并且翻开在你最后阅读的那一页，一直放到下一次你想要继续阅读的时候。如果这位读者有一个自我信念是这么说的："我是一个思想自由的人，我就是我自己，我不是一些琐碎规矩的奴隶。"这个行动就有了一个解释，并且会归因于那个信念。但是如果另一个自我信念说："我是杂乱无章的。"这个行动就很有可能连同其他数以百计的没有其他明显理由的行动，在"我是杂乱无章的"这个心理架构里找到安身立命的所在，并且不断支撑和增强这个信念。这样，这个杂乱无章的自我形象就会更加强化了。在日常生活中，这一类"令人丧失力量的"信念越强，就有越多的日常行动受它们的影响。

因此，对于信念，就有一个去伪存真的任务。辨别好的信念，自我暗示好的信念，就等于为自己建了一座稳固的灯塔，找到了一处甘泉的源头。

坚韧的信念让你所向无敌

"大雪压青松，青松挺且直。"不屈不挠、坚持到底的精神，可以拯救人于危难之中，可以帮助人战胜任何困难。一个坚忍的人，任何人都会相信他，会对他给予全部的信任；一个坚忍的人，到处都会获得别人的帮助。那些三心二意、缺乏韧性和毅力的人，没有人会信任他们，他们面对的只有失败。

成功有两个最重要的条件：一是坚定，二是忍耐。一位经理在描述自己心目中的理想员工时说："我们所需要的人才，是意志坚定、有奋斗进取精神的人。我发现，最能干的员工大多是那些天资一般、没有受过高等教育但却拥有全力以赴的做事态度和进取精神的人。这种人在成功者中大约占到九成。"

永不屈服、百折不回的精神是获得成功的基础。

海伦·凯勒女士，是一位出色的美国作家，但众所周知，她又聋又哑又盲。美国总统艾森豪威尔在接见她的时候，曾激动地说："你顽强的毅力，战胜了本身的残疾，使你像一个奇迹似的由一个又聋又哑又盲的不幸者变为优秀的作家，这种精神，是值得我们任何一个美国人学习的——特别是在极艰苦的时候，在失败的时候。"是的，她之所以获得这样的成就，完全是由于她不屈不挠地与命运斗争、克服障碍的精神。

在艰苦的努力之后，当天赋遭到了失败，才能也无计可施，所有的能力都已经被抛弃时，当机智圆滑已经撤退，灵活变通早已逃离，坚忍与顽强登场了——以纯粹的求胜的力量，完成了看似不可能的任务。这就是坚忍的意志创造的奇迹。

求人不如求自己

有一些人相信，一个人一生的事，是在呱呱坠地的时候就已经由上天决定好的，跟个人的努力完全无关。在这些人眼里：富翁是天生的，一生下来他便是个富翁；领袖人物是天生的，他们降生时一定带点儿什么征兆；中等人是天生的，他们只落得一生温饱；强盗歹徒是天生的，他们是魔鬼的工具；一生受苦的人也是天生的，他们是世人的奴隶。这种宿命论使这些人不去做事，像一条懒虫似的生活着，等待着好运或是厄运降临在他们的身上。

有这么一个故事：

某人在屋檐下躲雨，看见观音正撑着伞走过。这人说："观音菩萨，普度一下众生吧，带我一段如何？"观音说："我在雨里，你在檐下，而檐下无雨，你不需要我度。"这人立刻跳出檐下，站在雨中说："现在我也在雨中了，该度我了吧？"观音说："你在雨中，我也在雨中，我不被淋，因为有伞；你被雨淋，因为无伞。所以不是我度自己，而是伞度我。你要想度，不必找我，请自找伞去。"说完便走了。第二天，这人遇到了难事，便去寺庙里求观音。走进庙里，才发现观音的像前也有一个人在拜，那个人长得和观音一模一样，丝毫不差。

这人问："你是观音吗？"那人答道："我正是观音。"

这人又问："那你为何还拜自己？"

观音笑道："我也遇到了难事，但我知道，求人不如求己。"

也许，神是伟大的，但神会给我们什么呢？

我们祈求力量，神便给我们困难去克服，使我们变得强壮……

我们祈求智慧，神便给出问题让我们去解决……

我们祈求成功，神便给我们大脑和强健的肌肉……

我们祈求勇气，神便设置障碍让我们去冲破……

我们祈求爱，神便指引我们去帮助需要关爱的人……

我们祈求荣耀，神便给我们创造荣耀的机会……

从神那里，我们没有得到任何我们祈求的东西，但却得到了所有必须具备的东西。然后，我们需要做的是：毫无畏惧地生活，直面所有的障碍和困境，并充满信心地去克服。

所以，你才是自己命运的主人。

永远相信自己，这不是说说那么简单的。如果你真的做到了，那么你离成功已经不远了。

知命不信命，命运由自己做主

鲁迅在《祝福》里描写祥林嫂这个人物，是一个只知向神佛乞求改变自己命运的不幸女人。时至今天，还有很多人一旦在前进的道路上遭遇困难、碰到挫折、面临逆境、身处不幸之时，也总是抱怨自己的命运，嗟叹自己的命运是如此的多舛，从而轻易把自己的失败归咎于他人，把成功的希望寄托在他人身上，把命运的改变希冀于上帝的垂青。

每个人对自己都是有所了解的，只不过有的人了解得比较清楚，有的人却从未认真想过，还不太清楚。有的人过高地估计了自己，而有的人却总是看低自己的能力。对自己命运的掌握，全在于对自己的了解上，这就是说要知命。

可是偏偏就有那么一种人，对自己的命运越了解，反而越相信在冥冥之中有个东西在主宰自己的命运，认为自己现在所拥有的一切都是上天安排好的，是上天注定的。于是放弃抗争的努力，让很多能改变自己命运的机会从身边白白溜走。不去做主观努力，只知一味地等待，看到一只兔子撞死在树桩上，就一辈子守在树桩旁，从未想过还可以离开树桩到其他地方去抓兔子。

做人不应该是这个样子。做人就应该乐天知命，知命而不信命。人的命运是可以改变的。历史前进的步伐就是那些从不相信命运，从不向命运低头服输的人引领着的。昔日，陈胜、吴广高喊"王侯将相，宁有种乎"，首先向自己的命运进行了抗争。做人更应该这样，更应该经常向自己发问："难道我就是这个样子，不能改变吗？"人对人的超越，最主要的是对自我的超越。只有超越自我，才能改变自己的命运，才能成为自己命运的主人。

出生在同样的环境中，坐在同一间教室里，听同样的老师讲课，毕业后的结果却大相径庭，这里面的原因是什么？看来不是一个简单环境决定

论所能回答得了的。这其中，显现出来的差别就在于每个人对待自己命运的不同态度。相信命运与不相信命运的人的结果有着很大的差异。

可见，人的处境永远不是僵直呆死和毫无道理可讲的，处境是按照一定的规律而变化的。人都会有自己的机遇也会有自己的挫折，有自己的无常也会有自己的有常，有自己的顺风也会有自己的厄运。命运由我做主，幸福在于自己去寻求，无论身处逆境、顺境或是俗境，时刻以一种乐天知命而不信命的态度超越自己，去做自己命运的主人。

你是自己的命运之神

美国作家乔治·巴伯在《让你生活得更好》一书中写道："100个21岁的人中，有66人将活到65岁。这66人中，只有1人能成为大富翁。有4人将相当富有。有5人在65岁时还在靠工作谋生。其余56人的吃饭问题还要依靠家庭、养老金、社区或社会福利来解决。"

不可思议吗？但确实如此。这些数字来自于一家最大的保险公司的记录。这样的统计数据必然是真实可靠的，保险公司每年数百万美金的命运就押在这些数据的准确与否之上。在美国社会是这样，在我们身边这种成功概率可能更低。

从现在起10年、20年或30年之后，你会成为这100人当中的哪一种呢？屈指可数的幸运者之一，除非你使好运降临到你头上，否则总是困难重重。

你可以在65岁和以后都仍享有极好的健康，你可以一直到老都仍享有宽松的经济状况。

你可以使自己成为为数很少的幸运者当中的一个。你不必整个一生都成为厄运或环境的奴隶。

有一种办法可以得到你想要的一切——一种完全与人类最高的渴望统一的办法。那就是在你树立起自己的目标后，坚信自己可以达到，在你21岁的时候，让自信在你心中扎根。

很多人都对自己的境遇不满，他们无法找到获取力量的源泉。其实，左右境况的力量就在每一个人的体内。在你身体之中沉睡着的一个巨人等着你的召唤。它就是你的自信力，而对它来说没有不可能的事情。你惟一要做的便是唤醒它，而它会除去你身上那些无形的锁链，并告诉你如何使梦想成真。一旦你知晓了这些秘密，你的一切有关向上、成功和健康的愿望都会成为现实。

你是自己的命运之神。只有当你了解了这一点，你才会取得人生全部的成功。你的命运握在你自己的手中。你创造着自己的命运。从现在起的半年或一年之后你是什么样子取决于你今天的所思所想。那么现在就作出选择。

魔鬼训练营——打败自卑 5 法宝

成功者之所以成功，不是因为他没有受到过这些消极因素的干扰，而是他们能够用意志和适当的科学方法摆脱它们的干扰，跳出阴影地带。

战胜自卑的方法大致有以下 5 种：

1. 实事求是地评价自我

摆脱完美主义的束缚，不要妄想十全十美，以一种平和的态度对待自己，承认自己的长处和不足。任何人都无法做到没有一丝缺陷。或许你在这方面不如别人，但别人或许在另一方面不如你。所以，不要对自己要求过高，在过高的要求无法实现的时候，失败感自然就会产生，自卑心理也不可避免。

2. 转移注意力

在充分认识到自己的长处和短处后，就不要把注意力始终停留在自己的短处上。你停留的时间越长，黑色的阴影就越重。发挥你的长处，体现你的人生价值，更能让你肯定自我，从而克服自卑。

3. 心理治疗

自卑感太强会成为一种心理疾病，一般的自我心理调节作用可能不是很大，需要通过心理医生进行治疗。具体的步骤是先通过对往事的回忆，找出产生自卑的原因，其目的是让自卑者自己突然意识到自卑的原因并不是情况很糟，而是由于潜意识中出现的心理障碍产生症结。

4. 用行动找回自信

具体而言，主动找一些简单并且比较容易成功的事情做，逐渐增强自信心。人产生自卑的另一个原因，是遭受挫折和失败，所以，通过逐步获

得成功找回自信。自信多一点儿，自卑就相应地减少一点儿。

5. 补偿法

这是一种最常见最有效的方法，主要通过自己努力奋斗，在某一方面取得一定成就来补偿生理上的缺陷或心理上的自卑感。伟大的音乐家贝多芬就是很好的例子。在听觉完全丧失的情况下，他仍克服困难创作了著名的《第九交响曲》。

战胜自卑的过程，其实也就是磨炼心态，挑战自我的过程。人们常说："最大的敌人是自己"。而自卑却是自己为自己设置的障碍，只有跨越这道门槛，你才能集中精力和斗志从事别的事业。

生涯规划篇

千里之行，始于足下。

——老子

发现自己天赋所在的人是幸运的，他不再需要其他的福佑。他有了自己命定的职业，也就有了一生的归宿；他找到自己的目标，并将执着地追寻这一目标，奋力向前。

——卡莱尔（英）

宝贝放错了地方就是废物。

——富兰克林（美）

只要专注某一项事业，那就一定会做出使自己都感到吃惊的成绩来。

——马克·吐温（美）

因为胸有成竹，所以不轻举妄动。时机尚未成熟便想一步登天，结果成事不足，败事有余。

——戴尔·卡耐基（美）

Part5

目标训练
方向比努力更重要

 目标的设计与订立

目标——人生的导航灯

人生的目标具有以下特性：

方向性——目标能使我们看清使命，明确前进方向，不偏离人生航向。

寄托性——使人有精神寄托，一个人没有目标即自我毁灭或死亡。

激发性——激发人的潜能和内在动力，使人保持朝气。

进取性——不断拥有目标，不断自我超越，不断创造人生价值和辉煌。

带动性——在完成目标的过程中，体会成功的感受，增强意志和信心。

明确的目标是自己的人生导航灯。大船航行一定要有目标，没目标的船永远到不了成功的彼岸。人生迈向成功也是如此，首先需要设计好自己的人生目标。有目标，才有信心，才有成就；没目标，没信心，就没有成就。有专一的目标，才会有专注的行动。

目标聚集信息。我们每个人都是一个有选择的信息沟通者。你有目标，对你有用的信息你才关注，才进入大脑，否则就会视而不见。人生须有目标，否则精力全属浪费。

在日常生活中，我们都要围绕目标去读书、去思考、去求师、去交友、去实践。

这样，逐步形成优势积累，日复一日，年复一年，形成你的"长项""擅

长"，形成你的"马太效应"，形成你超人的才能。人生有了目标，就会把重点从工作本身移到工作结果上，成功的尺度，不是做了多少工作，而是做出了多少成果。

请记住：目标与时间浪费成反比，目标越小，浪费时间越多，除非你有明确目标，否则，你不可能有效利用时间。

设定目标有"6问"

人生成功的主要技能是设计目标的能力，以及建立一个达成目标的行动计划。人生一旦设定目标，就成了他的人生使命，他把生命献给目标，从实现目标中获得人生最大的幸福和快乐。这就是人生的价值。

设立目标前，要搞清楚以下几个问题：

1. 希望做什么？

2. 希望成为什么？

3. 希望看到什么？

4. 希望拥有什么？

5. 希望走向何处？

6. 希望参与什么？

将目标划分为四组：1年、2~4年、5~7年、8~10年，每组抽取4个目标，组成16个目标。

要想得到你想要的一切，你就要成为那样的人。

你所收获的永远不会超过你自身的发展（不将自己发展成理想中的人，就永远不可能得到想要得到的东西）。聪明人失败的原因是：缺乏自信、缺乏思考、缺乏目标、缺乏计划、缺乏意志、缺乏良机。

历史和现实中，很多人的失败，不是没有知识和能力，而是没有目标。认准目标比刻苦难，刻苦几乎人人可以做到，但认准目标很难，很多人做不到。成功者都拥有明确的奋斗目标，相反，失败者要么没目标，要么目标模糊、游离，似是而非。这是成功者与失败者的根本区别。一个人不加入成功者的行列，就有可能被丢进失败者的深渊。

建立目标 5 要点

目标应该作如下分解：

1. "干什么"的目标：成为销售经理……

2. "如何干"的目标：为实现这一目标，需要提高销售技能、建立渠道管理、提高客户满意率……

3. "为什么"的目标：实现这些目标，体现自我价值，提高生活质量……

你的目标在哪里，你的心和热情就在哪里，那么你的人生就在哪里。实现长期目标要靠点滴积累，没有一个人是一步登天的，它不仅要靠坚韧的毅力，更要靠智慧。

建立目标应该具备以下五个要点：

1. 具体明确，不要抽象。如人生目标不应是"成为一个有出息的人"，这样太空泛；而应明确"做什么工作""达到什么程度""过什么样的生活"等。

2. 有意义可衡量。如"降低成本"，不好衡量，要订为"降低20%的成本"，就可以衡量。

3. 行动导向。要合理可行，不要不切实际。

4. 现实的。要扣紧我们要达成的结果。

5. 有时间保证。目标有时间界定才有意义，如"降低20%的成本"，究竟是一年完成，三年完成，还是五年完成，要有时间保证。

选择目标的"四化""三件"

选择目标应该满足以下"四化"的要求：

1. 具体化——目标不是理想、不是希望，而是理想与希望的具体化。

2. 单一化——同一时间，目标不宜多，而应聚焦在一点上。

3. 相符化——要选择与自己长处相符的目标，要扬长避短。

4. 阶梯化——目标如果太高，不妨使之阶梯化，将大目标分解成若干小目标。阶梯化是一种重要的成才策略。

梦想要远大，设计目标要合理。一个好的目标，要具备三个条件：

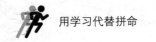

1. 动机强烈。

2. 可以衡量。

3. 个人独立负责。

一个人目标越明确，就越容易成功；相反，目标不明确或不切实际，必然会导致失败。目标要简单，深刻。要牢记：三个深刻切实可行的目标，胜过三十个琐碎的目标。

成功是一个方向，一个有梦想有企盼的方向。

成功是一种心态，一种积极进取的心态。

成功是一种习惯，一种利人利己的习惯。

成功是一种过程，一种解开生命奥秘的过程。

成功是一种成果，一种看得见的物质成果和精神成果。

成功的秘密就是坚定不移地朝着自己设定的目标前进。

制订目标 8 步骤

制订目标的 8 个步骤：

1. 目标要清晰（愿景），要具体、量化并有时间限制。

2. 思考达成目标后的结果。

3. 列出完成目标可能遇到的障碍。

4. 制订克服障碍的策略。

5. 安排进度，明确达成目标的行动和步骤。

6. 积累能量和资源。

7. 做好对完成目标过程"关键点"的监控和管理。

8. 写出支持目标达成的誓言。

盖楼需要工程师进行设计，人生同样需要设计，这就是人生职业规划。你在行动前，一定要先把你的规划想好、制订好，只有高质量的规划，使自己变成高质量的人，才有高质量的人生。

当然，人生目标不是一成不变的，要根据形势的变化做出必要的调整，孙中山、鲁迅、郭沫若，早年都是学医的，但后来由于环境和条件的变化，他们都对人生大目标进行了调整。孙中山投身政治为推翻清王朝创建中华民国做出了重要贡献；鲁迅献身文学，成为中国新文化的开拓者；郭沫若亦文亦政，成为中国现代文学巨匠，并担任政府领导职务。

 # 构建目标金字塔

构建目标金字塔

你可以把自己的目标想象成一个金字塔，塔顶是你的人生目标。你定的每一个目标和为达到目标而做的每一件事情都必须指向你的人生目标。

金字塔由五层组成。最上的一层最小，是核心。这一层包含着你的人生总体目标。下面每一层是为实现上一层的较大目标而要达到的较小目标。这五层大致表述如下：

1. 人生总体目标

这包含你的一生中要达到的两个至五个目标，如果你能达到或接近这些目标，就是尽了全力实现你自己定下的人生目标了。

2. 长期目标

是你为实现每一个人生总目标而制定的目标。一般来说，这些是你计划用 10 年时间做到的事情。虽然你可以规划 10 年以上的事情，但这样分配时间并不明智。目标越遥远，就越不具体，夜长梦多。但制定长期目标是重要的，没有长期目标，你就可能有短期的失败感。

3. 中期目标

这些是你为达到长期目标而定的目标。一般地说，这些是你计划在 5~10 年内做的事情。

4. 短期目标

这些是你为达到中期目标而定的目标。实现短期目标的时间为 1~5 年。

5. 日常规划

这是你为达到短期目标而定的每日、每周及每月的任务。

在过去的年代里，虽然制定短期目标一直是奋斗者的主要策略，但是大家仍然不太懂得如何制定目标。短期目标界定什么重要，什么不重要，

它使我们集中力量努力完成每一阶段的目标。短期目标是动用人力去取得特殊结果的基本工具。

把大目标分解成小目标

有远大理想的人要学会分解目标。一个高不可攀、遥不可及的目标往往会让人丧失前进的信心。

有一位马拉松赛跑的冠军是这样向别人解释自己成功的秘诀的：

马拉松的路程绝对不算短，但是我将整个路程进行分解，我首先的目标是超越前面的第一棵树，然后再超越前方的一幢建筑物……正是在一个个小目标的实现过程中，我跑完了整个马拉松。

将目标分解的好处在于人可以从一个个小目标的实现中得到信心和动力。有很多人订立了十分宏大的目标，虽然自己也很努力，但是到最后还是十分遗憾地什么都没有实现，很大的原因在于他们只看到了目标，而没有学会将目标分解，使他们在前进中丧失了动力和信心。其实，人生虽然是个连续不断的整体，但是人生是可以分阶段的。每一个阶段都应该有自己的目标。还可以进一步细化，每一年都有自己的目标，每一个月都有自己的目标，每一天都有，每一个小时都有……如果人能将目标细化到这种程度，然后去努力，一定会成功的。在小目标不断完成的过程中，自信心会得到极大的增强，在不知不觉中也会将大目标实现。对于在台上表演的艺术家来说，成功并不是因为他们在舞台上的超常发挥，而是日复一日，年复一年的努力。

成功者无一不对自己随时随地的去向一清二楚。他们目标明确，也会付出切实的行动。知道自己要的是什么，也知道在哪里可以得到它。他们确定目标，同时又决定通向那个目标需要走的道路。

成功者很清楚，按阶段有步骤地设定目标是多么重要。所以，你在设定人生目标的时候，先将目标分解成若干小目标，比如：五年计划、一年计划、本年度的目标、六个月的目标，等等。

目标的达到就是成功，大目标让人觉得遥远，如果将大目标分解成一个个的小目标，逐个逐个地实现小目标，这样我们就可以不断地取得成功，直到最后实现人生的终极目标。

有长期目标，还要有短期目标

制定短期目标，正是对慢工出细活这一铁律的印证。由于工作堆积如山，非得马上动手，否则赶不完，于是有人竖立了一个牌子，提醒自己："现在就做！"其实，匆匆忙忙不见得能够把事情办好，最好还是先坐下来，养养神，放松精神。能够想一想刚才的想法，会很有好处。有短期目标的人，比轻率行事的人更明智。

除非有令人满意的解决方法，否则，最好把问题搁在一边。问题的解决，并不在于一蹴而就，而在于步步为营，从冷静沉着中寻找出可行的办法。卡耐基在一次演讲时曾说："因为胸有成竹，所以不轻举妄动。时机尚未成熟便想一步登天，结果成事不足，败事有余。"

当然，越快成功越好，但是不要操之过急。操之过急的人，往往会有麻烦。避免麻烦比摆脱麻烦容易得多。所以，你要想顺利地、轻松地实现"未来远景"，就必须一步一个脚印，制定每一个事业发展阶段的"短期目标"。这样，你就可以踏着这些台阶，实现成功的目标了。

以下是制定长期目标下短期目标的方法：

1. 用明确的词句说明你的短期目标。

2. 广泛的目标能合理地延伸为明确的短期目标，你的短期目标有哪些？

3. 短期目标应当切实可行，不可以是狂妄的幻想。

4. 对于短期目标的完成，你应该具备计算其成功程度的能力。

5. 短期目标对于你应当有意义，而且与你的价值和长期目标协调一致。

6. 顾及环境，这样你的短期目标才算符合实际。

7. 给每个虽然紧张但是并非不可能实现的短期目标定立一个完成的期限。

8. 辨认你所定目标中隐含的能力目标，这样你才知道你应加强什么。

目标的天梯要一级一级攀

目标的力量是巨大的。目标应该远大，才能激发你心中的力量，但是，

如果目标距离我们太远，我们就会因为长时间没有实现目标而气馁，甚至会因此而变得自卑。山田本一为我们提供了一个实现远大目标的好方法，那就是在大目标下分出层次，分步实现大目标。

所谓"天助"，即当我们拟定目标努力实现之际，会觉得好像凡事都顺遂己意；当我们奋发图强积极进取时，一切都将变得比较称心如意。

当然，行进的路上不可能完全一帆风顺，有时也得含辛茹苦。无论遭遇多少打击，都要永不气馁，坚持到底。一个怀抱鲜明目标的人从不叫苦，凡事总是默默耕耘。

首先，心中拥有目标，给人生存的勇气，在艰难困苦之际赋予我们坚韧不拔的毅力。有了具体目标的人少有挫折感。因为比起伟大的目标来说，人生途中的波折就是微不足道的了。因此，拥有科学的目标可以优化人生进程。

其次，由于目标事物存在于脑海某处，所以即使我们从事别的工作，潜意识里依然暗自思量对策。遂在不知不觉中接近目标，终于梦想成真。拥有目标的人成大功立大业的概率，无疑要比缺乏志向的人高。

最后，实现目标好像攀登阶梯一般，循序渐进为宜，尽管前途险阻重重，也要自我勉励。当时认为不可能做到的事情，往往几年之后，出乎意料之外地轻易做到了。

虽说某种偶然确能开创个人命运，不过对于有目标取向的人而言，与其相信偶然，不如掌握必然。尽管"机会"公平眷顾世上每一个人，但缺乏目标的人只能是眼睁睁地看着它溜掉。

心中拥有目标，便会使自己不太留意与之不相关的烦恼，这会使你变得豁达、开朗。因为人的注意力是很有限的，一旦他（她）全身心地为自己的目标而努力，去冥思苦想时，其他的事情是很难在脑子里停留的，这个道理很明显。

设定明确可操作的目标

目标越明确，方向越明晰

每个人都期望获得成功，为自己制定一个目标，就是为实现成功理想添加了飞翔的翅膀。

在事情的开始状态，没有谁能真正看清自己的目标，这就如同在跑马拉松一样。在跑动的时候，人们所见的只是前面不远的道路。人不是靠眼睛来远望目的地，而是靠心里的目标和意志来支持自己，获得充足信心，毫不畏惧，一直跑下去。尽管远方的路看不到尽头，但心里永不熄灭的火炬会让他看清眼前的路。

威廉·皮特有着惊人的经历：22岁进入了国会，23岁当上了财政大臣，25岁成了英国首相。有人曾经这样说皮特："这个人既不会冒进也不会退缩，他一直都在飞翔。"为什么年纪轻轻的皮特能够取得如此伟大的成就呢？

皮特说："感谢父亲给我一个目标，在我很小的时候父亲就对我说：'将来只有成就一番赫赫伟业，才不会辜负我的期望。'这就是我前进的动力，父亲没有像别人一样，让自己的孩子疯玩，让他自己去慢慢地长大成人；父亲也没有像别人一样，觉得孩子还小，还不懂得什么叫赫赫伟业，他很尊重我，并相信我能够去实现。于是我就朝着这个目标努力，认为自己就该成为一个出人头地的人。所以，是父亲的目标让我没有瞻前顾后，而是很明确地努力着，直到成功！"

明确的目标就像是人生的方向盘，指引我们前进的方向。没有目标，我们只会在原地踏步，左右摇摆而踌躇不前。人生要有方向盘，激发我们实现梦想的潜能，伴我们走向胜利。

明确的目标让你少走弯路

具有明确目标的人，无论在任何时候都会受到他人的敬仰与关注，这是生活中的一个真理。如果一艘轮船在大海中失去了舵手，在海上打转，它很快就会耗尽燃料，无论如何也到达不了岸边。

同样，如果一个人没有明确的目标，以及为实现这一目标而制定的确

定计划，不管他如何努力工作，都会像一艘失去方向舵的轮船。辛勤的工作和一颗善良之心并不能确保使一个人获得成功，假使他并未在心中确定自己所希望的明确目标，他又怎能知道自己已经获得了成功呢？

如果我们将人生的成功比作一栋大厦的话，每栋高楼大厦耸立之前，一开始就要有一个"明确的目标"，另加一张张蓝图作为其明确的建筑计划。试想一下，如果一个人盖房子时，事先毫无计划，想到什么就盖点什么，那将会是什么样子。所以，在你计划你的成功时，最需要做的是：明确自己人生之旅的航向。

任何人如果能对自己的工作、身体及毅力都完全信任，且努力工作、全心投入的话，那么你已经找到了自己的强项，无论目标或理想如何遥不可及，你也必能排除万难，达成愿望。不过，在进行的过程中，有一件相当重要的事是——你想往何处去呢？只有知道终点所在，才能到达终点，而梦想也才会成真。此外，期待的也必须是确立的目标。可惜的是，一般人大多并未具备上述观念，因此很难实现真正的理想。毕竟没有清楚的追求目标，想要期待至善的结果出现，这简直是不可能的事。

目标，是一个人未来生活的蓝图，又是人精神生活的支柱。美国著名整形外科医生马克斯韦尔·莫尔兹博士在《人生的支柱》中说："任何人都是目标的追求者，一旦达到目的，第二天就必须为第二个目标动身起程了……人生就是要我们起跑、飞奔、修正方向，如同开车奔驰在公路上，有时偶尔在岔道上稍事休整，便又继续不断在大道上奔跑。旅途上的种种经历才令人陶醉、亢奋激动、欣喜若狂，因为这是在你的控制之下，在你的领域之内大显身手，全力以赴。"

一个没有目标的人生，就是无的放矢，缺少方向，就像轮船没有了舵手，旅行时没有了指南针，会令我们无所适从。

一个明确的目标，可令我们的努力得到双倍、甚至数倍的回报。

设定为之奋斗的终极目标

有位哲人说：生命犹如一头饿驴，总为自己眼前悬挂的诱饵去一遍一遍地拉磨。如何能够获得自由，不为眼前的一点蝇头小利所迷惑？"以终

"为始"即根据预期结果开始做，不失为一种使人生更有意义、更能找到心灵安宁与满足、抛弃焦虑的手段。

比尔在一家大型的跨国公司做生产部门经理，觉得很累，也很乏味，于是就辞职重新找工作了。一天，他到一个规模不是很大的公司去应聘。负责招聘的主管人员问比尔："你想应聘我们公司的什么职位？"比尔说："我想做产品部门经理。"这位主管看了看他的简历，发现比尔原来是生产部门经理，就问他："你为什么不做生产部门经理了呢？我们公司生产部门正好缺人，你有很多年的生产方面的经验，如果你想做生产部门经理，会给你更高的报酬。"比尔说："我之所以从那家公司走出来就是不想再做生产部门经理了，因为这个工作与我的理想目标相差太远。我的理想是做出一个世人皆知的产品来，也想把一个比较好的产品用最简单的方式推荐给大家，让大家受益。可是如果我总是做生产，每天搞研发，即使生产出了好的产品，我也没有给世人推荐的机会，我觉得这是件很遗憾的事。做生产再有成就，那只会离我的梦想越来越远，所以我决定放弃生产方面的经验，向我的理想进军。"

这家公司的招聘人员非常高兴，认为比尔有自己的目标，还能够暂时放弃高薪的工作而为之奋斗，那么这一定是一个有能力实现自己理想的人，至少是敢于为自己的理想负责的人。这家公司特别高兴地花高薪接纳了比尔。

如果人给自己设定一个终极的目标，并且开始努力的时候就以此为出发点，那么成功指日可待；如果不为自己设定终极目标，这并不代表你没有目标，只是这个设定权已经被你拱手相让。

将你的眼光盯准一个目标

有人说：如果一个人一辈子只做一件事情，那样的话那件事情一定是一件精品，或许会流传下去的。

自然，一辈子只做一件事情，需要很大的勇气，很多的耐心，要耐得住寂寞。那样，你就要把眼睛死死地盯住你的目标。

古往今来，凡是有所作为的科学家、艺术家或思想家、政治家，无不

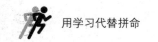

注重人生的理想、志向和目标。何谓目标呢？它犹如人生的太阳，驱散人们前进道路上的迷雾，照亮人生的路标。目标，是一个人未来生活的蓝图，又是人的精神生活的支柱。

在科技发展的历史上，有很多著名人才都是眼睛紧紧盯住目标，达到把握机遇的目的。德国昆虫学家法布尔这样劝告一些爱好广泛而收效甚微的青年，他用一枚放大镜示意说："把你的精力集中放到一个焦点去试一试，就像这块凸透镜一样。"这实际是他个人成功的经验之谈。他从年轻的时候起就专攻"昆虫"，甚至能够一动不动地趴在地上仔细观察昆虫长达几个小时。

我国著名气象学家竺可桢是目标聚焦的践行者，观察记录气象资料长达三四十年，直到临终的前一天，他还在病床上作了当天的气象记录。

怎样才能让眼睛不离开目标呢？

一是要确定目标，二是要考察自己的长处和短处，结合自己的情况，扬长避短。

我国著名的科普作家高士其在他人生的艰难征途上走过 83 个年头。从 1928 年他在芝加哥大学医学研究院的实验室做试验，小脑受到甲型脑炎病毒感染起，他同病魔顽强地斗争了整整 60 年。在 1939 年全身瘫痪之前，他根据自己的健康状况和所拥有的较全面的医学、生物学知识，坚定地选择"科普"作为自己的事业。他是一位科学家，又成了一位杰出的科普作家和科普活动家。在全身瘫痪，手不能握笔，腿不能走路，连正常说话的能力也丧失，在口授只有秘书听得懂的艰难情况下，从事科普创作 50 多年，用通俗的语言、生动的笔调、活泼的形式写了大量独具风格的科普作品。

目标聚焦，虽然方向正确、方法对头，但成功的机遇有时可能姗姗来迟。如果缺乏坚韧的意志，就会出现功败垂成的悲剧。生物学家巴斯德说过："告诉你使我达到目标的奥秘吧，我的唯一的力量就是我的坚持精神。"很多成就事业的人都是如此。如洪昇写作《长生殿》用 9 年，吴敬梓写作《儒林外史》用 14 年；阿·托尔斯泰写作《苦难的历程》用 20 年，列夫·托尔斯泰写作《战争与和平》用 37 年，司马迁写《史记》更是耗尽毕生精力，等等。我国古代著名医师程国彭在论述治学之道时所说的"思贵专一，不容浮躁者问津；

学贵沉潜，不容浮躁者涉猎"，讲的就是这个道理。

驰名中外的舞蹈艺术家陈爱莲在回忆自己的成才道路时，也告诉人们"聚焦目标"的际遇："因为热爱舞蹈，我就准备一辈子为它受苦。在我的生活中，几乎没有什么'八小时'以内或以外的区别，更没有假日或非假日的区别。筋骨肌肉之苦，精神疲劳之苦，都因为我热爱舞蹈事业而产生。但是我也是幸福的。我把自己全部精力的焦点都对准在舞蹈事业上，心甘情愿为它吃苦，从而使我的生活也更为充实、多彩，心情更加舒畅、豁达。"

罗斯福总统夫人在本宁顿学院念书时，要在电讯业找一份工作，修几个学分。她父亲为她约好去见他的一个朋友——当时担任美图无线电公司董事长的萨尔洛夫将军。罗斯福夫人回忆说：将军问我想做哪种工作，我说随便吧。将军却对我说，没有一类工作叫"随便"。他目光逼人地提醒我说，成功的道路是目标铺成的！

记得著名哲学家黑格尔说过的一句话吧："一个有品格的人即是一个有理智的人。由于他心中有确定的目标，并且坚定不移地以求达到他的目标……他必须如歌德所说，知道限制自己；反之，那些什么事情都想做的人，其实什么事都不能做，而终归于失败。"

是的，机遇就在目标之中。用眼睛盯住目标，必须用理智去战胜飘忽不定的兴趣，不要见异思迁。正如美国作家马克·吐温所说："人的思维是了不起的。只要专注某一项事业，那就一定会做出使自己都感到吃惊的成绩来。"

魔鬼训练营——找准人生的航向

下面这些训练将有助于你找准人生的航向。

1. 审问你自己

在你的内心里审问一下自己："到这个世界，我想要什么？我要达到什么样的目的？我树起人生的灯塔了吗？……""我想要什么"就是你的人生目标；而你的人生灯塔，就是你远航的起跑线。没有目标，就没有前进的方向；没有起跑线，就无从规划自己的航程。

绘制你的梦想蓝图——专门留出一个特定的时间，思考规划你的理想。

避开一切干扰，别让他人打断你的思路。你可以选择一个比较幽静的地方，然后独自发问，并写下这些问题的答案：

（1）在我的一生中，我能想像自己做出的最伟大事情是什么？

（2）我这辈子到底想要什么？我的欲求何在？

（3）我有什么才干和天赋？哪些事我干起来最得心应手，或比我认识的人做得更好？

（4）我对什么事最有激情？什么东西最使我神往冲动？如果有，是什么？

（5）我所处的时代和环境有何特别之处？哪些因素容易产生成功的机会？

（6）我羡慕的成功人士有哪些？我应该学习他们的哪些优点？

上述过程要每年重复一次，或者在你觉得有必要时就重做一次。这样便于及时修正你的目标。如果几年来你抱着同一个理想，而且你觉得在新环境中产生的这个理想更具魅力，那么，你就很可能已瞄准了你人生中的一个最理想的目标了。目标一旦确定，你就要通过各种方式把它表现出来，变成具体可行的计划和行动。把你的目标清楚地表述出来，可以使你集中精力，发挥你的潜能，让梦想一步步靠近你。

2.立即行动

目标制订以后，你就要立即开始行动了。"三思而后行"，千万不要"三思而不行"。那种"思想的巨人、行动的矮子"终将一事无成。苦思冥想，而不去实践，只能是白日做梦。

（1）每天早晨将你的梦想清单和人生目标大声念一遍。

（2）精心规划各个时期的进度。你可以按小时、按天或按月去制定。

（3）切实保证计划的实施。

不要拖延，你已经知道，你要烧的木材必须由你自己来砍，你喝的水要自己来挑，你生命中明确的主要目标要由你自己来决定，那么为什么不尽快实行你早已知道的道理与原则呢？

从现在开始，分析你的欲望，找出你真正需要的，然后下定决心去得到它。当你在选择你的"明确的主要目标"时，必须谨记，不能把目标定得太高太远。另外还要记住一个永远不变的真理：如果不在一开始就定下明确的目标，那么你将无所成就。如果你生命中的目标模糊不清，你的成就也将难以确定，即使有的话，也微不足道。要先弄清楚你自己需要什么，什么时候需要，你为什么需要，以及你打算如何得到。

Part6

生涯设计训练

赢在人生起跑线上

 规划职业的蓝图

志向——让梦想飞翔

在现实生活中，我们应该追求任何一个有可能实现的理想。

追求卑微者，所获寥寥。所以一定要有鸿鹄之志，敢想敢做。现实生活中，志向高远与否，使人们的性格和行为产生很大的不同，这种差异比想象中的还要大。

有的人天生就没有志向，有的人志向卑微，有的人则志向高远。他们进步和成功的程度和他们志向的大小是相称的。有个谚语说"心高高不过天"，这话不错，但射箭的时候瞄准太阳总比朝水平方向射得高吧！这一点也同样体现在性格的形成过程中。虽然用弓箭射太阳是不可能的，但年轻人显然可以有一个远大的理想。

你一定要相信天生我才必有用的道理，而且你也应当成为有用之才。相反，如果年轻人对于自己能做什么，能成为什么样的人才没有半点感知，他们所做的努力通常是少得可怜且软弱无力，因为他们还没有悟透怎样才能做成大事从而成为出类拔萃的人。

其实，像亚历山大、恺撒、查理十二世或是拿破仑这样的伟人是怎样成就自己的丰功伟业的呢？还有像保罗、阿尔佛雷德、卢瑟、霍华德、佩恩和华盛顿等具有极高精神境界的人物又是如何奋斗的？他们曾经不也是和我们一样平凡而普通吗？但他们比我们多了一种自强不息的精神，这种精神使得这些人物超凡脱俗，成为社会栋梁。

相信上面这条规律吧，这些人所成就的事业，我们可能也同样能够做到。退一步说，即使我们不可能和他们一样出色，也能比原来想象中的自己要强得多。人生的出路有千万条，这些话虽不轰轰烈烈，但只要我们去尝试、去努力，它就有可能助你成就伟业。

总之，如果我们有雄心壮志，并且坚持阅读一些描写杰出人士生平的书籍，特别是那些品质优秀的名人传记，我们将从中受益匪浅。

职业选择要与特长匹配

富兰克林说过："宝贝放错了地方便是废物。"把自己想做什么、能做什么，社会需要做什么，综合加以分析，找出最佳结合点，正确作出职业选择，你就迈出了人生事业发展的第一步。

莫里哀和伏尔泰都是失败的律师，但前者成了杰出的文学家，而后者成了伟大的资产阶级启蒙思想家。卡莱尔说："发现自己天赋所在的人是幸运的，他不再需要其他的福佑。他有了自己命定的职业，也就有了一生的归宿；他找到自己的目标，并将执着地追寻这一目标，奋力向前。"

作家斯贝克一开始并没有意识到自己会成为作家，曾几次改行。开始，因为他身高一米九多，爱上了篮球运动，成为市男子篮球队队员。因为球技一般，年龄渐长，又改行当了专业画家。他的画技也无过人之处，当他给报刊绘画时，偶尔也写点短文，终于发现自己的写作才能，从此走上了文学创作的道路。

美国著名成人教育家戴尔·卡耐基说："每一个人都应该努力根据自己的特点来设计自己、量力而行。根据自己的环境、条件、才能、素质、兴趣等，确定进攻方向。"

不要埋怨环境与条件，应努力寻找有利条件；不能坐等机会，要自己创造条件；拿出成果来，获得社会的承认，事情就会好办一些。我们选择职业时，要注意的是特长与职业的匹配。比如擅长形象思维的人，较适合从事文学艺术方面的职业和工作；擅长逻辑思维的人，则比较适合从事哲学、

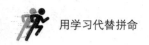
数学等理论性较强的工作；擅长具体思维的人则比较适合从事机械、修理等方面的工作。

人生定位需要量身定做

为自己选择一条合适的路对很多人来说可能是一件困难的事，但实际上任何一个人都有他的优点和长处。你的发光点，其实就是你在自己的人生道路上为自己所选定的人生坐标。找准了这个坐标，你就能够轻松地选对适合你的路，并且充分发挥自己的聪明才智，实现你的人生价值。

在生活中，无论是在择业，还是在创业的过程中，我们都需要了解自己的爱好和特长，并且充分利用它们。这就如同一个射手要想取得十环的好成绩，不仅要具备良好的枪法，也应该有好的准星一样，只有二者结合起来，才能最终使子弹准确无误地射向靶心，一枪中的。

日本著名学者本村久一曾经在他的《早期教育与天才》一书中说："天才人物指的是有毅力的人、勤奋的人、入迷的人和忘我的人……天才就是强烈兴趣和顽强入迷。"的确，一个人无论干什么工作或从事什么职业，只要有了兴趣，他就能发挥自己的思维力、想象力和创造力。所以，我们在认识自我时，首先要了解自己的兴趣所在，这对于挖掘我们自己的"金矿"有着至关重要的意义。

当然，有时候，兴趣并不能代表一切，一个人的"发光点"不是简单的爱好所能决定的，要真正认识自己，还必须了解自己的性格，因为性格对于一个人的发展影响深远。某些特定性格的人比较适合于从事某些特定的工作；而某些特定的工作也需要一定性格特征的人来从事。例如，以理智去衡量一切并支配其行动的人，比较适合于从事某项理论的研究工作；而那些情绪波动较大，情感色彩较为浓重的人，就不大适合于从事理论研究工作，否则对理论研究的严肃性和严密性会造成一些消极影响。又比如，交往性的工作或管理工作比较适合于性格活泼好动、敏感、喜欢交际的人去从事；难度较大的工作则适合于精力旺盛、具有直率热情性格的人去从事；等等。当然，性格对人生坐标的影响也并不是绝对的，我们往往还需要结合自身的智力水平，包括社交能力、抽象思维能力和实际操作能力等，去综合考虑自己的发展方向。

总之，人生定位需要量身定做，一个人只有在真正认识自己的"闪光点"时，才能全面、客观和公正地评价自我，才能少走弯路，多一点成功的把握。

设计职业生涯路线图

在职业生涯中，你可能会碰到许多岔路，为了不偏离自己的方向，就要预先做好规划。职业是人生的重大课题，职业规划是人生的必修课。今天规划好自己的职业生涯，就是对你仅有一次的人生负责。一个好的职业生涯，就等于幸福人生的一半。

职业生涯规划就是指客观认知自己的能力、兴趣、个性和价值观，发展完整而适当的职业观念；个人发展与组织发展相结合，在对个人和外部环境因素进行分析的基础上，深入了解各种职业的需求趋势以及关键成功因素，确定自己的事业发展目标；并选择实现这一事业目标的职业或岗位，编制相应的工作、教育和培训行动计划，制定出基本措施，高效行动，灵活调整，有效提升职业发展所需的执行、决策和应变技能。职业生涯规划可以使个人在职业起步阶段成功就业，在职业发展阶段走出困惑，使自己的事业得到顺利发展，并获取最大程度的事业成功。

如果把一个人的职业生涯比做一次旅行，那么出发之前最好先设定旅游线路，这样就既不会错过梦想已久的地方，也不会千辛万苦却去到并不喜欢的景点。

为自己制定一个科学的职业生涯规划，就是构筑自己人生的宏伟大厦。每个人都有属于自己的美好愿望，而职业生涯规划就是让自己每天做的事情和自己的美好愿望形成一个科学的、紧密的连接。

有人制定的目标就像是蓝天上的一朵白云，美丽，浪漫，但是飘忽不定；

也有人制定的目标像天空中的一轮明月，它也美丽，浪漫，但相距甚远，非有生之年所能达到的。

我们要把目标定成远处山冈上的一棵树，虽然脚下没有一条笔直的大道通向那棵树，但是我们坚信：只要不放弃，只要坚持去努力，就一定能走出一条路，到达那棵树，摘取成功的果实。这就是做好职业生涯规划的作用。

一个长远而科学的职业规划可以让我们少走弯路。越是趁早发现自己的职业兴趣、职业价值观、职业能力，就能越早地找到与自己匹配的目标工作，也越容易在这份工作中体会到幸福感。与其在职场中横冲直撞，到处碰壁，或是摸着石头过河，不如借助职业规划的帮助，适时地描绘出目标明确、道路清晰的职业生涯发展蓝图，然后集中精力去实现这个蓝图。

▐▐▐ 经营自己的长处

经营长处，发挥优势

人生的诀窍在于经营自己的长处，找到发挥自己优势的最佳位置。世界上的工作千万种，对人的素质要求各不相同，干不了这个可以干那个，总可以找到自己的发展天地。只要善于经营自己的长处，并且奋力拼搏，一定会取得成功，创造辉煌。天无绝人之路，"大路朝天，各走一边"。只要你善于发掘自己的潜力，发挥自己的优势，经营自己的长处，就总能找到适合于自己发展的道路。

哈佛大学的 D. 伯恩斯教授做了一个统计，发现几乎所有成功者都有的一个共同特征：不论才智高低，也不论是从事哪一个行业、担任什么职务，他们都在做自己最擅长的事。

事实表明，一个人的成功来自他对自己擅长的工作的专注和投入，无怨无悔地付出努力和代价，才能享受甘美的果实。美国哈佛大学教育家嘉德纳教授的多种智力理论认为，人的智力有八种；各种智力在每个人身上都存在着发展不平衡的现象。每个人的智力都有所特长，如有些人的语言智力水平很高，但他（她）的逻辑或数学智力可能平平。一个人要想获得事业上的成功，就必须在智力方面扬长避短，用自己智力上的强项来争取优势。

精英总是善于把自己的长处转化为成效。他们明白，人应当尽可能地扬长避短。为了取得成效，我们必须利用一切可利用的长处——同事的长处、上司的长处和自己的长处。这些长处构成了实实在在的机会。组织的唯一用途就是把组织成员的长处转化为成效。

罗伯特·李将军的故事很能说明变长处为成效的意义。故事是这样的：

李将军手下的一位将领违抗命令，甚至全盘否定他制定的作战计划，而且这已经不是第一次了。李虽然通常都能够控制自己的情绪，但这次却大发雷霆。等他冷静下来以后，他的一名副官十分恭敬地问道："您为什么不解除他的指挥权？"听到这话，李惊讶不已地看着这位副官回答说："多么愚蠢的问题！因为他卓有成效。"

爱因斯坦在 20 世纪 50 年代曾收到一封信，信中邀请他去当以色列的总统。出乎人们意料的是，爱因斯坦竟然拒绝了。他说：

"我整个一生都在同客观物质打交道，因而既缺乏天生的才智，也缺乏经验来处理行政事务及公正地对待别人，所以，本人不适合如此高官重任。"

人生的诀窍就是经营自己的长处，这是因为经营自己的长处能给你的人生增值，经营自己的短处会使你的人生贬值。

一技在身成就大业

人们常说"一招鲜，吃遍天"。这句话想必永远不会过时。只要你对自己从事的行业有所专长，精通精髓，那么你肯定能成为此行业的精英。

《庄子》一书中，有两个技艺超群的人。一个是厨房伙计，一个是匠人，厨房伙计即那位宰牛的庖丁，匠人即那位楚国郢人的朋友，叫匠石（不一定就是石匠），两人共同之处，就是技艺超群，简直到了出神入化的境界。

先看庖丁，他为梁惠王宰杀一头牛。他动刀似有神助，"唰唰唰"几下，一个庞然大物，便肉是肉，骨是骨，皮是皮地解剖得清清爽爽。他解牛时，手触、肩依、脚踏、进刀，就像是和着音乐的节拍在表演。更奇的是，庖丁的刀已用了 19 年，所宰的牛已经几千头，而那刀仍像刚在磨石上磨过一样锋利。只见他提刀而立，悠然自得，又仔细地把刀擦净，收好。那神气，就如同优雅的西班牙斗牛士。

再看匠石，也许是木匠，也许是石匠，也许是木石活儿都做。他的技艺也十分了得。郢人把白灰抹在鼻尖上，让匠人削掉。那白灰薄如蝉翼，匠人挥斧生风，削灰而不伤郢人的鼻子。

　　古人讲，凡是掌握了一门技艺，无论是做什么的，都可以成名。只要有一技之长，就可以自立。的确如此。过去老人总对年轻人说："纵有家产万贯，不如薄技在身。"这是最平凡最实在的真理。一个残疾青年，学会电脑打字，便办起了小打字社，交活儿及时，质量又高，连一些著名作家也慕名而来，让他打文稿。几个下岗大嫂，都是做饭行家，一合计，总不能老靠一点儿救济金度日，于是办起了"嫂子饺子馆"，卖的饺子薄皮大馅，服务热情，很快就兴隆起来。和他们相比，无技之人的确最苦。别说扬名，自立都很困难。现在的社会竞争激烈，没有真本领，很难在世上立足。

　　有些人瞧不起技艺，总想做大事。做大事是可以的，比如当总经理、从政做官、做科学家、理论家等等。但一是要真有那份才能，也要有机遇；二是即使做大事，也常常离不开靠技艺做小事打基础。这个基础，包括锻炼你的实践能力，包括锻炼你的意志，包括对基层实际的体察。有时一技在身，也能助你成就大事。

　　许多原被人视为"雕虫小技"的技艺，今天却有了巨大的商业和社会价值，有的甚至变成一种产业。

　　人生在世，有一技在身，就有了安身吃饭的本钱，如果技艺精湛，就会更有作为。

增强自己的核心竞争力

　　想要具有真正的价值，就要始终注意提升自己的分量，让自己比别人高，比别人强，才能赢得别人的肯定。有一位企业家这样说过：当你比别人强一点点时，别人会嫉妒你；当你比别人强一截时，别人就会羡慕你；当你比别人强一大段时，别人就会向你看齐，好比微软这样一流的企业一样，每一项举措后来都被奉为业界的标准。这充分说明，如果你想拥有核心竞争力，就要超出别人很多，或者，你能够持续比别人强一点点。

　　那么，如何持续保持优势，从而提升自己的分量，加强自己的核心竞争力呢？

　　首先，必须养成一个良好的做人、做事和生活的习惯。

　　经研究表明：当某件事有效重复 21 次时，就会成为习惯，210 次有效重复就会成为专业，2100 次有效重复就会成为专家。因为，专家才能为别人解决问题，才会在同行竞争中，凸显差异化，才能拔得头筹。而这些与良好习惯的养成密不可分，毕竟技能在一定程度上，可以速成，但习惯却需要长期细节的积累和孕育。纵观古今中外成功人士，无不有着良好的行为习惯。

其次，必须注重品德素养的自我修炼。

如果说有了好的习惯是成功的开始，那么个人品质的优劣，就决定了他是否能出人头地，是否能为社会创造价值，决定了他的人生是否有意义。倘若一个人技能很强，但是品德很差，也许他对社会的破坏力远远大于对社会的贡献。所以应该不断地审视自我，加强自我行为的约束。该做什么，不该做什么，都要清清楚楚。唯有如此，才能不断实现自我超越。实际上，只有那些具备"专业＋职业＋敬业＋品质"的人，才能在社会这个竞技场上胜出，而其中的品德修养更是具有决定意义的关键因素。

再次，必须不断充实自我，加强学习。

在这个变化纷繁的时代，只有不断自我学习，不断增加自我内存，才能在职场中提升综合素质和增强自我免疫力，立于不败之地。

成为不可替代的行业专家

首先要成为行业中的专家，这样才能在工作中起到不可或缺的作用。

怎样才能在本行业中成为专家呢？

首先，你应该选定最适合你的，最能将你的优势表露无遗的行业——你可以根据自己所学的专业来进行选择。

当然，在很多情况下，你也许没有机会"学以致用"，但这并不妨碍你成为你所从事的行业中的佼佼者。所以，与其根据学业来选，不如根据兴趣来定。但是，必须注意的一点是，一旦选定了一个行业，最好不要轻易转行，因为这样会让你中断学习，影响效果。每一行都有苦和乐，因此你不必想得太多，关键是要把精力放在你的工作之上。

其次，行业选定后，接下来你应该广泛摄取、拼命吸收行业中的各种知识。

你可以向你的同事、主管、前辈请教，要把最初的工作经历当做一种再学习的机会。你还可以搜集各种报纸、杂志的信息，从多种媒体渠道获得你需要的知识。如果你的时间允许，参加专业进修班、讲座、研讨会等都是不错的选择。也就是说，你应该打定主意，一门心思在你所从事的这一行业中谋求全方位、深层次的发展，而不是得过且过地混日子。

你可以把自己的学习分成几个阶段，并限定在一定的时间内完成一定量知识的学习。这是一种压迫式的学习方法，可以逼迫自己向前进步，也可以改变自己的习性，训练自己的意志。当然，你不必急于"功成名就"，但一段时间之后，假若你学有所成，你便可以开始展示自己学习的成果，并在自己的工作中表现出来，从而引起他人的注意。当你成为专家后，你的身份必会水涨船高，也用不着你去自抬身价，这便是你"赚大钱"的基本条件。因为你不一定能当老板，但有了"专家"的身份，人人都会看重你。你的地位是不可动摇的，一旦缺席，就会引起一片震动。

不过，成为"专家"之后，你还必须注意时代发展的潮流，并不断提高自我，不要像其他人一样原地踏步，否则你早晚会被他人取代。只有那些永不自满、永远追求信息与知识的人，才能被充实和装备起来，才能达到光辉的顶点。

每天比昨天进步一点点

如果一个人能把所有精力都投入到自己的强项上，让自己比别人做得更多更好，结果会怎样？必然会有所建树！

渥沦·哈特葛伦博士是一位博学多才的老人，他以前是一所大教堂的牧师，后来退休了。他曾经问过一位年轻人是否了解南非树蛙，年轻人坦白地说："不知道"。

博士诚恳地说："如果你想知道，你可以每天花五分钟的时间阅读相关资料，这样，5年内你就会成为最懂南非树蛙的人，你会成为这一领域中最具权威的人。"

年轻人当时未置可否，但他后来却常常想起博士的这番话，觉得这番话真的道出了许多人生哲理。

我们大多数人都不愿意每天投资 5 分钟的时间（与 5 个钟头的时间相比实在是少之又少）努力成为自己理想中的人。

伍迪·艾伦说过，生活中 90% 的时间只是在混日子。大多数人的生活层次只停留在：为吃饭而吃、为搭公车而搭、为工作而工作、为了回家而回家。他们从一个地方逛到另一个地方，事情做完一件又一件，好像做了很多事，但却很少有时间从事自己真正想完成的事。就这样，一直到老死。我猜想很多人临到退休时，才发现自己虚度了大半生，剩余的日子又在病痛中一点一点地流逝。

成大事者与不成大事者之间的距离，并不如大多数人想象的是一道巨大的鸿沟。成大事者与不成大事者只差别在一些小小的动作：每天花 5 分钟阅读，多打一个电话，多努力一点，在适当时机的一个表示，表演上多费一点心思，多做一些研究，或在实验室中多试验一次。

在实践理想时，你必须与自己做比较，看看明天有没有比今天更进步——即使只有一点点。

只要再多一点能力。

只要再多敏捷一点。

只要再多准备一点。

只要再多注意一点。

只要再多培养一点精力。

只要再多一点创造力。

戒除毁掉你的 7 大恶习

甘地说过，在西方社会中，有七件与政治、社会、生活关系密切的事情会毁灭人类，称为"七大恶习"。美国著名的励志作家斯蒂芬·柯维指出，其实，这些恶习也经常存在于每个人的身上。那么，这 7 大恶习都是什么呢？

1. 不劳而获

指的是无需付出劳动就可获得资产。赚钱不须付税，还享受公民权利和福利，却不用承担风险和义务。

社会上有许多行业，让许多人无需工作就能迅速致富。他们使用各种

理由为自己辩护，但归根到底都是"贪婪"二字。"不要辛勤工作即可致富，刚开始或许要忙上一会儿，但不久财富就滚滚而来"，这些社会伦理规范，使人们的判断受到严重扭曲。

2. 不顾良知追求乐趣

不成熟、贪婪、自私、追求感官享受的人，最常问的问题是："这对我有什么好处？会让我高兴吗？会让我轻松吗？"近来，许多人都追求这类乐趣，却不谈良知与责任感，甚至以此为名，完全不顾家庭。学会施与、不自私、敏感、体谅，才是对自己的挑战。

追求乐趣而愧对良知的最后代价在于损失时间、金钱和名誉，而且也让他人的心灵受到伤害。背离自然法则而又缺乏自知之明，是很危险的。

3. 空有学识，却没有人格

比缺乏学识更危险的是，拥有丰富的学识，却缺少强有力、有原则的人格。人们只注重知识上的积累，而内在人格上却缺少相应的进步。

4. 缺少道德的生意经

史密斯《道德情感》一书，揭示了道德基础对体制成功的重要性，以及彼此如何对待、互惠、服务和贡献的精神等。忽略了道德基础，经济体系势必会制造一个没有伦理观念的社会，所以经济与政治体系应建立在道德基础之上。

史密斯认为，每笔交易都是向道德挑战，双方应公正处理。商业上的公正与互惠，正是市场经济体系的基石。

5. 讲究科学，却缺乏人性

如果我们不了解发展科技的更高层的人性目的，我们将受制于科技。我们常看见受过高等教育的人，攀登科技的成功阶梯，却错过称为"人性"的那一阶，最后发现梯子靠错了墙头。

6. 有信仰，却没有奉献精神

不愿奉献的人，可能在团体内活跃，但执行团体的任务却不积极。唯有奉献，牺牲我们的骄傲与偏见等，才能顾及他人的需要。

7. 做人做事没有原则

没有原则，就没有方向，你将无所依靠。而注重人性和道德才可迅速给人留下好印象，在社会和经济市场上得到极好的口碑。

戒除七大恶习就要懂得如何与他人相处：如何服务他人，如何为他人牺牲、奉献。第四、五、六恶习是不懂得双赢的相互扶持，不懂得认同他人情感和同心协力。戒除这些恶习需要有温柔的心和自省的精神。

生涯技能训练与自我实现

认真敬业的风格

工作是为了什么？

为了老板，为了薪水，为了生存，为了养家糊口，为了……

答案五花八门，但是却没有一个选项是留给自己的。

一个人应该明白，在你工作的时候，你是在为自己工作，你就能让自己更具主动性，从而提高自己的工作效率；你也在为公司工作，没有公司与团队的支持，你就失去了实现自我的舞台；你也是为了责任而工作，没有责任，人生会失去支点。

汉斯和诺恩同在一个车间里工作，每当下班的铃声响起，诺恩总是第一个换上衣服，走出厂房，而汉斯则总是最后一个离开，他十分仔细地做完自己的工作，并且在车间里走一圈，确认没有问题后才关上大门。

有一天，诺恩和汉斯在酒吧里喝酒，诺恩对汉斯说："你让我们感到很难堪。"

"为什么？"汉斯有些疑惑不解。

"你让老板认为我们不够努力。"诺恩停顿了一下又说，"要知道，我们不过是在为别人打工，不值得这么卖命。"

"是的，我们是在为老板打工，但也是在为自己打工。"汉斯的回答十分肯定有力。

"我不过是在为老板打工。"这种想法有很强的代表性。在许多人看来，工作只是一种简单的雇佣关系，做多做少，做好做坏对自己意义并不大。其实这种想法是完全错误的。

工作不是为了老板，如果你始终认为你的工作只是应付老板，那你可能永远处于一种被动的地位，无法高效地完成工作。

有一个年轻人取得博士学位后，总是因工作岗位与自己的学历不相符，每天都奔波在求职的路上。最后，为了生计，他到一家制造燃油机的企业担任质检员，薪水比普通工人还低。工作半个月后，他发现该公司生产成本高，产品质量差，于是便不遗余力地说服公司老板推行改革以占领市场。

身边的同事对他说："你看你的薪水，为什么要这么卖劲儿？"

他笑道："我是在为我自己工作，我很快乐。"

几个月的改革使企业的利润增加了几千万美元，这个年轻人也因此晋升为副经理，薪水增加了几倍。

在一个聪明的员工看来，先问付出，再问回报才是正确的选择，先为企业多作贡献，水涨自然船高。企业的水不涨，员工的船自然无法前行。

那些整日抱怨的人没有时间和精力认认真真做好现在的工作，以致工作常常出现问题，使得上司不敢把重要的工作委托给他们。

成功者的经验告诉我们，不管你的能力有多强，你都必须从最基础的工作做起，脚踏实地地走好每一步。职场永远不会有一步登天的事情发生，任何人要想脱颖而出，唯一的机会就是把现在的工作做好，在普通平凡的工作中创造奇迹。

精益求精的态度

北京人艺表演艺术家于是之，是一个非常爱学习、非常敬业的人。他热爱表演艺术，每个角色都精益求精，创造了许多感人的舞台和银幕形象：如《龙须沟》里的程疯子，《骆驼祥子》里的老马，《茶馆》里的王掌柜，《青春之歌》里的余永泽等，都给观众留下了深刻的印象。

为了演好关汉卿，他认真钻研宋代、元代的戏曲，他写的小诗都有元人诗词的味道。

为了演好鲁迅，他认真学习与钻研鲁迅的多部作品及大量的传记材料，成为人民艺术剧院的"鲁迅专家"。

他有一段"一句台词"的佳话，即在演《长征》时，于是之扮演毛泽东，只有一句台词，就是："同志们，祝你们成功！"凭着他的功底，讲好这句话是不成问题的，但他为了体会领袖人物的精神，大量阅读毛主席的书，还学会了"仿毛书法"。这种学习精神、敬业精神，使他有了沉厚的功底，成为人艺的一个典型代表。

人生学习有四种境界：一是阅读聆听，二是认同接纳，三是付诸行动，四是升华境界。只有升华境界，才能创造快乐幸福的人生。罗曼·罗兰曾说："自古能成功成名的无一不是靠理想和抱负，没有一个庸才是靠人事关系而名垂青史的。"

聚焦专一的精神

巴甫洛夫是俄国著名的生物学家。他认为，一个人要想在科学领域取得成就，必须牺牲生活享受，研究必须痴迷、专一。

巴甫洛夫的妻子叫西玛，谈恋爱时，巴甫洛夫经常心不在焉。有一次约会，一见面巴甫洛夫叫西玛把手给他，西玛以为要吻她的手，就把手放在他的唇边，巴甫洛夫按住她的手，停了一会儿说："你的心跳很正常。"说完就匆匆跑向实验室。当时，巴甫洛夫正在研究一个狗心跳的实验。西玛看着巴甫洛夫的背影伤心地哭了。巴甫洛夫结婚时也忘了时间，最后在实验室里才找到了他。

1904 年，由于巴甫洛夫在研究消化生物学方面的突出贡献，他获得了诺贝尔生物学和医学奖。巴甫洛夫自己承认："我一生献给了实验室。"

人生成功的基本原则，在于聚焦、聚焦、再聚焦。如同打井，你打十口但没打出水，而我只打一口深井，不仅打出水，而且是甜水。做学问也是这个道理，贵在聚焦专一。不怕事难，就怕心不专。一个人要干一番事业，没有一种聚焦专注精神是不行的。

点滴积累的恒心

两个大学毕业生，分配到同一企业，三年后差距被大大拉开。

一个是工作，挣钱，按时上下班，领导让干什么就干什么。

一个认为，工作是为了生计，但比生计更重要的，就是充分挖掘自己

的潜能，发挥自己的才干。他的做法是：

1. 下班晚走点。下班人都走了，销售经理没走，他留下来，看看能否帮上忙。有时帮忙找一个文件，有时帮忙打印材料。

2. 早上早到一点。提前做好一天工作的准备。

3. 平时多学一点。有什么好书都买来看。

4. 工作多想一点。谈起工作头头是道。

这就是他与另一个青年拉大差距的原因。日本著名企业家盛田昭夫说："如果你每天落后别人半步，那一年就是 183 步，10 年后即十万八千里。"因此，人生成长要树立"点滴意识"，滴水穿石、铁杵成针，成功就是每天点滴积累的结果。

世界上大多数人都在为薪水工作，如果你能做到不为薪水而为成长、能力工作时，你就迈出了成功的第一步。

脚踏实地，训练技能

俗话说："欲速则不达。"做人做事还需忍耐，步步为营。凡是成大事者，都力戒"浮躁"二字。只有踏踏实实行动才可能开创成功的人生局面。急躁会使你失去清醒的头脑，在你奋斗的过程中，浮躁占据着你的思维，使你不能正确制定方针、策略而稳步前进。所以，任何一位试图成大事的人都要遏制住浮躁的心态，只有专心做事，才能达到自己的目标。

古代有个叫养由基的人精于射箭，且有百步穿杨的本领。据说连动物都知晓他的本领。一次，两只猴子抱着柱子，爬上爬下，玩得很开心。楚王张弓搭箭要去射它们，猴子毫不慌张，还对人做鬼脸，仍旧蹦跳自如。这时，养由基走过来，接过了楚王的弓箭，于是，猴子便哭叫着抱在一块，害怕得发起抖来。

有一个人很仰慕养由基的射术，决心要拜养由基为师，经过两次三番的请求，养由基终于同意了。收他为徒后，养由基交给他一根很细的针，要他放在离眼睛几尺远的地方，整天盯着针眼看，看了两三天，这个学生有点疑惑，问老师说："我是来学射箭的，老师为什么要我干这莫名其妙的事情，什么时候教我学射术呀？"养由基说："这就是在学射术，你继续看吧。"这个学生开始还好，能继续下去，可过了几天，他便有些烦了。他心想，我是来学射术的，看针眼能看出什么来呢？这个老师不会是敷衍我吧？

养由基教他练臂力的办法，让他一天到晚在掌上平端一块石头，伸直手臂。这样做很苦，那个徒弟又想不通了，他想，我只学他的射术，他让我端这石头做什么？于是很不服气，不愿再练。养由基看他不行，就由他去了。后来这个人又跟别的老师学艺，最终没有学到射术，白走了很多地方。

其实，如果他能脚踏实地，不好高骛远，甘于从一点一滴做起，他的射术肯定会有很大的进步。

秦牧在《画蛋·练功》文中讲道："必须打好基础，才能建造房子，这道理很浅显。但好高骛远，贪抄捷径的心理，却常常妨碍人们去认识这最普通的道理。"从处世谋略上讲，"是技皆可成名天下，惟无技之人最苦；片技即足自立天下，惟多会之人最劳。"若什么都只是浅尝辄止，不肯钻研却又想马上取得成效，是不可能的。好高骛远者并非一定是庸才，他们中有许多人自身有着不错的条件，若能结合自己的实际，制订切实可行的行动目标，是会有光明前途的。如果一味追求过高过远的目标，就会成为高远目标的牺牲品。

现在有许多年轻人不满意现实的工作，羡慕那些大款或高级白领，总是想跳槽。其实，那些人大多看似风光，但其中的艰苦搏杀也非一般人所能承受。没有十分的本领，就不应做此妄想。我们还是应该脚踏实地，做好基础工作，一步一个脚印地走上成功之途。

千里之行，始于足下

俗话说得好，不积跬步，无以至千里；不积小流，无以成江海。罗马城不是一天就能建成的。

任何事情，都必须从基础做起。只有懂得每天认真做事情的人，才会每天进步一点点，这样一点点的积累，最终才能走向成功。希望绕过这些积累的过程，直接到达成功的人，将永远只是一个庸人。

有许多年轻人根本不屑于认真做事情，做那些基础的事情在他们眼里，

甚至是一种无能的表现。这些不屑于做基础之事的年轻人认为，自己是一个才华满腹的人，怎么能做这种没有什么技术要求或者文化要求的基础事情呢？

殊不知，就是这样的认知，才使得他们最终走上了默默无闻的道路。

大凡历史上有名的人，哪一个不是脚踏实地，一步一个阶梯，才最终走向成功的呢？

越王勾践，正是那种不屑于从基础做起的态度，才使自己不了解民情，致使自己的国家逐渐虚弱，以致最后被敌人看准了机会，轻易被灭。勾践在做俘虏的那一刻，才悔不当初。正是由于这样的耻辱，勾践下定决心一切从基础开始，从头学习，才有了 20 年的"卧薪尝胆"。正是这 20 年最基础的磨炼，才使得越王勾践夺回了江山。

可见，只有踏实于基本功的人，才能最终获得成功。之所以如此，是因为有了一个坚实的基础，才经得起任何风吹雨打。

也有人说这都是历史故事，和今天高科技社会已经没有任何关系了。以前的那一套完全不适应今天这个社会。

这是大错特错的想法。拥有这种思想的人，是不会有任何发展的。

要知道，即使是现代社会，"基本功"依然是一切事情的最重要环节，一切都得从基本功做起。纵观如今的成功人士，哪个不是踏实认真，从基本功做起的？且不说从基础工作做起的公司老总们，就算只是个小小的公司职员，也都是因为掌握了公司所需要的基本能力，才被聘用。试问，有哪一家企业的老板喜欢用那些没有认真练习过基本功的人？

没有进行过基本功练习的人，就犹如墙上芦苇，头重脚轻根底浅，山间竹笋，嘴尖皮厚腹中空。

基本功，是大厦之本，是成功之本。因此，只有拥有了坚实的基本功，才会使得万丈高楼平地起。只有脚踏实地地做事，才会获得心灵的安宁。认真对待基本功，坚守、努力、少走弯路，总有守得云开见月明的时候。

魔鬼训练营——职业规划七步曲

该怎样为自己设计职业规划呢？你应该用有条理的头脑为自己要达到

的目标规定一个时间表，即为自己的人生设置里程碑。职业生涯规划一旦设定，它将时刻提醒你已经取得了哪些成绩以及你的进展如何。

第一，要清楚你需要什么。

写下十件未来五年内你认为自己应做的事情。要确切，但不要有限制和顾虑哪些是自己做不到的，给自己的头脑充分的空间。

或者你设想："我死的时候会满足，如果……"想象假设你马上将不在人世，什么样的成绩、地位、金钱、家庭、社会责任状况能让你满足。

第二，做好优势／劣势／机遇／挑战的分析。

分析完你的需求，试着分析自己的性格、所处环境的优势和劣势，以及一生中可能会有哪些机遇，职业生涯中可能有哪些威胁，等等。这是要求你试着去理解并回答这个问题：我在哪儿？

第三，为自己设定长期和短期的努力目标。

根据你认定的需求以及自己的优势、劣势、可能的机遇等，来勾画自己的长期和短期的目标。例如，如果你分析自己的需求是想授课，赚很多钱，有很好的社会地位，你可选的职业道路便会明晰起来。你可以选择成为管理讲师，这要求你的优势包括丰富的管理知识和经验，优秀的演讲技能和交流沟通技巧。有了长期目标，然后就可以制定短期目标来一步步实现。

第四，在努力过程中找到阻碍你成功的因素。

写下阻碍你达到目标的自己的缺点，以及所处环境中的劣势。它们可能是你的素质方面、知识方面、能力方面、创造力方面、财力方面或是行为习惯方面的不足。当你发现自己的不足的时候，就要下决心弥补它，这能使你不断进步。

第五，制订具体行动计划。

现在写下你要克服这些不足所需的行动计划，要明确，要有期限。你可能需要掌握某些新的技能，提高某些技能，或者学习某些新知识。

第六，不要羞于寻求帮助。想一下你的父母、老师、朋友、上级主管、职业咨询顾问中，有谁可以帮助你。外力的协助和监督会帮你更有效地实现目标。

第七，分析自己的角色。

　　如果你目前已在一个单位工作，对你来说进一步的提升非常重要，你要做的便是进行角色分析。反思一下这个单位对你的要求和期望是什么，作出哪种贡献可以使你在单位中脱颖而出？大部分人在长期的工作中趋于麻木，对自己的角色并不清晰。但是，就像任何产品在市场中都要有其独具特色的定位和卖点一样，你也要做些事情，一些相关的、有意义和影响但又不落俗套的事情，让这个单位知道你的存在，认可你的价值和成绩。成功的人会不断对照单位的投入来评估自己的产出价值，并保持自己的贡献在单位的要求之上。

　　总之，要经常思考自己的前途，策划每个阶段的发展模式，而不要放弃追求。当你开始有所计划的时候，就已经将打开成功之门的钥匙握在手中了！

学习篇

任何停止学习的人都已进入老年，无论他是 20 岁还是 80 岁。坚持学习的人则永葆青春。

——亨利·福特（美）

一个人要成功，当然需要不断地行动与积累经验，然而得到经验最快的方法，就是向一些成功者询问，请他们给你一些建议，请他们告诉你，你做对了什么事情，做错了什么事情，或让他们用他们的智慧指导你，这样比你看任何书籍都要有效。

——洛克菲勒（美）

那脑袋里的智慧，就像打火石里的火花一样，不去打它是不肯出来的。

——莎士比亚（英）

想象力比知识更重要。

——爱因斯坦（美）

完成工作的方法是爱惜每一分钟。

——达尔文（英）

Part7

学习能力训练

用学习代替拼命

▌▌▌及时充电，储备知识财富

"江郎"也有才尽时

英国哲学家斯宾塞说："我们的生活由于无知而普遍地缩短。"真是一语中的。那些曾经昙花一现的成功者，各领风骚两三年的风云人物，看到这句话，可以"痛定思痛"了。现在的时代，工作节奏快、市场变化快、知识更新快，一个人如果不学习，必将被社会所淘汰。所以，我们要谨记"仲永"之痛，绝不能做一个"无知"的人。

这里所说的"无知"，是广义的，它包含三层意思：一是确实没有任何知识，也没有求取新知的意识和能力，这是绝对的无知；二是有一定甚至是相当的知识，但稍有成绩后便固步自封，不思进取，无足够的新知（新资讯、新信息、新思维等），永远都是孙悟空的皮袄——老一套，这是相对无知——无新知；第三是另一种相对"高级"的无知，即有知识基础，也在不断求取新知，但努力不够（自己尚沾沾自喜），知识积累和更新的速度不如竞争对手，相对而言，也属"无知"了。由于竞争成败的关键取决于知识和信息的传播速度，因此，当你的知识更新的速度慢于竞争对手时，你会输给对手。

南朝人江淹，自幼勤奋好学，每天从早到晚都在父亲的书房里读书吟诗，只有饭后才和小伙伴玩一会儿。因此，他长大后写出了很精彩的诗文，

一时间名声大振；特别是《恨赋》《别赋》二篇，更为历代所传诵。当时文坛尊称其为"江郎"。

此后因其才高八斗被举荐入官。江淹经常边喝酒边办公，酒毕，公文也已拟就。其才学深得上司赏识，曾官至"金紫光禄大夫"。但是，随着官位日高，声名日盛，江淹变得自满自足起来，他不再注重学习，整日只知饮酒作乐，致使青年时期的文思和才华大大减退，而终致"江郎才尽"。

亨利·福特曾告诫世人："任何停止学习的人都已进入老年，无论他是 20 岁还是 80 岁。坚持学习的人则永葆青春。"

无知使我们胸怀狭窄、目光短浅，使我们安于现状、固步自封，使我们骄傲自满、松懈怠惰，一句话，使我们丧失了最可贵的创新精神和创造力。

人类的通病，是当得到好处的时候，或者事业稍有成就了，就容易耽于安逸，安于现状，固步自封，不想再求新向上，降低求知的热情。长此以往，不进反退，终要被时代潮流所遗弃。

我们思虑及此，就会领悟到，即使今日看来最完善的事，到了明天，或者又会有新的方法和新道路可行。如果只是以得过且过的态度从事企业经营，实在是令人忧心。

因此，我们要时常由内心生出警惕，激发求新的欲念，唤起求知进取的精神，这才是面对时代潮流应有的态度。

学无止境，尤其是在当今这个知识更新速度飞快的时代，一个人不可能守着文凭当饭吃，也不可能完全依靠一种技能包打天下，任何一丝懈怠，都有可能让曾经的辉煌成为明日黄花，同时让未来的人生之路毁于一旦。因此，我们每一个人都应该谨记"江郎"之痛，时刻为自己储备知识食粮，这样才不致被日新月异的时代所淘汰。

莫错过积累金矿的"黄金期"

有一句老话叫"少壮不努力，老大徒伤悲"，这在道出了积累知识的重要性的同时，也为我们道出了一个积累知识的"黄金期"的问题。在人的一生中，总有一段属于自己的"黄金期"，在这一阶段学习知识，更有利于知识的积累。对于每一个人来说，其"黄金期"也不尽相同，但是，总体而言，青年时期是大多数人求知欲最旺盛、学习能力最佳的时期，在这一时期所积累的知识和经验，以及形成的思想意识，将在很大程度上决定着一个人一生的命运。

或许有人会说，当今引领时代潮流的人物，没有多少是在年轻时就取得了辉煌成就的，大多数成功人士到了四五十岁时才拥有了自己的事业，如此说来，有关"黄金期"的说法似乎站不住脚。可是，持有这种观念的人并没有想过，那些成功人士之所以能有四五十岁以后的辉煌，正是由于他们年轻的时候就已经为自己的事业奠定了坚实的基础——知识基础。

创造了震惊美国、震惊世界的"林奇现象"的彼得·林奇，是美国现代金融界的奇人，在华尔街的投资大师中占有一席之地。林奇33岁时就成为了麦哲伦公司的总经理。他本人从小在艰苦的环境中长大，他的成功，完全得益于年轻时的奋斗。

林奇10岁时父亲去世，为生活所迫，他不得不在11岁那年开始在一家高尔夫球场做球童。在那里，小林奇常常从球手们的谈话中零星地了解到股票方面的知识，这使他初步感受到股票的巨大魅力。也就是从那时开始，林奇下定决心要在长大以后从事股票经营的事业，并且要在这项事业中实现自己的人生价值。

18岁时，林奇进入波士顿学院，专门学习关于金融银行投资方面的专业知识。他十分珍惜这样系统学习的机会，开始有目的地钻研与投资有关的问题。

不过，与其他同学不同，林奇在必修课外，还专修了一些诸如玄学、认识论、逻辑、宗教和古希腊哲学等似乎与金融投资根本不相干的课程。在他看来，股票投资是一门艺术，而不仅仅是一门科学，它需要更多的综合素质。而且，一个没有渊博知识并具备全面素养的人，是根本成不了股市大师的。在这种思想的指引下，林奇开始一点点地却又系统地积累起了自己的知识"金矿"。

在此期间，林奇经过认真分析之后，用自己当球童挣来的1250美元，以每股7美元购进了他的第一笔股票，结果在短短的两年里，该股票由原来的7美元一下子涨到近33美元。靠着这笔股票的赢利，林奇读完了研

究生，获得了沃伦金融学院经济学硕士学位。

此后不久，林奇进入麦哲伦公司，在那里从事调研工作。在经过短短几个月的锻炼之后，林奇对当时学术界关于股票市场的理论感到怀疑。他直观地意识到，在沃伦大学所学的那些书本上的投资理论，在实践中似乎很少能够派上用场，甚至还有可能导致投资失败。为了冲破各种理论的束缚，寻找股票分析和投资分析更有效的途径，他抓住在沃伦金融学院难得的学习机会，不断地扩大知识面，又开始了统计学、高级运算和数理分析等课程的学习；同时，他更加注重在公司里的实践机会，这为他日后的腾飞奠定了坚实的基础。

经过几年的学习和实践，林奇终于成为了一名卓越的投资实践家，他那精确而及时的股市预测，使麦哲伦公司在股票业务上获得了巨大的利益，同时林奇也将自己一手推向事业的高峰，从投资部副主任晋升为该部主任，最后如愿以偿地当上了麦哲伦的总经理。

在以后的商场奋斗中，林奇依靠独特的"林奇经验"，创造了美国金融投资史上的一个新神话——"林奇现象"。

可以说，如果没有努力地学习和知识积累，林奇不可能年纪轻轻就事业有成。而事实上，像林奇一样，世界上任何一位在事业上取得辉煌成就的人物，无一不是在年轻的时候就为自己的将来积累下了丰富的知识财富。

人生没有用不到的经验。知识作为一种"不动产"，是一个人一生中最为珍贵的"经验"，只有趁着年轻多积累，它才会有朝一日成为你创业路上的利刃，助你实现人生的超越。所以，趁着年轻，我们应该发奋学习各种有用的知识，而绝不应该虚度光阴。

与此同时，对于所学的知识要不断巩固，更为重要的是用所学的东西去指导工作，做到学以致用。应将自己所掌握和控制的知识当作资产好好经营，要尽量使其升值，不要抱着金碗讨饭吃，身在宝山不识宝。

充实自己的"知识仓库"

现代社会的飞速发展，使知识成为人们谋求富足的最重要的工具。只有不断地学习，持续地读书，才能不被时代抛弃，才能与时俱进。

知识，是人类世世代代文明的结晶。它滋养我们的头脑，启迪我们的智慧，颐养我们的个性。谁想增长才能，谁想认识社会，谁想了解为人之道，谁就应当和书本交朋友。读书，还有助于交流信息，开拓视野，扩展心胸。既然知识有这么多好处，我们有什么理由不用心读书呢？

那么，如何提高自己的知识修养，用什么方法自学，充实自己的"知识仓库"呢？

首先，要养成爱读书、善读书的良好习惯。英国哲学家培根说："读书足以冶情，足以博采，足以长才……读史使人明智，读诗使人灵秀，数学使人周密，科学使人深刻，伦理学使人庄重，逻辑修辞学使人善辩。凡有所学，皆成性格。"读书的好处怎样形容也不过分。

读书要讲究实效，不搞形式主义；读书时还应适当做些笔记，既可加深记忆，又备日后经常翻阅之用，以便"温故而知新"，不断巩固学过的知识。

其次，应结合本职工作并根据个人特长，选择学习材料。学习好比行舟，没有目标，小船在大海中随波逐流，很难顺利地到达理想的彼岸。

我们应结合自己的本职工作选择目标，以便"学以致用"。有些青年人强调自己的兴趣爱好，当厨师的不肯钻研烹饪技术，却想写小说。

其实，兴趣不是天生的、固定不变的，它是长期的社会影响、教育或训练的结果。这就是心理学家所说的"可塑性"。正因为有这种可塑性，所以兴趣既可以培养，又可以改变。

尽管你对自己的本职工作原来兴趣不大，但只要你热爱本职工作，富有钻研精神，就完全可以在工作、学习的实践中，逐步培养出对本职工作的兴趣，并自学成才。

不断充电，天天向上

自强不息、追求进步的意识，持续学习、不断充电的精神，是一个人卓越超群的标志，更是一个人成功的征兆。

李嘉诚虽然年岁渐老，但依然精神矍铄，每天要到办公室中工作，从

没有过半点懈怠。据李嘉诚身边的工作人员称，他对自己业务的每一项细节都非常熟悉，这和他几十年养成的良好的生活工作习惯密切相关。

李嘉诚晚上睡觉前一定要看半小时的新书，了解前沿思想理论和科学技术，据他自己称，除了小说，文、史、哲、科技、经济方面的书他都读，每天都要学一点东西。这是他几十年保持下来的一个习惯。他回忆说："年轻时我表面谦虚，其实内心很'骄傲'。为什么骄傲？因为当同事们去玩的时候，我在求学问，他们每天保持原状，而我自己的学问日渐增长，这可以说是自己一生中最为重要的习惯。现在仅有的一点学问，都是在父亲去世后，几年相对清闲的时间内每天都坚持学一点东西得来的。因为当时公司的事情比较少，其他同事都爱聚在一起打麻将，而我则是捧着一本《辞海》、一本老师用的课本自修起来。书看完了卖掉再买新书。每天都坚持学一点东西。"

李嘉诚能有今日成就，绝非偶然。他靠着自己的勤奋努力在商场上纵横驰骋，终成其霸业，每天都坚持学一点东西，使他始终没有被快速发展的时代抛到后面，也使他有足够的智慧应对商场中的各种风险。

要舍得花钱投资自我

年轻人初入社会，要明白一个道理：成功者一般都"懂得投资自己"，就是把自己收入的一部分，花在资讯搜集或能力开发上面。

我们只要有经济条件，首先应投资于教育。实际上，当你还是一个穷人时，你所拥有的唯一真正的资产就是你的头脑，这是我们所控制的最强有力的工具。当我们逐渐长大时，每个人都要选择向自己的大脑里注入些什么样的知识。你可以整天看电视，也可以阅读高尔夫球杂志、上陶艺辅导班或者上财务计划培训班，你可以进行选择。

日本现在的白领阶层中，在工作之余学习各种才艺，上空中大学（广播电视大学）或专科学校取得资格的人，竟多达二十六万人。他们这样进行自我投资，目的是为了提升自己的职位。因为他们知道，一旦你放松了求知的脚步，马上会被人赶超过去。

例如：你具有某方面的执照，周围的人们会视你为专家。需要这方面的知识时，第一个就会想到你，因为你在这方面的表现优异，对你的升迁十分有帮助。所以大家才会积极地为提高自己的能力而努力。

在当今知识经济的社会里，知识越发凸显出它超常的价值，在知识和信息方面落后于人，很快就会被社会淘汰。社会的发展越来越快，可谓日新月异，知识的更新也越来越快，年轻人若想成为社会的弄潮儿，而不是落伍者，就一定要紧跟时代的步伐，随时把握时代发展的脉搏，及时调整自己，了解自己需要哪些知识来武装自己，并以最快的速度为自己充电。这是当今时代一个年轻人在社会立住脚跟，并取得成功的必不可少的素质。

因为自我投资非常重要，所以在必要的投资上不能舍不得花钱，因为你要想到它给你带来的效益可能远远超过你为它所投入的。现在的年轻人学电脑、学英语、学开车成为时尚，即使一时用不上，但他们明白"知识用时方恨少"的道理，往往在你需要的时候，比如在应聘一个重要职位的时候，才发现现学是来不及的。所以平时就要了解社会发展的动态和趋势，了解什么是当前社会中最有用的知识，就要尽快地去掌握它。这样机会到来时，你才会发现你比别人有更大的筹码和胜算。

打造真才实学的人生王牌

常言道，"三十而立"。三十岁建功立业可谓早，至于通常的安身立命，三十才立就嫌晚了一点。年轻人，在二十五六岁时如果还没拥有相对稳定的职业，会急的。所以，务必在你刚刚成为公民的那个年龄就得着眼于未来。不要荒废时光，毋贪眼前之乐，年少尽量多学点文化，打开眼界，拓宽思路，启迪智慧，年稍长后才有在生活的夹缝里游刃有余的资本。不要自卑自贱，也不要好高骛远。人活在世，读透了一部书抑或精干一件事，就不用心慌，就算有挫折，也是暂时的。社会机制本身必然为学有所专的人提供机会，因为社会的运转需要这样的人。

要想成就一番事业，就需要有一笔资本，你是否想过，你的资本在哪里？实际上，资本就在你自己身上，你的知识，你的经验，你的技能。

要知道，平时在学识与经验上的努力，是你在危急关头最有力的支持。

一个建筑师，平时他只要拿出一半的经验，就足以应付一般工作，可是到了重要关头时，就必须搬出他所有的技术、学识与经验来应付，他的"资本"到那时才会一显真相。又比如，一个商人，平时他可以随意经营，但不会就此下去，他必须学会更大的本领，好在遇到逆境时搬出来应付。

同样，一个人初入社会时，也要有尽可能多的准备，在初创事业时，或许只要一部分学识就足以应付，但到了他的事业渐渐发展大了的时候，就必须把所有的学识都搬出来应用了。

累积起来的学识与经验，是成功的资本，年轻人必须储存这些资本，应当集中精力、毫不懈怠、积年累月地进行。这样累积起来的资本才是无价之宝，你必须趁年轻时，把握机会，努力学习，那么你将来的"收成"一定会很可观。

若你做事没有进步的话，这是最可怕的。当你初离学校时，可能抱着很大的希望，想尽一切力量，完成一桩伟大的事业；或者打算努力自修，以求做事进步，准备开始去过愉快的社会生活，或建立一个理想的家庭。

但等你刚一开始工作时，一切外界的诱惑就纷纷来到，它们使你不能安心自学、工作，甚至把你拖入堕落的深渊里。若你对工作不再感兴趣时，那就糟了，一切人生的愉快、幸福、安乐都将离开你。除非你幡然醒悟，痛下决心，重新踏上一个追求进步的轨道里；不然的话，随着你的年纪渐增，才能开始渐退，就只好过着失败的生活了。

请你现在就下定决心！不论你的情况怎样，不要忘记"求上进"，不随意消耗任何时间在没有意义的事情上。你的学识、经验、思想没有一样可以不求进步，若你能这么去做，即使在你的工作受阻时，也会有力量求得恢复。

只要具有真才实学，就不怕各种阻挠。你若没有大笔财富，世人也会看重你，你的本领是他人无法抢走的。总之，你要尽量培养本领，将它积存起来，这才是你安身立命的根本。

学习要有技术含量

读书要讲究方法

读书也是讲究方法的，我们在阅读的时候要注意以下几点：

1. 博采众长

读书需要广涉群科、博采众长。宽打基础窄打墙，是读书方法之一。欲在任何一个领域中有大的建树，博通是必行之路。科学和艺术看来是相距甚远的领域，可也有许多相通之处。诺贝尔奖获得者格拉索在回答"如何才能造就好的科学家"的提问时答道："往往许多物理问题的解答并不在物理范围之内。涉猎多方面的学问可以提供广阔的思路，如多看看小说，有空去逛逛动物园也会有好处，可以帮助提高想象力，这和理解力、记忆力同样重要。假如你未看过大象，你能凭空想象得出这种奇形怪状的东西吗？对世界或人类活动中的事物形象掌握得越多，越有助于抽象思维。"

2. 莫做书奴

书，本应是人的奴仆，为人所用。可有的人却成了书的奴隶，这不能不令人痛惜。不顾实际、死啃书本的人，甘作书奴，他读书越多，就会变得越痴呆，受书之害会越深。因此，要善于驾驭书本，居高临下地读，而不要将自己埋进书本之中，被书淹没。你应占有书本，而不能为书本所左右、被它占有。有书就要去读，达到为我所用。有了书而不去阅读，是莫大的悲哀。

3. 择优而读

读书，需要选择。试想：一个经常在阅读沉思中与哲人、文豪倾心对语的人，与一个只喜爱读凶杀言情故事和明星花边轶闻的人，他们的精神空间是多么不同，他们显然是生活在两个不同的世界中。

在茫茫书海中，我们要力求寻觅上乘之作、经典之作，要多读名著，多读"大书"。所谓经典名著、"大书"，需要经过时间的沉淀和筛选。一些社会学家曾做过统计，其结论是：至少要横穿20年的阅读检验而未曾沉没，这样的著作方有资格称为经典、名著。

择优读书，需要一种选择、琢磨工夫。我们应汲取前人的经验，将读书效率提高一个层次。

关于读书择优之理，德国哲学家叔本华早就指出：要坚持宁缺毋滥的原则，拒绝坏书。"应该去读那些伟人的或已被事实证明是好书的名著"，只有这样，才能真正称得上开卷有益。

带着疑问去学习

苏格拉底说："问题是接生婆，它能帮助新思想的诞生。"

培根说："如果一个人从肯定开始，必以疑问告终。如果他准备从疑问着手，则会以肯定结束。"

爱因斯坦说："提出问题比解决问题更重要。"

爱因斯坦对他何以如此出色这一问题的解释是："我没有什么特别的才能，不过喜欢寻根刨底地研究问题罢了。"他还说："在科学研究中，提出一个问题，往往比解决一个问题更重要。解决问题只是实验手段的问题，提出问题则需要改变思维方法，有创造能力才行。"

诺贝尔物理奖获得者李政道对学问有这样的理解："学问"两个字，第一个字"学"和第二个字"问"，就是一定要学着怎样去问问题，这才是真正的学问。

早在春秋时期，伟大的教育家孔子就提出了"学而不思则罔，思而不学则殆"的观点。《中庸》中"博学""审问""慎思""明辨""笃行"这五个环节中，三个环节的实质是思。朱熹把多思善疑的主张阐述得更加具体："读书无疑者需教有疑，有疑者却要无疑，到这里方是长进。"陆九渊也有"为学患无疑，疑则有进""小疑则小进，大疑则大进"的见解。

学习就是求学问，要学习得好，就要又学又问。连续不断的问号是引领我们一步步走向成功的向导。

质疑就是对于各种问题都持有怀疑、好奇的态度进行思考。喜欢质疑的人总是能够取得成就的，他们的成功都是伴随着这神奇问号的：

英国大科学家牛顿，从苹果落到地上的现象，提出物体为什么要向地下落的问题，经过反复论证，发表了"万有引力"的理论；从肥皂泡被阳光一照五彩缤纷这个现象，研究出光是由红、橙、黄、绿、靛、蓝、紫七色组成，并根据这一原理制成了色盘，提出确定了新学说。

瓦特小时候就提出水开时壶盖为什么会动的问题，后来发明了蒸汽机。

问号的确神奇，有人说它是探宝的钥匙，有人说它是进步的阶梯，有人说它是开山的"斧"、深耕的"犁"……

学习是一个获取新知的过程。学习知识，光有勤奋还不行，还要能提出问题，还要会质疑问难的方法。学习要开动脑筋，积极思考，要敢于质疑，带着问题学习，提出与众不同的有较高质量的问题。如对一个新课题，可以问这个知识的具体内容是什么；为什么要学习这个知识；学习这个知识有什么用；哪些旧知识和它有联系；这个知识与相邻知识有什么区别和联系……

随着问题的解决，你就能把新知识纳入到原有的认知结构之中。会学，勤问，善思考，能解疑，富有创造能力和实践能力，这才是我们学习最终要达到的目的。

学习，有比较才有鉴别

俗话说，"有比较才有鉴别"，对于学习也是如此，通过比较，可以找出知识之间的区别，加深印象，巩固记忆，增进学习效果。

在学习时我们可以从不同书本与不同理论之间，不同推导与叙述之间，理论与实践之间，原有知识与新学知识之间进行比较，从正面叙述的反思去思考；从概念、判断、推理等逻辑结构上去分析；从论述的原因和结果中去验证，用多种办法去提出疑问、去发现问题，从而求得提高。

具体来说，学习中运用比较可从以下几方面着手：

第一，根据学习的主题，确立比较目的，并选择合适的比较对象，也就是说要明确你进行比较的主题，即比什么。

第二，收集和分析与对象有关的资料如摘抄、笔记等，争取掌握比较对象的基本知识，即对比学习。

第三，制定出一个切实可行的标准，然后把它们按所比较对象的具体比较项目排列出来，逐个研究。

第四，有计划地收集你所需要的数据，分别进行比较学习。如果有需要，应该在适当时候修正第三步中所列示的比较项目。比较学习的内容，

就是对比较的事实、数据进行充分的研究，说明为什么是这样而不是那样，分析形成这一事实的原因和理由。

第五，也是最为关键的一步，分析各个项目的异同，努力找出导致这些差异的原因，然后做出结论。

有时比较的结论在分析的过程中已经直接给出了，这就要求你作出一个总结性的结论。以上看起来差不多，相似的比重很大，但在本质上却大不一样。根据心理学家的研究，客观事物的相似点是记忆发生错误的重要根源之一，而且事物越相似，则对它们的记忆越容易发生错误。因此，为了使记忆精确，不出或少出差错，就应学会在各种类似的事物之间，尽可能地找出它们的不同点来，以便抓住这些不同点，使各种事物的精确形象牢固地保持在头脑中。这就是同类比较法在学习中的应用。

温故知新，加深印象

著名作家巴金的读书方法十分奇特，因为他是在没有书本的情况下进行的。读书而无书的确算得天下一奇了，这到底是怎么回事呢？巴金说："我第二次住院治疗，每天午睡不到一小时，就下床坐在小沙发上，等候护士同志两点钟来量体温。我坐着，一动也不动，但并没有打瞌睡。我的脑子不肯休息。它在回忆我过去读过的一些书、一些作品，好像它想在我的记忆力完全衰退之前，保留下一点美好的东西。"

原来他的读书法就是静坐在那里回忆曾经读过的书。这样有许多好处：

1. 不受条件限制，可以充分利用时间

巴金举了个例子：在苏联卫国战争期间，列宁格勒长期被德军包围的时候，有一位少女在日记中写着"某某型，《安娜·卡列尼娜》"一类的句子。当时没有电，也没有蜡烛，整个城市实行灯火管制，她不能读书，而是在黑暗中静坐回忆书中的情节。托尔斯泰的小说帮助她度过了那些恐怖的黑夜。

2. 温故而知新

通过回忆，将过去读过的书拿出来一点点地咀嚼，就像牛反刍一样，能进一步消化吸收。每回忆一次都会有新的理解、新的认识、新的收获。

3. 能够不断地从已读过的书中吸取精神力量

巴金说："我现在跟疾病作斗争，也从各种各样的作品中得到鼓励……即使在病中我没有精神阅读新的作品，过去精神财富的积累也够我这有限余生消耗的。一直到死，人都需要光和热。"

巴金先生的读书法，实际上就是常说的温故而知新。在我们的学习中，更需要这样一种精神，这样才能使我们牢固掌握所学的知识，为将来的发展打下良好的基础。

复习按间隔时间的长短一般有三种方法：

第一种方法是当天的课要及时复习。老师刚刚讲过的知识，印象清晰、深刻，有新鲜感，记忆起来有力气、省时间。及时复习能收到事半功倍的效果，如果等到快忘光了再复习，就事倍功半了。有一位教育家说得好：应该去巩固知识，而不是去修补已经瓦解了的东西。这就是说：要及时复习，趁热打铁。

第二种方法是学习了一段时间后要进行阶段复习。一般情况下，老师在讲完一阶段课程后，都要辅导学生复习讲过的旧课。这时候，一定要按照老师的要求，将这一阶段的知识系统地复习一遍。

阶段复习可以使知识系统化，前后呼应，融会贯通，可以加深理解，产生温故而知新的效果。同时，阶段复习还可以避免考试前突击复习的忙乱。

第三种是天天见面的复习方法。

学习外语、语文要用天天见面的方法。每天早上起来，趁空气好、头脑清醒，背诵外语单词，背诵语文课文，效果最好。背诵外语和语文，想毕其功于一役是办不到的。要天天朗读，天天背诵，就是背会了还要天天"见面"，才能牢牢记住。这是学习语言的一个重要特点。

无论采用哪种复习方法，都不要看书，可以先凭自己的记忆来回想，如果一时想不出来，也不要轻易放弃所做的努力，还要继续回忆，哪怕是一点点记住的知识也要从记忆中挖出来。然后，对照书本，校对一下自己记忆的内容是否准确，有没有遗漏。

如果经过这样一番苦功去记忆背诵，不但能牢牢记住学过的知识，而且还能锻炼自己的记忆力。

循序渐进，逐步消化

我们生活在知识的海洋中。要有强烈的求知欲才能获得知识，但必须按照知识本身的规律——循序渐进地去学习，要在既不造成消化不良，又要"吃饱"的原则下，力所能及又最大限度地去消化知识、吸收知识。

所谓"循序渐进"，就是指按照一定的顺序，有计划有步骤地进行学习。

"或问读书之法，其用力也奈何？曰：'循序渐进。'"这就是南宋哲学家、教育家朱熹在《读书之要》中提出的循序渐进法的原文。什么叫循序渐进？朱熹随后作了详尽的解释：以两本书而言，则"通一书而后及一书"，以一本书而言，则"篇章文句首尾次第，亦各有序而不可乱也"。他还要求："未及乎前，则不敢求其后，未通乎此，则不敢妄乎彼。"

循序渐进是掌握知识的规律，也是学习文化知识的必由之路。学习，就像攀登台阶，步步稳重、拾级而上，不断地借助"旧知"去获得"新知"，慢中求快，稳中求好。

那么，为什么要循序渐进呢？朱熹以生动的比喻说，"譬如登山，人多要至高处，不知自低处不理会，终无至高处之理。"朱熹的这个主张说明：读书要选定一个目标由浅入深，从最基本的书读起，读通一本然后再读另一本，读通一节然后再读另一节；而不能不分主次先后、杂乱无章地乱读一气。朱熹在《同学录》中还写道："读书之法，谓始初一书费十分工夫，后一书费六分，又后则费四五分矣！此即所谓势如破竹，数节之后，迎刃而解。"这是治学的一条规律。刚开始读书，由于自己的知识底子薄弱，必须先打好基础。打基础就得一板一眼实实在在，宁肯多花点时间、多使些力气。基础打牢了，在上面盖房子就快了。如果一味贪快，基础打得不牢靠，到头来还要返工，那就得不偿失了。

有的人读书性子急，一打开书就匆忙朝前赶。朱熹批评他们像饿汉走进饭店，见满桌大盘小碟，饥不择食，狼吞虎咽，食而不知其味。究竟怎样读书呢？朱熹的方法是："字求其训，句索其旨，未得乎前，则不敢求其后，未通乎此则不敢志乎彼，如是循序渐进，则意志理明，而无疏易凌躐之患矣。"也就是说要一个字一个字地弄明白它们的含义，一句话一句话地搞清楚它们的道理。前面还没搞懂，就不要急着看后面的。这样就不会有疏漏错误了。

他还说："学者观书，病在只要向前，不肯退步，看愈抽前愈看得不分晓，不若退步，却看得审。"就是说，读书要扎扎实实，由浅入深，循序渐进，有时还要频频回顾，以暂时的退步求得扎实的学问。

勤于思考，举一反三

有的人不善于消化，更不会吸收；有的人则能把知识学活，举一反三，甚至有所创造，因而对每个人都有一个能消化、会吸收的问题。做到"能"与"会"是至关重要的。除了学习态度和基础之外，只要在思维上、方法上提高与改进，持之以恒，坚持不懈，定会得到更高的学习效率和更好的学习效果，定会成为知识营养丰富的人。

举一反三，首先强调的是对"一"的观察和思考，即必须先寻找原型和启发物，激发兴奋点。

自人类的第一架飞机上天 30 年后，由于速度的提高，飞行时出现了机翼颤振现象，它常使机翼突然断裂甚至破碎，酿成了很多惨重的飞行事故。颤振问题成了飞机设计师们非常头疼的事情。正当工程师的思维受阻时，他们把视线转移到了高速飞行的蜻蜓身上，有一种黄褐色、身长只有 3 厘米的海蜻蜓飞速极快，它那两对透明的翅膀平行伸展，飞翔时特别平稳。说明蜻蜓有一种对抗颤振的高超本领。

这是为什么呢？

经过工程师们的仔细观察和分析研究，发现在蜻蜓的翅膀末端前缘有发暗的色素斑——翅痣。若将它们切除，蜻蜓再飞时就会摇来荡去非常不稳。可见，翅痣就是蜻蜓对抗颤振的"秘密武器"。

这是一个重要发现。

于是，工程师们开始举一反三，他们模仿蜻蜓的这种抗颤装置，在机翼的末端前缘也增设了类似"翅痣"的"加厚区"或配重，从而消除了机翼的颤振现象。

由对"翅痣"的观察研究，进而获得新的发现和思路，开始模仿创新，这类发明实践不止一例。例如，青蛙的眼睛善于跟踪运动目标，人们便研究青蛙眼的结构与原理，设计出模拟蛙眼的电子模型——技术仿生系统，

这样的"电子蛙眼"能跟踪天上的卫星以及监视空中的飞机；狗鼻子一向以灵敏著称，它能嗅出 200 万种物质的不同浓度和气味，嗅觉比人灵敏 100 万倍。现在，人以不同物质气味对紫外线的选择性吸收为信息，模拟研制出"电子鼻"，其检测灵敏度可达狗鼻子的 1000 倍，"电子鼻"可用于监测环境和安全保卫工作。此外，科技人员还发明了"人造眼"，用在某些交通工具上，可自动选择着陆场地和自动巡行；发明了"蝇眼照相机"，可一次照出千百张相同的照片，可用于印刷制版和大量复制电脑的微小电路；发明了"水母耳"（风暴预测仪），可提前 15 小时发出大风强度、方向等的预报。

此外，人造血、人造皮肤、人工肾、人工心脏瓣膜等一类冠于"人造"字样的产品，也都是举一反三的发明成果。

举一反三，"举一"是基础，"反三"才是关键。"反三"反得好不好，关键看思路。

学会了一门知识，往往对学习新的知识产生积极的影响，甚至可以举一反三，触类旁通，这主要是学习迁移的关系。

向身边的成功者学习

成功者是你的学习榜样

古希腊的父母们对于孩子们在白天上几个小时的课感到不满足，他们就想办法让孩子们与老师共同生活几年。他们相信，与老师生活的体验是更好的"学校"。

我们生活中大部分的朋友都是偶然得来的，尤其是刚步入社会的年轻人。我们或者和他们住得很近，因而相识；或者是以未曾预料的方式和他们相识了。结交朋友虽出于偶然，但朋友对于个人进步的影响却很大。因而交朋友宜经过郑重的考虑之后再决定。

《穷爸爸富爸爸》一书的作者罗伯特·清崎先生说：

少年时代，我非常崇拜威利·梅斯、汉克·阿龙、约吉·贝拉，他们是我心目中的英雄。作为青少年棒球联赛的参加者，我希望自己能像他们那样。我珍藏着他们的球星卡，我想知道与他们有关的一切。我知道他们的平均击球得分，他们挣多少钱，以及他们是怎样在少年棒球联赛上崭露头角的。

在我9到10岁的时候，每次当我上场击球或打第一垒或充当接球手时，我便不再是我自己，我成了约吉或者汉克，这是我学到的最有力量的方法之一。但当我们长大成人后，却失去这种能力，我们失去了心目中的英雄，我们失去了过去的天真。

今天，我看到年轻的小伙子们在我家附近打篮球。在庭院里他们不再是小约翰尼，他们是迈克尔·乔丹、奥尼尔和约翰逊。模仿或赶超大英雄确实是一条很好的学习途径。所以，当像辛普森这样的人物名誉扫地时，人们会感到巨大的震惊和不安。

这不仅仅是一场法庭审判，更是英雄的失落。一个伴随着人们成长起来的人，一个人们仰慕的人，一个人们奉为楷模的人，突然之间变成了必须从人们心目中抹去的人。

随着年龄增长，我心目中又有了新的英雄，如高尔夫球英雄彼得·雅各布森、弗雷德·库普勒斯和泰戈尔·伍兹。我模仿他们的动作，竭尽全力去搜集与他们有关的资料。我还崇拜像唐纳德·特拉姆、沃伦·巴菲特、彼得·林奇、乔治·索罗斯和吉姆·罗杰斯这样的投资家。现在我年纪大了，但我还像小时候记得 ERAS 或 RBI 的棒球明星那样记得这些新英雄的情况。我跟随沃伦·巴菲特的选择进行投资，还阅读有关他对市场的所有看法；我阅读彼得·林奇的书，以弄懂他怎样选择股票；我还阅读了有关唐纳德·特拉姆的书，试图发现他进行谈判的撮合交易的技巧。

就像在棒球场上一样，我不再是我自己。在市场上或进行交易谈判时，我下意识地模仿特拉姆的那种气势；当分析某种趋势时，我学着像彼得·林奇那样思考，通过偶像的模范作用，我们发挥出自身巨大的潜能。

英雄人物不仅仅激励我们，他们还会使难题看起来容易一些。正因为如此，英雄人物激发我们努力做得像他们一样，"如果他们能做到，那我也能。"

洛克菲勒对儿子说："一个人要成功，当然需要不断地行动与积累经验，然而得到经验最快的方法，就是向一些成功者询问，请他们给你一些建议，请他们告诉你，你做对了什么事情，做错了什么事情，或让他们用他们的智慧指导你，这样比你看任何书籍都要有效。"

与成功者为伍，你能快速成功

心理学研究表明，环境可以让一个人产生特定的思维习惯，甚至是行为习惯。环境能够改变我们的思维与行为习惯，直接影响我们的工作效能与生活。和成功人士在一起，有助于我们在身边形成一种"成功"的氛围。在这种氛围中，我们可以向身边的成功人士学习正确的思维方法，感受他们的用心，了解并掌握他们处理问题的方法。

有这样一个故事，从中我们可以知道和成功人士在一起有多么重要。

"为什么你能成为千万富翁，而我只能成为百万富翁，难道我还不够努力吗？"一位百万富翁向一位千万富翁请教道。

"你平时和什么人在一起？"

"和我在一起的全都是百万富翁，他们都很有钱、很有素质……"那位百万富翁自豪地回答。

"呵呵，我平时都是和千万富翁在一起的，这就是我能成为千万富翁而你只能成为百万富翁的原因。"那位千万富翁轻松地回答。

由此我们可以看出，造成百万和千万富翁差距的是他们所处的环境不同，也就是说交往的朋友不一样。有时决定一个人身份和地位的并不完全是他的才能和价值，而是他与什么样的人在一起。一个人要想取得成功，就必须结交一些成功人士，为自己日后的成功铺路。

和成功的人在一起不但能学习他们成功的思维模式，还可以得到他们的帮助，让我们在成功的路上越走越远。但是，通常情况下，我们很少有机会接近那些非常成功的人。没有关系，只要你的身边有一群准备成功的人，你也能被他们的情绪和冲劲感染，保持成功的欲望和信心。换句话来说，那些经历了失败、正在努力拼搏的人，也向你证明了某种方法的不可行性，这也是一种成功。

好老板是你的好老师

俗语说："良禽择木而栖，良臣择主而侍。"只有跟着有能力、有前途的人工作，你自己才会有前途。如果你以十几年的时间跟随一个老板工作，他的事业不但没有扩展，甚至于每况愈下，那么你这十几年的时间就等于虚掷了。固然，等老板垮了，你还可以替别人去工作，但你这十几年的功劳苦劳，不可能带进新的企业中去累积计算。

我们无法重新选择父母，但是却有权选择自己的老板。

选择工作时，可以参考这样一个标准：大公司选文化，中型公司选行业，小公司选老板。因为相对来说，越是小公司，老板在公司中的作用越关键。

杨先生的第二份工作是在一家顾问公司从事咨询工作。那是他第一次接触咨询业，充满了热情却毫无经验，工作中错漏百出。幸亏他的上司是一个知人善任的领导者，他不断纠正杨先生的错误，并且给他充分的鼓励。杨先生的每一次进步他都能给予足够的肯定。

不久杨先生的上司升职了，升为副总经理，兼任部门经理。杨先生资历太浅，无法得到提升，但是却在他的极力推荐下参加季度管理会，在比较重要的会议上作报告，使能力得到了锻炼。

后来杨先生离开公司另谋他就，再后来自己创业，他们依然有联系，在一些专业的国际会议上他们依然还有机会相遇。杨先生对老板充满了感激，因为他让一个刚刚大学毕业的学生对事业始终保持着热情。

好老板就是一个好教师，他使公司变成一个学习的地方。他给你信心，让你勇于承担责任，甚至对公司的一些老化的程序进行革新。他知道如何启发和教导你，能够真正给你带来教益。

一个好老板应该具备下列特征：

胸怀大志。

有经营现代企业的观念。

做事有魄力，但不莽撞。

待员工宽厚，但不纵容。

能刻苦耐劳，工作勤奋。

在工商界能建立起良好关系。

重视商誉，不投机取巧。

有很强的自制力和毅力。

有识人与用人的才能。

有研究创造的精神。

那么，新进入一个企业或决定进入某一企业时，怎样去了解这个企业的老板呢？

如果你已进入这个企业做事，你可以由同事、主管的身上去了解老板，也可以根据自己直接的观察。其次，如果你想进这个企业但还没有进去，你只有从其他方面去获得资料了，例如对这个企业的介绍、社会人士对这个老板的口碑等。不过，这种选择方式只适合学有专长而又怀有雄心壮志的人，对那些只为生活而工作，甚至于只能做最基层工作的人，就不切实际了。

练练"偷师"功夫

在公司里，要想做事少碰钉子、减少失误，最聪明的办法就是多参考同事的意见，因为这些意见，常常是他们付出代价换来的经验之谈。向同事学招，看看他们遇到难以解决的问题时，是怎样化险为夷、拨云见日的。这样还可以帮你提高自身的能力，何乐而不为呢？

你可以找一找同事的优点，然后对他说：我要拜你为师，请多多指教。如果你这样去做了，你会发现，同事并不像你以前所认为的那样"面目可憎"。因为人的心里都觉得有人求教于己，是看得起自己的表现，自尊心会得到很大的满足。

在公司市场营销部工作的小文很烦躁，因为公司连着四个月的业绩评比表中，小文都在小华之下，屈居第二，他很不服气。他以为自己功夫下得不比小华少，资历也比她老，怎么可能落在她后面呢？小华这个进公司不到三年的小妮子，所掌握的客户资源竟然是他这个元老的1.5倍。小文心里很不服气，但冷静下来一想，人家肯定有超过自己的地方，自己与其生气，不如虚心求教。

有一天，他特意邀请小华健身，并诚恳地请教一些问题。小华说了一些自己做营销的心得："其实也没什么，只不过是我看书多、上网多、领悟快，进步大一些罢了。做营销，发展新客户是一条路，而盘活老客户更重要。如果老客户感觉到你的诚信和友善、你的信誉和热情，他可能就会把他的亲朋好友介绍给你，成为你的新客户。我特别准备了一个笔记本，记录客户的特殊情况，好在细微处做文章，比如出差时顺便看望客户刚刚考入该地大学的孩子，或者在特殊的日子里，替当日有重要会议的人送一束鲜花给他的家人……我不觉得这是工作以外的琐事，相反，干这些工作就要有'功夫在诗外'的精神。我为每位老客户都设立了生日档案，他们过生日，我会亲自做一张精致的贺卡，并配上小礼物邮寄给他们，很多客户收到时都深受感动，特地打电话表示感谢……"

小文听了这些，恍然大悟，原来如此。在以后的工作中，他也用起了这几招，果然业绩迅速攀升，与小华旗鼓相当了。而且，他和小华的关系也更加密切，成为很好的朋友。

这就是求教于人的好处，不但能让你在工作的迷途中找到方向，更快地前进，还能改善与同事的人际关系，工作起来更加舒心快乐。

"偷师"并没有什么见不得人的。社会分工越精细，各部门之间也就越要讲求协调共进。要想做到协调，就需要熟悉各部门的运作情况。比方说有一位编辑朋友，他不仅能抓到一流的好稿，而且校对功夫也很了得，成为行业中的精英。他有什么秘诀吗？原来他在平时工作中不摆编辑架子，不耻下问，终于感动了一位有二十年校龄的老校对，于是给他传授了不少校对经验；同时他还在与美术部门打交道时懂得了书籍装帧方面的一些窍门，并且也非常注意装帧方面的书籍及动态，后来居然也成了半个行家；在与财务部门打交道时，他也很留意书刊的经济核算与成本核算，因此他对自己策划的每本书盈亏状况都心中有数。他说，这些只需要平时留点心就行了。

多涉及一些领域，像那位编辑一样，会体会到工作中充满挑战和新鲜感，而这种挑战意识和新鲜感又会提高你的工作效率。

在社会大学中学习

书本知识和智慧不能画等号

书本知识是永远不能跟智慧画等号的。"纸上得来终觉浅"，处世智慧只有通过细心观察才能获得。有的人总认为自己学历高，受的教育多，便理所当然地比别人聪明。这种人往往容易在生活中受到嘲弄。

书本和大学里的文化教育确实可以使人提高知识，但这种文化常常是理论意义上的文化，它的获得常常是以牺牲人的活力和个人性格为代价的。仅仅相信书本上的知识，会使人实际的技能得不到发展，最终人际沟通的潜能也会被逐渐地扼杀。

无论是在古代还是现代，只知道教条地搬用书本知识的人，永远也不具备独立生存的能力。知识不代表智慧，只有将知识和实践相结合的人，才能真正地发挥出他的聪明才智。

生活中有很多受过高等教育的人，因为缺乏灵活变通的能力，竟然连在社会上立足谋生都很困难。

在澳大利亚的一个牧场中，人们看到有三个大学生在那里打工。这三个人中，一个来自剑桥，一个来自牛津，还有一个是德国某名牌大学的毕业生。人们都非常惊异：居然让大学生来看管家畜！他们在学校接受的教育是要做领导众人的领袖，而现在却在这里"领导"羊群。牧场主人雇佣的这些学生，虽然满腹经纶，能说好几门外语，可以讨论深奥的政治经济学理论，可是，要说挣钱却不能和一个没有上过学的人相比。

牧场主整天谈论的只是他的牛羊、他的牧场，眼界十分狭窄，但他能够赚大钱，而那些大学生却连谋生都很困难。这是一场"有文化和没文化、大学和牧场的较量，而后者总是能够占上风"。

一个只知道啃书本却不懂得实际操作的学生，和一个虽然没有机会上大学却在残酷的生存竞争中熟知人情世故的人相比，前者显然是要打败仗的。

所以，"尽信书，不如无书"。学习的知识只有有效地运用到生活和实践中去，才会发挥其效用；否则就是一些死的没有用的东西。

在工作中学习，在工作中成长

职场人的学习渠道至少有三种，一种是"学习与工作分离"，一种是"在工作当中学习"，另外一种是"把学习放在工作中"。在微软，据统计，员工工作中的技能和知识，70%是在工作中学习获得的，20%是从经理、同事处学到的，剩下的10%是从专业的培训中获取而来的。

"在工作当中学习"和"把学习放在工作中"是两种最有效的学习方式，它们能使承担某项业务的"门外汉"迅速地转化成"合格者"，并最终成为一个很"专业的"人才。那些能在工作中发现自己的欠缺，并努力在工作中弥补自己所欠缺知识的人，可以从打工的经历中学到最多。

在选择工作时，你要着重考虑的一点是，能否在工作中培养自己的一项专长。

小蔡和小姜是同时进某电脑公司的计算机系硕士毕业生，小蔡坚持不放弃电脑网络专业，当了一名网络开发工程师，小姜则应聘行政助理，放弃了计算机专业。在日新月异的计算机领域，小蔡跟上了发展的步伐，三年后当上了网络工程主管，而小姜却忙碌于无休无止的行政事务，彻底放弃了计算机技术。开始时小姜的收入要高于小蔡，可后来还不及小蔡的一半，当然在公司的地位和作用也不及小蔡。

在工作中，有时暂时的薪水不是最重要的，应该考虑的是更长远的目标，譬如培养一项很强的专业能力。在某一个领域，公司必须依赖你，那你还担心被公司炒掉吗？

我们在工作中可以培养各种能力：

人事：劳工法、福利法、教育、安全卫生、保安、消防、贷款、年金。

营业：营业能力、缓冲力、契约、支票、贷款回收。

资材、购买：素材、商品的选择、相关公司降低成本、交货期管理、库存管理。

制造：机械、装置的操作和保养方式。

研究、开发：制品的开发和取得执照。

广告、宣传：市场调查、促销、POP、店头陈列、广告、消费心理。

通过各部门实务上的应用，可以学习到各种知识、技术、相关法规、

管理技术等。

这些知识、技能、管理技术不只是在这家公司，如果到别家公司任职，也能够成为你的优越条件。

在实践中学习，在学习中实践

古人言：尽信书则不如无书。学习书本知识是求知的一种途径，但只抓书本而没有真正的实践，你就抓不住机会。只有实践才会产生结果，实践是成功的保证。任何伟大的目标，伟大的计划，最终必然要落实在实践中。

"纸上得来终觉浅，绝知此事要躬行。"（陆游《冬夜读书示子聿》）

"纸上得来"，指的是书本知识。"绝知此事"，指的是真正把握事物的底蕴。"躬行"，就是指亲自去实践。孜孜不倦、持之以恒地做学问，固然很重要，但仅此还不够，因为那只是书本知识，书本知识是前人实践经验的总结，能否符合此时此地的情况，还有待实践去检验。一个既有书本知识，又有实践经验的人，才是真正有学问的人。我们要培养起在实践中学习和在学习中实践的习惯，因为和读书学习同样重要的学习方式和途径是实践。

"实践是检验真理的唯一标准"。

正确的学习观念需要实践来证明；浓厚的学习兴趣和良好的学习习惯需要通过实践来培养；科学的有效的学习方法也需要通过实践来摸索和证明；书本学到的知识最终需要运用到实践中，通过实践来巩固和深化。

X射线的发明者伦琴指出："实验是能使我们揭开自然界奥秘的最有力最可靠的手段，也是判断假说应当保留还是放弃的最后鉴定。"

诺贝尔物理学奖得主丁肇中也说过："一个理论无论它多么高明、合乎逻辑，若无法由实验加以印证，终究是毫无意义的。实验与理论交互影响的结果，必然促进科学的进步。"

英国16世纪～17世纪的著名哲学家培根，不单纯是个学者，他还涉足政坛、参与政治，曾任英国女王的掌玺大臣，因此，他一直注意并强调书本知识与实践经验相结合。他说："学问虽能指引方向，但往往流于浅泛，必须依靠经验才能扎下根基。"为了使人进一步理解他所说的意思，他又将几种人的情况加以比较说明："狡诈者轻鄙学问，愚鲁者羡慕学问，聪明者则运用学问。知识本身并没有告诉人怎样运用它，运用的智慧在于书本之外。这是技艺，不体验就学不到。"

读万卷书，行万里路

培根在提出"知识就是力量"的口号以后，又明确地指出："各种学问并不把它们本身的用途教给我们，如何应用这些学问乃是学问以外的、学问以上的一种智慧。"

知识就是力量。尤其现在是知识经济时代，谁拥有了知识，谁就拥有了追求成功的第一要素。

随着时代的发展，人们打破了往日对知识的理解。人们已认识到：知识与能力并不完全是相等的，知识并不等于能力。21世纪对能力界限的新要求，迫使人们重新审视自己所学的知识。但不管时代怎样发展，你都应保持头脑清醒，你必须清晰明了地理解知识与能力的关系。

有了知识，并不等于有了与之相应的能力，运用与知识之间还有一个转化过程，即学以致用的过程。中国有句谚语："学了知识不运用，如同耕地不播种。"如果你有很多的知识但却不知如何应用，那么你拥有的知识就只是死的知识。死的知识不能解决实际问题。

读万卷书，行万里路，是说人要有较多的知识和丰富的阅历，也就是要人们能理论联系实际，善于利用知识处理各种事情。丰富的阅历是成大事者不可缺少的资本，所以，我们不但要注重书本知识，也要注重生活中的知识。

因此，你在学习知识时，不但要让自己成为知识的仓库，还要让自己成为知识的熔炉，把所学知识在熔炉中消化、吸收。

你应结合所学的知识，参与学以致用的活动，提高自己运用知识和活化知识的能力，把你的学习过程转变为提高能力、增长见识、创造价值的过程。你还应加强知识的学习和能力的培养，并把两者的关系调整到黄金位置，使知识与能力能够相得益彰、相互促进，发挥出巨大的潜力和作用。

读懂生活这本"无字书"

每个人不仅应该读与爱好、兴趣、职业有关的"有字之书",同时还应该领悟生活中的"无字之书"。

通过阅读"有字之书",你可以学习前人积累的知识、前人学以致用的经验,并从中加以借鉴,避免走叉道、走弯路;通过读"无字之书",你可以了解现实,认识世界,并从"创造历史"的人那里学到书本上没有的知识。

如果你想尽快、尽好地读透"有字之书",必须结合读"无字之书",才能记忆深刻、牢固。

"用自己的眼睛去读世间这一部活书。""倘只看书,便变成书橱,即使自己觉得有趣,而那趣味其实是已在逐渐硬化,逐渐死去了。"

重视"读世间这一部活书",读"无字之书",是鲁迅先生的主张。

鲁迅少年时代有很长的一段时间在农村度过,而且也乐于与农村少年为友,喜欢到农村看社戏。他从农村少年、农村社戏中了解了很多农村生活,也因此增长了不少见识,他后来创作的《故乡》《社戏》等短篇小说的生活素材都是在那时积累的。

鲁迅一生写了很多针砭时弊的杂文,其犀利的语言,也来自对"无字之书"的知识积累。如果不注意读社会现实这部"无字之书",只知闭门做学问,他又怎么会从中看出"世人的真面目",怎么会成为"一个伟大的画家","用他手中那支强而有力、泼辣而幽默的笔,画出黑暗势力的丑陋面目"呢?

要想读好"无字之书",必须步步留心,时时在意。在《红楼梦》的第二回描写了黛玉初到贾府的情形,"唯恐被人耻笑了他去",于是便"步步留心,时时在意",也因此观察到了贾府很多"与别家不同"的地方。

读"有字之书"必须上正规大学,而读"无字之书"则要进"社会大学"。如果说正规大学是一片湖泊,那么"社会大学"就是汪洋大海,永远没有毕业之时。善读书,而不唯书,把"有字之书"与"无字之书"结合,这是获取更多精神财富,成就大事的一条准则。

生活是一部大课本。有志于成功的每一个人要善于读生活这本"无字书"，体悟成败之理。

学习是一辈子的事业

终身学习是一生的护照

不断学习的人才会保持自己头脑的灵活，才能保证自己的思想向前不断地跨越。因此，我们要养成不断学习的习惯，保持这种习惯会帮助你走向成功。系山英太郎的经历为我们做了很好的榜样。

正是凭借终身学习，系山英太郎让自己始终站在时代的潮头之上。所以，如果你想事业有成，如果你想使自己的人生富有意义，那么就从现在开始，将终身学习作为你一生的护照吧！

在工作和生活中，我们只有不断地学习才能保证自己优秀的能力。任何一个人，即使在某一方面的造诣很深，也不能够说他已经彻底精通、彻底研究全了。"生命有限，知识无穷"，任何一门学问都是无穷无尽的海洋，都是无边无际的天空……谁也不能够认为自己已经达到了最高境界而停步不前、趾高气扬。如果是那样的话，则必将很快被同行赶上，很快被后人超过，自己优秀的地位也会逐渐丧失。

皮特詹姆斯现在是美国 ABC 晚间新闻的当红主播。在此之前，他曾一度毅然辞去人人艳羡的主播职位，到新闻的第一线去磨炼自己。他做过普通的记者，担任过美国电视网驻中东的特派员，后来又成为欧洲地区的特派员。经过这些历练后，他重新回到 ABC 主播台的位置。

而此时的他，已由一个初出茅庐的略微有点生涩的小伙子成长为成熟稳健又广受欢迎的主播兼记者。

皮特詹姆斯最让人钦佩的地方在于，当他已经是同行中的优秀者时，他没有自满，而是选择了继续学习，使自己的事业再攀高峰。

一个要求自己不断进步的人，无论自己处于职业生涯的哪个阶段都会把不断学习当成自己的一项重要习惯。因为他们清楚自己的知识对于所服务的机构而言是很有价值的。正因为如此，他们必须好好自我监督，不能

让自己的技能落在时代后头。

因此，当你的工作进展顺利的时候，要加倍地努力学习；当工作进展得不顺利，不能达到工作岗位的要求时，你更要加紧自己学习的进度。在瞬息万变的现代社会里，"学习"是让我们能够为自己开创一番天地的利器。只有试图通过学习超越以往的表现，才能真正走向成功。

活到老，学到老

"活到老，学到老。"一句通俗易懂的话，道出了一个值得每一个人思考的话题：学习是终生的事业。

年轻时积累的知识再丰富，也只可能成就一时，而不可能成就一世。究其原因，就是因为时代在发展、知识在更新，如果一个人永远只停留在原有的知识基础上，那只能坐吃山空，到头来只能在没有进取的人生中一无所成。

有这样一位父亲，在他小的时候，凡事都要听父母的，因为父母的人生阅历比他丰富。可是，如今，他发现这个时代的一切都变了。有一次回家，他看见儿子正在摆弄电脑，于是也去凑热闹。结果儿子对他说："你不会玩这个。"孩子只是随便说说而已，但是，听在父亲的耳中，他不禁叹息："真是'长江后浪推前浪'！可是，这变化也太快了点儿，快得简直让人无法适应。"

原来，他在单位有时也用电脑，但那也只是把电脑当做打字机而已。现在，上了网，结果好多东西看不懂，一些英文的网址更是叫他大伤脑筋。儿子在这方面就比他强多了，电脑操作熟练不说，对网络和电脑软硬件更是十分内行。

一个人要在社会上生存，其技术和技能是重要条件，也是个人谋生的手段。别的不说，单从就业方面来讲，随着市场经济的发展、产业结构的调整和体制改革的深化，传统的"从一而终"的就业观念，正受到越来越大的挑战。企业兼并破产和减员增效带来的下岗、待岗，使富余人员大量增加，"为第二次就业做准备"已成为一些人的共识。即使是那些已经参加工作一二十年的老员工，如果不注重随时给自己充电，那么，在企业竞争上岗、择优录取的时候，他原有的知识量就会严重"透支"，而他自己也只能被市场所淘汰。怎样才能让"谋生手段"这张存折上的数字越来越大，"终生学习，随时充电"才是"万变不离其宗"的不二法门。

当然，说学习是终生的事业，不仅仅是因为终生学习是谋生的必备条件，更是为了充实自己。一个人如果能够用学习来代替多余的消遣，学习必将成为他人生的一大乐事。

毛泽东就是一位喜爱读书、勤奋读书的人。他常说：饭可以少吃，觉可以少睡，书不可以不读。毛泽东从戎马倥偬的战争年代，到新中国成立后，以至他心脏快要停止跳动的时候，都以书为伴，称得上是一位终生学习的典范。

毛泽东的一生，可以说与书形影不离。为了方便读书，他的办公室、卧室、游泳池休息室，包括他"进城"后在北京郊外住过的地方，甚至是厕所里，到处都放着书，以供他随时阅读。他喜欢睡板床，书就放在床边上，一层层摞起来有一二尺高，占满了床的整个左半边。每次外出，他总要带些书，或者在当地借些书来读。

"活到老，学到老。"这是毛泽东常说的一句话，也是他一生读书学习的真实写照。毛泽东年老之后，身体衰弱，视力减退，但他读书和求知的欲望却丝毫也没有减退。在逝世的前一年，他还两次重读了《二十四史》中的《晋史》，重读了鲁迅的一些杂文，还看过《历史研究》《自然辩证法》等杂志。直到他逝世前十几天，还要了洪迈著的《容斋随笔》来读。

"金矿"也有被掏空的时候，一个人如果不能建立终生学习的信念，他的事业就会因为知识的落后和贫乏而受到阻碍，他的人生也会因为心灵的空虚而黯然失色，这样的人生，无疑是失败的。因此，为了我们的事业，更为了我们的一生，每一个人都必须将学习当成终生的事业，锲而不舍，无怨无悔。

制定一生的学习计划

每一个人的人生目标不同，所从事的事业不同，为适合自己的发展所需要的知识也会有所不同。所以，我们完全有必要为自己制定一生的学习

计划，储备对自己有用的知识财富。

系统而言，制定一生的学习计划需要从以下几个方面去把握：

1. 商业领域

首先，这一行业的从业者必须储备比较精深的工商业专门知识，以及广博的一般性知识。

其次，必须储备和锻炼较强的洞察力、操作力、预见能力和决策能力，以应对千变万化的竞争环境。

再次，经营管理阶层的从业者还必须储备较强的组织管理能力。

同时，学习各种社交知识、掌握灵活的社交能力也至关重要。

此外，在日益激烈的商业竞争之中，学会保持良好的心态对于每一个经营管理领域的从业者都是必要且必须的。

2. 学术领域

首先，从知识结构来看，最重要的是学习所从事的学术领域的专业知识，在智能培养方面也需要投入更大力量，并且需要积累深厚、扎实的基础知识。

其次，从智力结构来看，必须在不断的学习和积累中提高自己的观察力、记忆力、思维力、想象力以及操作力等。而思维力是其中的核心，因为学术研究是一项繁重的脑力劳动，往往需要大量的思考。

再次，从能力结构来看，需要积累丰富的研究能力。

3. 管理领域

首先，要在不断学习中提高自己的道德品质，这是从事管理工作的先决条件。

其次，从知识结构来看，应当储备广博的基础知识。

再次，从智力结构来看，在学习中提高观察力和记忆力有助于清楚地认识自己的发展环境，并储存大量有用的信息。

同时，从能力结构来看，学习并提高预见能力、决策能力和组织能力最为重要。

此外，表达能力和社交能力是一个管理者必须具备的。这些都需要在不断的学习之中去提高。

制订高效学习计划

我们说学习是终生的事业，但是，又不得不承认，在这个快节奏的时代里，工作和交际，以及其他各种必需的活动占用了我们太多的时间，以至于终生学习在许多人眼里变得可望而不可及；而且，在茫茫的知识海洋之中，许多人不知道到底学习哪些知识才有助于自己事业的成功。很显然，缺乏一个科学、完备、高效的学习计划，成为许多人学习道路上最大的障碍，也成为他们事业上的一块绊脚石。而那些在自己所在的领域里取得杰出成就的人物，他们的成功，与其拥有明确的学习目标和科学、完备、高效的学习计划是分不开的。

一个科学、完备、高效的学习计划能够大幅提高你的学习效率。制订学习计划可从以下几方面着手：

1. 全面考虑制订计划

想想看，你在制订学习计划时，是否只考虑三件事：吃饭、睡觉和学习？对集体活动不管不顾，对锻炼身体不予考虑，至于娱乐和休息，计划内更是没有它们的位置。这种"单打一"的学习计划，使得你的学习生活单调、乏味，从而容易引起疲劳，既影响学习效果，也影响全面发展。

事实上，计划里除了有学习的时间外，还应当有进行社会工作、为集体服务的时间；有保证睡眠的时间；有娱乐活动的时间。计划里不能只有三件事：吃饭、睡觉和学习。如果计划真是这样，那么这个计划就是片面的、不科学的。

思想、学习、身体是相互影响的。在计划时，你一定要兼顾三个方面。一定的社会工作时间、锻炼身体时间、充足的睡眠时间和足够的学习时间，这样既能保证自己的全面发展，又能保持旺盛的精力，还能使学习生活丰富多彩、生动有趣。

2. 让计划留有余地

计划的具体内容和实施步骤是在学习之前拟定的，是设想，毕竟还不是现实。要想把计划变成现实，还要经过一段时间的努力，在这个过程中，自己的思想可能会发生某些变化，学习的各种条件也可能会发生变化，学习计划订得再实际，也难免出现估计不到的情况。

例如，某个阶段有的学科难度大、作业多，这样，计划中的常规学习时间就会增加，自由学习时间则会减少，因而计划中的学习任务就可能完不成。

再如，有时集体活动比计划的多了，占用了较多的学习时间，也会影响学习计划的实施等。所以为了保证计划的实现，你不能把学习计划订得太满、太死、太紧，要给自己留有一定的机动时间，目标也不要给自己订得过高。在机动时间内安排一些一旦完不成对当时学习影响不大的学习任务，或者说，安排一些时间性不强的学习任务。

由于在学习的时间和学习的内容安排上有了一定的伸缩性，你就可以适应临时变化的情况，完成计划的可能性也就增加了，这也有利于增强自己的学习信心。话又说回来，计划中留的余地也不能太多，太多了会使自己执行计划时松松垮垮，缺乏争取完成计划的奋斗精神。

3. 在计划内容上要有侧重

学习计划包括两个内容，即学习的内容和学习的时间。这二者结合在一起，又产生了学习的进度与速度等问题。

（1）以最重要的学习内容为中心。有些知识是至为关键的，或者说是带有战略意义的，应当把它们视为重点，在学习计划中要有充分的体现。切忌无重点，胡子眉毛一把抓。

（2）用好大块时间。根据自己学习与生活的实际情况，使用好大块时间，把它用在最重要又需要连续学习的内容上。这样，能使每次学习都有较大的收益，避免整时零用。

（3）采取循序渐进的原则。知识的学习要由浅入深，切忌好高骛远、急于求成。要保证某门知识学习的全部时间，例如，要学习沟通技巧，一般不可少于 50 小时。

（4）注意使用"黄金"时间。难度大的重点学科和需要记忆的知识，用自己精力充沛的"黄金"时间来学，切忌时间安排无体系，想起什么学什么。

（5）时间安排要有弹性。从长远观点来看，要取得学习的成效，就得稳步前进，使每个计划都落到实处、时间上留有余地是必要的。

学习时间是有限的，学习内容是无限的，在制订计划时就要突出重点，不要平均使用力量。计划里要保证重点，兼顾一般，所谓重点：一是指自己学习中的弱科，二是指知识体系中的重点内容。订计划时，一定要集中时间、集中精力来攻下重点。

魔鬼训练营——受益一生的学习方法

学习要讲究方法，不讲方法的死读书，就算读一辈子也没有任何价值，更不用谈成功了。

学习的方法有多种，我们可以归结为以下几类：

1. 兴趣法

"好知者不如乐知者"，就是说我们越喜欢某一事物就越喜欢接近和接纳它。

兴趣是人们行动的一种动力。只要对某些知识产生了兴趣，就会主动去理解、记忆、消化这些知识，并会在这些知识的基础上总结、归纳、推广、运用，从而做到精益求精、推陈出新，从而推动整个社会向前发展。因此，我们在学习某一知识之前，首先要建立对它的兴趣，以达到掌握的目的。

2. 动机法

动机，是人类的一种愿望，在动机的驱使下，人总会想尽一切办法为了这一愿望而努力奋斗，克服重重阻碍，最终达到目的。动机不同，产生的效果也会不同。好的动机有利于人本身的发展，坏的动机则会使事情向着不利方向发展。如果你想走向成功，就要有一个良好的动机，使得事物的发展出现良性循环，在良好的动机下去学习，从而成就一番事业，为社会贡献出一份力量。

如果你决定学习了，就要选择一位适合你的老师。如果一个人能择得良师的话，顽石也可能变美玉；如果择师不慎，就有可能美玉成残瓦，一文不值。

所知有限，处处有师。每个人各有优点长处，你可以学习他人的优点和长处，而这个学习的对象就是你的老师。所以说，为人处世，必须选择良师。

3. 理解法

人都有对事物进行判断的能力，对某一事物或某一知识有认识，就会很容易地把它变成自己的知识，否则，就需要花很大的额外工夫。比如说"井底之蛙"这一成语，我们可以想象一只健康的青蛙坐在一口深井里，眼睛直瞪瞪地望着井口发呆，而井口外面，则是白云、蓝天，井底则有青草、水、昆虫。虽然这只青蛙本身健康，不愁吃喝，然而它却呆呆的，为自己见不到外面的大好风景而发愁。这样一理解，"井底之蛙"的含义就非常清晰了。

4. 联系法

自然界中的一切事物不是孤立的，而是普遍联系的，正如自然界的食物链：兔吃草，而兔又被鹰或狼吃，狼又被虎吃，而鹰和虎死后，其尸体又腐败变质，供草吸收其营养成分。在这几种动植物之间，就形成了一个食物链，它们构成了互相联系的一个整体。如果草绝，则兔会亡，反之，如果兔多，则草就会被大量食用，当草被食用过多时，兔就不免因缺少食物而亡。这充分说明，自然界的万事万物，是一个普遍联系的整体。

知识，正是人类在长期改造自然的过程中发现的，因此，各种知识间也是相互联系的。当我们对某一事物缺乏了解和认识时，我们就可以从与其有联系的事物中来认识它。

5. 联想法

人类区别于其他动物的根本，就在于人有思维，有了思维，人在客观的自然和社会面前就不是无动于衷、无可奈何的了，而是能够积极地促成条件，来解决问题，而联想正是人类思维充分发展的一种象征。

在我们的学习中，联想能使我们更好地掌握知识。

历史课本中的数字枯燥无味，但是，有些事件是和这些数字紧密联系的。因此记数字可以与这些历史事件联系起来记，这样就避免了数字之间的相互干扰，同时也增加了学习的趣味性，起到了双重效果。

6. 对比法

在学习中，当两个概念或事物的含义相似的时候，我们很容易混淆，而在这个时候，运用对比法就能够搞清楚二者之间的明显区别。也就是说，它们相同的地方我们暂时不讲，我们只比较它们之间不同的地方，这些不同的地方，就是某一事物的独特特征。理解了这些独特特征，也就抓住了这一事物的本质，从而掌握了这一事物的有关知识。

7. 复习法

人的大脑对知识的识记是有一定规律的，教育学家们曾用"遗忘曲线"做了一个形象的说明，指出如果在你遗忘之前去复习、巩固它，那它就能迅速恢复并牢固记忆。孔子所说的"温故而知新"，是非常有道理的。

8. 综合法

如果把已有的知识像计算机一样，统统分成某几个类别，同一类别存入某一区域，到需要时再"取"出来使用，效果会更好，再把某几类的知识用来综合记忆分析，自然会得出更新的知识。

Part8

思维能力训练
创造成功，不是复制成功

 拆除思维里的墙

突破思维中的定势

常规思维的惯性，又可称之为"思维定式"，这是一种人人皆有的思维状态。当它在支配常态生活时，还似乎有某种"习惯成自然"的便利，所以不能说它的作用全不好；但是，当面对创新的事物时，若仍受其约束，就会形成对创造力的障碍。

请看下面这则美国人保尔·麦克里迪讲述的故事：

这是几年前的一件事。我告诉我儿子，水的表面张力能使针浮在水面上，他那时才十岁。我接着提出一个问题，要求他将一根很大的针投放到水面上，但不得沉下去。我自己年轻时做过这个试验，所以我提示他要利用一些方法，譬如采用小钩子或者磁铁等。

他却不假思索地说："先把水冻成冰，把针放在冰面上，再把冰慢慢化开不就得了吗？"

这个答案真是令人拍案叫绝！它是否行得通倒无关紧要，关键一点是：我即使绞尽脑汁冥思上几天，也不会想到这上面来。经验把我限制住了，思维僵化了，这小伙子倒不落窠臼。

我设计的"轻灵信天翁号"飞机首次以人力驱动飞越英吉利海峡，并因此赢得了214 000美元的亨利·克雷默大奖。但在投针一事之前，我并没有真正明白我的小组何以能在这场历时 18 年的竞赛中获胜。要知道，其他小组无论从财力上还是从技术力量上来说，都远比我们雄厚。但到头来，他们的进展甚微，我们却独占鳌头。

投针的事情使我豁然醒悟：尽管每一个对手技术水平都很高，但他们的设计都是常规的。而我的秘密武器是：虽然缺乏机翼结构的设计经验，但我很熟悉悬挂式滑翔以及那些小巧玲珑的飞机模型。我的"轻灵信天翁号"只有 70 磅重，却有 90 英尺宽的巨大机翼，用优质绳作绳索。我们的对手们当然也知道悬挂式滑翔，他们的失败正在于懂得的标准技术太多了。

这个事例再一次提醒我们：阻碍我们成功的，不是我们未知的东西，而是我们已知的东西。我们的知识和经验成为囚禁我们思维的栅栏。

从自囚的"栅栏"里走出来

每个人都会有"自身携带的栅栏"，若能及时从中走出来，实在是一种可贵的警悟。与生俱来的独一无二的自由态度，勇于进取，绝不自损、自贬，在学习生活中勇于独立思考，在日常生活中善于注入创意，在职业生活中精于自主创新，正是能够从自我囚禁的"栅栏"里走出来的鲜明标志。

形成创造力自囚的"栅栏"，通常有其内在的原因，是由于思维的知觉性障碍、判断力障碍以及常规思维的惯性障碍所导致的。知觉是接受信息的通道，知觉的领域狭窄，通道自然受阻，创造力也就无从激发。这条通道要保持通畅，才能使信息流丰盈、多样，使新信息、新知识的获得成为可能；也才可能使得信息检索能力得到锻炼，不断增长其敏锐的接收能力、详略适度的筛选能力和信息精化的提炼能力，这是形成创新心态的重要前提。判断性障碍大多产生于心理偏见和观念偏离。要使判断恢复客观，首先需要矫正心理视觉，使之采取开放的态度，注意事物自身的特性而不囿于固有的见解或观念。这在新事物迅猛增殖、新知识快速增加的当今时代，尤其值得重视。

可见，要从自囚的"栅栏"走出来，还创造力以自由，首先就要还思维状态以自由，突破常规思维。在此基础上，对日常生活保持开放的、积极的心态，对创新世界的人与事，持平视的、平等的姿态，对创造活动，

持成败皆为收获、过程才最重要的精神状态，这样，我们将有望形成十分有利于创新生涯的心理品质，并使得有可能产生的形形色色的内在消极因素，及时地得以克服。

将脑袋"打开"1毫米

美国有一家生产牙膏的公司，产品优良，包装精美，深受消费者的喜爱，营业额蒸蒸日上。记录显示，前10年每年的营业额增长率为10%～20%，这令董事会雀跃万分。

不过，在进入第11年、第12年及第13年时，业绩增长则停滞下来，每个月维持同样的数字。董事会对此三年的业绩表现感到不满，便召开全国经理级高层会议，以商讨对策。

会议中，有名年轻经理站起来，说："我手中有张纸，纸里有个建议，公司若要使用我的建议，必须另付我5万元。"

总裁听了很生气，说："我每个月都支付你薪水，另有分红、奖励，现在叫你来开会讨论，你还要另外要求5万元，是否过分？"

"总裁先生，请别误会。您支付的薪水，让我在平时卖力地为公司工作；但是，这是一个重大又有价值的建议，您应该支付我额外的薪水。若我的建议行不通，您可以将它丢弃，一分钱也不必付。但是，我看您损失的必定不止5万元。"年轻的经理解释说。

"好。我就看看它为何值这么多钱。"总裁接过那张纸后，阅毕，马上签了一张5万元的支票给那位年轻经理。那张纸上只写了一句话："将现在的牙膏开口扩大1毫米。"

总裁马上下令更换新的包装。试想，每天早上，每个消费者多用一毫米的牙膏，每天牙膏的消费量将多出多少倍呢？这个决定，使该公司第14年的营业额增加了32%。

诚然，在你的事业中，时时刻刻都会出现机会，也许只需要你稍微变通一下，事情的结果就会不一样。

变通是那么难吗？就像这位经理一样，只是将牙膏口增大1毫米，其实，更重要的是，将脑袋"打开"1毫米。

思考出彩，人生精彩

思维的独创性是创造性思维的根本特征。创新就是要敢于超越传统习惯的束缚，摆脱原有知识范围的羁绊和思维过程的禁锢，善于把头脑中已有信息重新组合，从而发现新事物，提出新见解，解决新问题，产生新成果。这样突破常规的例子数不胜数。

暑假前，16 岁的佛瑞迪对父亲说："我要找个工作，这样我整个夏季就不用伸手向你要钱了。"不久佛瑞迪便在广告方面找到适合他专长的工作。第二天上午 8 点钟，他按要求来到纽约第 42 街的报考地点，可那时已有 20 位求职者排在队伍的前面，他是第 21 位。

怎样才能引起主考者的特别注意而赢得职位呢？佛瑞迪沉思良久后想出了一个主意：他拿出一张纸，在上面写了几行字，然后把纸折得整整齐齐交给秘书小姐，恭敬地说："小姐，请你马上把这张纸条交给你的老板，非常重要！""好啊，先让我来看看这张纸条……"秘书小姐看了纸条上的字后不禁微笑起来，并立刻站起来走进老板的办公室。结果，老板看了也大声笑了起来。原来纸条上写着："先生，我排在队伍的第 21 位。在您看到我之前，请不要做任何决定。"最后，佛瑞迪如愿以偿地得到了这份工作。

很显然，这是佛瑞迪善于思考产生的效果。佛瑞迪的故事和成功经验形象地告诉我们：一个会动脑筋思考的人总能把握住机会，并妥善地解决问题，成功离不开睿智的创意。

打开思维的直觉通道

直觉——发明创造的先导

所谓直觉思维是指不经过一步一步分析而突如其来的领悟或理解。很多心理学家认为它是创造性思维活跃的一种表现，它既是发明创造的先导，也是百思不解之后突然获得的硕果，在创造发明的过程中具有重要的地位。阿基米德的直觉顿悟发现了著名的"阿基米德定律"；达尔文在观察到植

物幼苗的顶端向太阳照射的方向弯曲现象时，直觉的爆发使他发现了植物生长素。正是因为幼苗顶端含有的这种物质在光照下跑向背光的一侧，才使幼苗的顶端弯向太阳照射的方向。

在西方哲学史上，古希腊的哲学家首先提出了直觉概念。柏拉图阐述了理念的直觉是顿悟的思想。他认为，理念的直觉是直接知识的形式，是作为智慧的长期准备为前提的顿悟而来的。亚里士多德曾经说过："科学知识和直觉总是真实的；进一步说，除了直觉外，没有任何其他种类的思想比科学知识更加确切。"

直觉思维，是一种非逻辑抽象思维的跳跃式思维形式，它是根据对事物的生动知觉印象，直接把握事物的本质和规律，是一种浓缩的高度省略了的思维。直觉思维常常表现了人的领悟力和创造力。直觉一般表现在艺术创造和科学研究过程中，经过长期的思索，猛然觉察出事物的本来意义，使问题得到突然的解决，进入一种走出混沌的清晰状态，就如古诗词中所描绘的那样："众里寻他千百度，蓦然回首，那人却在灯火阑珊处。"所以，直觉思维是创造性思维的重要组成部分，在我们的生活、学习、特别是科学研究中，具有不可忽视的重要意义。

爱因斯坦曾经说过："真正可贵的因素是直觉。"苏联科学史专家凯德洛夫则更为直接地论述着："没有任何一个创造性行为能够脱离直觉活动。""直觉，直觉醒悟是创造性思维的一个重要组成部分。"这些，均指出了直觉思维在整个人类思维活动中的重要作用。

直觉是人们在生活中经常应用的一种思维方式。直觉思维有很多种表现方式，有时表现为怪问题的提出，有时表现为大胆的猜想，有时表现为多种新奇的方法、方案等等。为了培养我们的创造性思维，当这些想象纷至沓来的时候，可千万别怠慢了它们。当我们在发现和解决问题时，可能会出现突如其来的新想法、新观念，要及时捕捉这种创造性思维的产物，要善于发展自己的直觉思维。

暴风骤雨式直觉思维训练

所谓暴风骤雨式直觉思维，就是指主体在思考问题时，以一种极其快速转换的方式进行思维，并从中引出新颖而具有某种价值的观念、信息或材料。在进行上述思维活动时，要求主体思维快速运转，将涌现出来的任何信息，不评价其好坏优劣，一律即刻记录下来，等思考结束之后，再来逐一评判其价值，寻找出最优答案。

暴风骤雨式思维技巧是由美国学者提出的，他们认为"智力的相乘作用和它的开放才是快速思考的最重要因素。"这种方法刚开始只是为了比较一下集体工作和单独工作在思维效率上的差别。后来，美国几所大学将这种思维技巧用于培养和训练学生的创造性思维，并进行了一系列的实验研究。结果表明，这种技巧在训练人的思维方面具有一定的作用。

20世纪60年代马尔茨曼就用这种技巧来训练大学生。训练一段时间后，再用"多方应用测验"（即对某一种物体的用途除了普遍的习惯性用法外，还要讲出在其他方面的可能用途）来测量其对大学生思维发展的影响。结果表明，受过上述技巧训练的学生比没有受过训练的学生的创造性思维能力进步很多。

下面就是一个大学生对"天空"一词出现五次而作出的五种不同的快速思考：

第一次——蔚蓝色的天空、白云，非常美丽

第二次——航空交通，十分发达

第三次——天空中星球多，可设法到星球上去

第四次——宇航飞机往来，可以探测星球上的宝藏

第五次——太阳的热力，是宇宙间无限的能源

笛卡尔连接式直觉思维训练

笛卡尔连接法的原意是指：用抽象的几何图形来说明代数方程，尽可能采用"智力图像"来解决问题。"智力图像"即指存在于人的思维中的某种思维模型。这种思维模型是通过某种图像或图形符号来显示的，然后，我们尽可能采用这种图像模型来进行思维。

举例来说，我们如果看到一本书脑子里就会浮现出一个长方形，如果长方形的边长相等，便出现一个圆的图形。这种思维过程便称为"笛卡尔

连接"。说通俗点，就是指我们在思维时，将抽象的概念、原理、关系等，用生动具体的图像模型加以展示，并进行相关分析、处理，这种思维技巧便是"笛卡尔连接法"。

1980年杨振宁曾经回国进行讲学，在讲学的过程中，就举例说明笛卡尔连接法的重要作用。他举例说道，麦克斯韦就是用数学方程表示了法拉第关于磁力线的几何想法，爱因斯坦把电磁场看作空间结构实际上就是把它看成几何结构。从广义上讲，这种将引力看作几何，将物理原理看作几何，正是笛卡尔连接这种思维技巧的直接应用。

在直觉思维中，我们可采用各种因素，包括物理、几何，或者其他各种各样的具体、生动、鲜明的图像，来进行思维。这对于我们进行高效率的思维是大有裨益的。笛卡尔连接法是一种重要的思维方法，在现实生活和工作中发挥着不可忽视的作用。

直觉型思维技巧在我们的思维活动中，特别是创造性思维活动中，有着很重要的作用。但是需要指出的是，直觉型思维技巧还是有其局限性的。主要表现在以下几个方面：第一，它容易局限在狭窄的观察范围内，导致不一定正确的判断。即使是一些经验丰富的科研人员、心理学家、医生等，在凭自己的经验或所掌握的数据，靠直觉提出假说、做出结论时，也会出现偏差或误判。第二，直觉还常常会使人将两个风马牛不相及的事件纳入虚假的联系之中。而这种联系带有很强烈的主观色彩和心理、情绪因素。有时，这会导致凭直觉将不相干的事件联系起来而做出误判。所以，在应用直觉型思维技巧时，还必须结合其他类型的思维技巧的优点，这样才能得出完整的科学的结论。

放飞思维的想象翅膀

想象——开启创新的大门

心理学家认为，人脑有四个功能部位：一是从外部世界接受感觉的感受区；二是将这些感觉收集整理起来的贮存区；三是评价收到的新信息的判断区；四是按新的方式将旧信息结合起来的想象区。只善于运用贮存区和判断区的功能，而不善于运用想象区功能的人就不善于创新。据心理学家研究，一般人只用了想象区的15%，其余的还处于"冬眠"状态。开垦这块处女地就要从培养想象力入手。

想象力是人类运用储存在大脑中的信息进行综合分析、推断和设想的思维能力。在思维过程中，如果没有想象的参与，思考就很难正常进行。想象力是一种特殊的创造力。想象力是科学研究与创新思维培育中最基本的能力。想象力，是人类大脑中孕育智慧潜能的超级宝藏。想象力，能使思维充满创造力。在诗人眼里，"人类所有才能中，与神最接近的就是想象力。"

中国古典名著《西游记》中的神奇故事，深深吸引着一代又一代的中国人。可是，其作者吴承恩并没有亲自去过西天，也没有目睹各种神仙的真面目，但是他创作出了栩栩如生的动人故事，这主要是因为他非凡的想象力。

菲尔瑟姆在《诗人与诗》中写道："词藻是诗歌的僵死部分，想象才是它的活力所在。"

英国诗人雪莱在《诗之辩护》中说："想象是有益于心灵的伟大的乐器。"

华兹华斯认为："想象——精神世界中最有利的杠杆。"

韩非在《解老篇》中这样解释："人希见象也，而得死象之骨，案其图以想见其生也，故诸人之所以意想者皆谓之象也。"也就是说，想象的词源意义是由死象之骨，想到活象。其实，"案其图以想见其生"的过程本身就是一个完整的创新过程。人类的创新史表明，任何带有创新性质的实践活动，都是以想象为基础的。想象不但是一切创新活动的起点，而且在其全过程、诸环节中，都有不可替代的作用。在创新实践过程中，我们把远离事实的、但对解决现实问题具有潜在指导作用的这种观念形态的东西，称为想象因素。

爱因斯坦说过："想象力比知识更重要，因为知识是有限的，而想象力概括着世界的一切，推动着进步，并且是知识进化的源泉。"爱因斯坦的相对论就是从他幼时想象人跟着光线跑的情形开始的。世界上第一架飞机，就是从人们想象造出像鸟一样的翅膀而开始的。想象不仅能引导我们

发现新的事物，而且还能激发我们做出新的探索，从而进行创造性活动。

培养和提升你的想象力

想象力是可以培养的，关键是自己不要禁锢了自己的思维。达尔文小时候在海滩上玩，发现了几枚样子很古老的钱币，他就想这些钱币会不会是凯撒大帝远征时留下的呢？后来他随船出航到世界各地考察了生物和古代化石，把化石与现代生物一起考虑，终于提出了生物进化论。他的伟大发现，同样来源于从小培养起来的丰富想象力。知识在不断地更新，我们了解的信息总是有一定的缺憾。只有大胆地想象，才能填补知识的空缺，才能认识事物之间的联系。

培养想象力的方式很多，一般来说，可以从以下三个方面入手：

1. 用心感受生活，引发想象的活水

虽然自己总觉得生活很平淡，但是生活是想象力的重要来源。只要我们善于观察生活中的方方面面，善于感悟生活，在日常生活中捕捉各种能够引发想象的细节，就能展开想象的翅膀。例如，看到星星就想到牛郎织女；看到春蚕吐丝就想到一直默默奉献的老师……观察多了，感受多了，思考多了，想象力就丰富了。

2. 多角度思考，平凡中发现新奇

事物都有多面性，如果单从一个方面思考，想象力就会受到制约。这种单一角度的思考，过于片面，是一种被人同化了的、定向的思维方式，它禁锢了人们的想象力。培养全方位的立体思维，就能克服定向思维的消极影响，增强思维的敏捷性、准确性和创造性。

3. 打破思维定式，避免雷同

古往今来，许多知名作家的成功之作都立意新颖，别出心裁。打破常规，抹去旧思维，用一种清新的眼光重新审视现实中的困惑，非常有助于想象力的发挥。如果只是人云亦云，重复别人的东西，就会陷入思维的困境。培养想象力，要敢于超越他人，以新思想、新见解、新构思奉献于世。毛主席读了陆游的咏梅词"无意苦争春，一任群芳妒。零落成泥碾作尘，只有香如故"，另辟蹊径，反其意行之，挥笔写下了"俏也不争春，只把春来报。待到山花烂漫时，她在丛中笑"的著名诗句。大多数人总是不自觉地沿着以往熟悉的方向和路径进行思考，而不会另辟新路。毛主席另辟蹊径，使得笔下的梅花形象新颖，光芒四射。

想象能力训练 18 题

题目 1：如果没有电灯，那么……

要求：举出 6 种情况 60 分，10 种 100 分。

如果四周是一片漆黑，这是多么恐怖的一件事啊！特别是在我们已经习惯了生活在"光明"的环境里，假如没有电灯……

有没有什么替代品？如果没有物品可以替代，那么平常我们已习惯在夜间做的各种活动，现在该改为什么，或者以什么方式替换也可达到和以前一样的效果？

以前人们没有电灯一样过得很快乐，他们是怎么过的？也可以想想如何和古人一样度过"暗无天日"的夜晚。

题目 2：如果我家就在火车站的楼上。

要求：说出 6 种情况 60 分，12 种 100 分。

看到这个题目，或许大家都会莞尔一笑。对的，创意本来就是要激发大家的思维活泼化，因此在题目的选择上应尽量向看似"不可能"的事上探寻。

如果我家就在火车站楼上，那么我的食、衣、住、行会有什么影响？若我的朋友来访，会有什么方便或不方便之处？晚上睡眠情况如何？尽量想一些令人喷饭的答案。

题目 3：星星是什么？

要求：说出 8 个句子 60 分，16 个 100 分。

星星是什么？如果你说星星是宇宙中的恒星，星星是晚在天空会眨眼的白点，你要知道这些答案有一个共同的特点，那就是都着重在科学客观的描述，是很有逻辑性的。但是创意不是这样，要突破呆板、要有赤子之心，浪漫一点！你看星星像不像妈妈的眼泪？星星能不能成为天上的路灯？用一颗纯真的心去看待，结果就不一样了。

题目 4：猫的眼睛像什么？

要求：说出 8 个句子 60 分，16 个 100 分。

猫的眼睛像钻石、像照相机的镜头，或许你的描述与这两个答案相类似，这也表示你的"身份"不变，观点相同。如果你想要一些具有创意的答案，你得随时改变自己的立场。想想看，要是你是小偷，晚上看到猫的眼睛，它像什么？如果你是考古学家、牧师、幼儿，甚至是椅子、碗盘，不同的身份就有不同的想法。试试看，你会发现你的答案比别人有创意。

题目 5：请接下列各句

假如我是总裁

我要接受……我要停止……

我要放弃……我要计划……

我要尊敬……我要阻止……

我要了解……我要对抗……

我要继续……我要记住……

我要忘记……我要重视……

我要改变……我要赞助……

我要代替……我要创造……

题目 6：如果我买了一部最新型的越野脚踏车，我将……

要求：举出 5 种情况 60 分，10 种 100 分。

如果我有一辆更加得心应手的越野脚踏车，我就可以表演一些以前不能表演的动作，还可以去突破以前无法克服的地形……如果我的朋友知道了，他们会……。

题目 7：房子有哪些样式？

要求：举出 8 种样式 60 分，15 种 100 分。

都市、乡村、古代建筑、西方建筑、艺术家笔下的草稿……多得不得了。思考这一类的问题时，有两个基本方向：纵的方向，从历史着手，上至远古，推想至未来；横的方向，从地理入门，各国的风俗民情，不同的环境孕育不同的文化，房屋的样式自式各异。

题目 8：如果鹦鹉的脖子上加挂小型扩音器，那么……

要求：举出 6 种可能情况 60 分，12 种 100 分。

家里养只鹦鹉倒是一件有趣的事情，没事教教它说话，享受一点当老师的"虚荣"。

可是，如果它的脖子上挂了扩音器，会不会把你教它的话"传播"出去？如果有一些悄悄话呢？

路人会有什么反应？邻居会有什么反应？

题目 9：如果人口继续暴涨，100 年以后，人类可能会住在什么地方？

要求：举出 6 种可能情况 60 分，12 种 100 分。

先将地球上能用的资源全部考虑一遍，再设想移往其他星球的可能性及该做的准备，这样你会想得很多。

题目 10：如果我是北京市市长，我会……

要求：说出 10 种做法 60 分，26 种 100 分。

每个人都有自己的理想和抱负，如果我是北京市市长，我当然希望能更好地为大众谋福利，解决目前存在的一些问题，比如如何处理垃圾、如何做好环保等等。接下来就开始想象智慧全局了！

题目 11：毛巾除了擦汗，还有哪些用途？

要求：必须是不同系统的用途，举出 10 项 60 分，25 项 100 分。

毛巾的用途不只是擦汗而已，还有很多用途。在考虑这些问题时，可以从物品的属性出发，想到其实用性，会想到很多。

题目 12：由"香蕉"慢慢想像成"电冰箱"，并画出各阶段的演化过程。

要求：最少需有 5 种演化过程。

在设想每个演化过程时，你可以要求每次只变一个项目，例如第一个过程从长度着手，下一次向颜色开刀，或是两个项目并进；但如果你心急或能控制自己的思虑的话，"大家一起来"倒也无妨，只不过你要很清楚你到底是在做什么，这样你的变形设计才会有意义。

题目 13：由鸟类翅膀拍动声转化到汽车引擎声。

要求：转化的各个影像尽量清晰。

你可以先模仿鸟类翅膀拍动声（当然，得先决定是哪种鸟），再想象汽车的引擎声，那是你的终点，找出共同的特性——快速的节拍，转化的

过程应该很容易。

题目14：骨头——（　　）——（　　）——（　　）——水龙头。

要求：每次转词都必须有理由。

这种题目很少见，也蛮费脑筋的，要充分发挥你的联想力。

举个例子来说，从"航天飞机"联想到"红萝卜"，你可以描述航天飞机总是会降到"地面"，而地面上有许多"动物"，"兔子"也是动物之一，而兔子喜欢吃"红萝卜"，不论是功能联结、因果关系或是集合关系，只要说得过去就可以了。看似简单，但还是要花点心思的。

题目15：看到螃蟹你会联想到什么？

要求：时空不限，越广泛越好，举出7种说法60分，14种100分。

你的第一个印象是不是海边？如果是，那倒无所谓，人之常情嘛。但要特别注意一点，题目并没有限制非往海边想。你也可以想象螃蟹被卖到市场，甚至到厨房、餐桌等情况。

尽量跳离既定的环境，让你的想象自由跳跃！

题目16：看到"疲倦"这个字眼，你会联想到什么？

要求全面：时空不限，越广泛越好，举出7种说法60分，14种100分。

哪些场合常会有疲倦的感觉？从你身边的、熟悉的事物着手。确定情景后，再仔细"想象"让你疲倦的事情和工作，体验疲倦的感觉，并且以看电影的方式详细描述或想象全部的感觉，通过这些方式，你一定会想得更多。

题目17：大家经常把白云比做层层的浪花，你认为还有比这个更好的比喻吗？

要求：举出5个60分，10个100分。

要形容一件事物，总得先彻底了解该事物，白云可呈现哪些形态？这些形状各像什么动植物？有哪些物体和白云的质地类似？看到白云有什么感觉？和哪些事物有类似的感觉？

题目18：把"电灯泡"慢慢想象成"脚踏车"，并尽量画出各个阶段的演化过程。

要求：最少需要有5个演化过程。

这时候需要将物体变形，可以适时地夸大、压缩或是延长，如果你只是在脑海中想而不画出来，则每个影像要尽量清晰，这很重要。

打造思维的联想链环

联想——无边无际的想象之环

联想思维就是通过想法之间的联系来诱发思维，使概念或形象接近或相联的思维方法。通过联想，我们可以快速地从脑海里搜索出需要的信息，通过事物的接近、对比等条件，把许多事物串联起来进行思考。它能开阔思路，加深对事物之间联系的认识。

联想是创造性思维的又一种重要能力及表现形式。联想和类比有相似的地方，但它又高于类比，是类比的进一步扩展，是由一事物想到另一事物的思维活动。不同事物之间的距离，可以通过联想来克服。人们知识的获得、经验的积累、对事物理解的生成都是联想的形成。联想不是天生的，它可以通过后天的实践锻炼和培养。人的联想力越强，其创造性思维就越活跃；反之亦然，人的创造性能力越强，其联想力就越丰富，就越能把意义上差距很大的两个事物或概念联结起来。

联想是在事物之间的客观联系的基础上产生的。没有事物之间的客观联系，联想就难发生，离开了事物之间客观联系的联想也只能是空想。所以，要想提高联想能力，获取丰富的联想，就要广泛地参加实践，接触和了解事物，然后，把许多实际经验、知识信息储存在大脑里，使大脑建立起许多暂时的联系，一旦需要联想时，大脑就会把各种信息调动起来，建立各种各样的联系，由此而产生丰富的联想，进行创造性思维活动。

联想的进行不受时间、空间的限制。我们还可从联想的不同类型去发现不同的联想方法。联想的方法一般分为接近联想、相似联想、对比联想、自由联想、强制联想和焦点联想等。

接近联想思维训练

所谓接近联想，就是指在时间上和空间上相互接近的事物之间形成的联想。由于时间和空间是事物存在的形式，所以时间上接近的事物，总是和空间上接近的事物相互联系着的，反之亦然。例如：

小足球运动→生产小足球

一提起火烧赤壁，人们自然会联想到《三国演义》，周瑜、曹操等。因为，他们具有空间和时间上的接近因素。如果提起火烧圆明园，你则会联想到八国联军、慈禧太后等。门捷列夫也正是应用这种接近联想，发现了化学元素周期律并制成元素周期表。他认为，化学元素原子结构的特殊性可按一定次序排列，按次序排列的元素经过一定的间隔（周期）它们的某些主要属性就会重复出现。而在每一间隔范围内一定的属性是逐渐变化的，如果这种逐渐性为突然的跳跃所中断，那就一定应该有个未知的元素存在，来填补这个空位。门捷列夫靠上述接近联想（空间接近），提出了关于元素周期的大胆设想。后来，经过实验验证理论计算，证实了这种设想是正确的。

相似联想思维训练

相似联想就是"在性质上或形式上相似的事物之间所形成的联想"。又可称类似联想，这种联想也可运用到创造发明过程中来。

1957年10月4日，前苏联运用相似联想法，成功地发射了世界上第一颗人造地球通讯卫星，这颗卫星就是世界上第一艘太空船。

我国著名思维学家张光鉴先生认为："大至宇宙星系之间，小至每个原子运动形式都存在着大量的相似之处。"因此，相似思维是普遍存在的，它对我们的工作和生活有着极为重要的作用。他举例说道：客观世界到处是相似的痕迹和联系。即使是人类科学发展史和社会发展史都如同史学家惊叹的那样，"呈现着惊人的相似"。比如，大多数的民族都不约而同地经历过石器时代、陶器时代、铜器时代、铁器时代等。社会形态都经过了原始社会、奴隶社会、封建社会、资本主义社会等。不但社会宏观的发展过程有如此之多的相似，就连许多理论和技术应用过程，人们也常常使用相似联想进行创造性活动。例如，人们由于蒸汽推动壶盖运动产生的相似联想而发明了蒸汽机。人们又把蒸汽机装在车上出现了火车，装在船上出现了轮船，用蒸汽机带动纺织机，出现了动力纺织机，装在动力厂发出了强大的电力，使生产力为之飞跃发展，从而出现了文明史的最有意义的一次产业革命等。

对比联想思维训练

发明者由某一事物的感知和回忆引起跟它具有相反特点的事物的回忆，从而设计出新的发明项目，这就叫做对比联想法。

发明者在进行联想构思时，联想构思的结果可能是已有的发明项目，也可能是有意义的新发明项目，也许是无意义的联想。

由某一事物的感知和回忆引起和它具有相反特点的事物的回忆，叫做对比联想。例如：黑与白，大与小，水与火，黑暗与光明，温暖与寒冷。每对既有共性，又具有个性。

例如，黑暗亮度小，光明亮度大，都是表示亮度。对比联想具有背逆性，这里用了逆向思维。对比联想还具有挑战性。例如，吸鸦片有害人的健康，而用鸦片有时能给人治病，这二者也是对比联想关系。

对比联想又可分为下列几种：

1. 从性质属性的对立角度进行对比联想

日本的中田藤三郎关于圆珠笔的改进就是从属性对立的角度进行思考才获得成功的。1945 年圆珠笔问世，写 20 万字后漏油，改进后制成的笔，恰好油被使用完，就可以把圆珠笔扔掉。这里就运用了对比联想法。

2. 从优缺点角度进行对比联想

发明者在从事发明设计时，既看到优点和长处，又要想到缺点和短处，反之亦然。

铜的氢脆现象使铜器件产生缝隙。铜发生氢脆的机理是：铜在 500℃左右处于还原性条件中时，铜中的氧化物被氢脆，这无疑是一个缺点，人们想方设法去克服它。可是有人却偏偏把它看成是优点加以利用，这就是制造铜粉技术的发明。用机械粉碎法制铜粉相当困难，在粉碎铜屑时，铜屑

总是变成箔状。把铜置于氢气流中，加热到 500℃ ~ 600℃，时间为 1 ~ 2 小时，使铜屑充分氢脆，再经球磨机粉碎，合格铜粉就制成了。这里就运用了对比联想。

3. 从结构颠倒角度进行对比联想

从空间考虑，前后、左右、上下、大小的结构，颠倒着进行联想。例如，中国当代数学家史丰收就是运用此种对比联想。一般人进行数学运算都是从右至左、从小到大进行运算，史丰收运用对比联想，反其道而行之，从左至右、从大到小来进行运算，运算速度大大加快。

4. 从物态变化角度进行对比联想

即看到从一种状态变为另一种状态时，联想与之相反的变化。

18 世纪，拉瓦把金刚石煅烧成 CO_2 的实验，证明了金刚石的成分是碳。1799 年，摩尔沃成功地把金刚石转化为石墨。金刚石既然能够转变为石墨，用对比联想来考虑，那么反过来石墨能不能转变成金刚石呢？后来终于用石墨制成了金刚石。

自由联想思维训练

这是在人们的心理活动中，一种不受任何限制的联想。这种联想成功的概率比较低，大都能产生许多出奇的设想，但都难以成功，可有时也往往会收到意想不到的创造效果。

荷兰生物学家列文虎克就曾从自由联想中发现了微生物。那是 1675 年的一天，天上下着细雨，列文虎克在显微镜下观察了很长一段时间，眼睛累得酸痛，便走到屋檐下休息。他看着那淅淅沥沥下个不停的雨，思考着刚才的观察结果，突然想到一个问题：在这清洁透明的雨水里，会不会有什么东西呢？于是，他拿起滴管取来一些水，放在显微镜下观察。没想到，竟有许许多多的"小动物"在显微镜下游动。他高兴极了，但他并不轻信刚才看到的结果。几天后，他再接雨水观察，又发现了许多"小动物"，于是，他又广泛地观察，发现"小动物"在地上有，空气里也有，到处都有，只是不同的地方"小动物"的形状不同，活动方式不同罢了。

列文虎克发现的这些"小动物"，就是微生物。这一发现，打开了自然界一扇神秘的窗户，揭示了生命的新篇章。列文虎克正是通过自由联想而获得这一发现的。

强制联想思维训练

它是与自由联想相对而言的，是对事物有限制的联想。这限制包括同义、反义、部分和整体等规则。一般的创造活动，都鼓励自由联想，这样可以引起联想的连锁反应，容易产生大量的创造性设想。但是，具体要解决某一个问题，有目的地去发展某种产品，也可采用强制联想，让人们集中全部精力，在一定的控制范围内去进行联想，也能有所发明和创造，在创造活动中，这类创造发明的例子也是屡见不鲜的。

以"什么是创造性思维？"这个问题为例，我们用螺旋形贝壳来当做思考的相似物，作强制性的相似联想。

上面就是螺旋形贝壳的特性，引发我们对"什么是创造性思维"这个问题产生的一些新的领悟。从中可以看出哪些是明显的，哪些是相似的，哪些是新观念。

1. 通过联想把下列词语联系起来

鸟——书

铁——月饼

纸——土

树——皮球

战争——火星

2. 做一下这种练习

在你每天坐车上学或是回家的时候，坐在车里，想象一下你回家的路线的平面图。在你的脑子里出现一幅地图。你还可以想象如果你此时正在直升飞机里，你在空中看到的这幅画是什么样子的。在你的脑海中把这幅图画想象出来。注意方向的转化和你所熟悉的路边的标志。到家或者到学校以后，把你头脑中的这幅图画在纸上，然后把这幅图画和真正的地图相比较，如果你的空间想象和思维能力好的话，你画出来的图应该和真正的市镇地图差不多。

焦点联想思维训练

还可围绕"焦点"进行串想。所谓串想，就是按照某一种思路为"轴心"，将若干想象活动组合起来，形成一个有层次的、有过程的并且是动态（发展）的思维活动。

在爱因斯坦创立相对论时，可清楚地看到上述思维技法的应用。爱因斯坦在做了大量的基础准备、理论积累之后，运用串想思维技巧进行了他的理论创造。他是这样进行串想的：

首先，他想象在所有相互作匀速直线运动的坐标系中，光在真空中的传播速度都是相同的（即光速的不变性）。接着，他又想象，在所有相互作匀速直线运动的坐标系中，自然定律都是相同的。于是，最后他就想象到光线在引力场中会发生弯曲。就这样，在一系列丰富联想之后，爱因斯坦再把各种联想有机地"串联"起来，揭示出宇宙发展的最深刻的逻辑关系，并由此创立了相对论。

爱因斯坦的思维活动，正是表现了一个完整的联想思维过程。

古希腊哲人亚里士多德早在两千多年前就指出：只有不断使自己的思维从已存在的一点出发，或从已知事物的相似点或相近点或相反点出发，才能获得对事物的新的看法，世界由此才会得以前进。

联想的方法是很多的，我们可以从对象的因果联系上去进行联想，也可依据事物的同类原则去进行联想，还可以从事物之间相关特性去进行联想。各种各样的联想方法都是可以产生出创造性设想的，获得创造的成功。这里关键不是运用哪一种联想方法，关键在于，我们要解决什么问题？需要进行什么创造？要达到怎样的目的？或者什么样的预期目的都没有，只是想有所创造发明。那么，我们就应根据各自的不同要求和想法，有意地或无意地去进行联想，从联想产生的设想中去获得创造成功。

捕捉思维中的灵感火花

灵感——爆发的思维火花

灵感，也称顿悟，它是人类创造活动中一种复杂的心理现象和精神现象，常常具有瞬时突发性与偶然巧合性的特征。很多人都有这样的体验：费了极大的心血，搜肠刮肚也没有想出解决的办法，但在另外一个不经意的瞬间却想到了一个绝妙的主意，这即是灵感——文学家的"神来之笔"、军事家的"出奇制胜"、发明家的"茅塞顿开"等，都说明了灵感的这一特点。它是在经过长时间的思索，问题没有得到解决，但是突然受到某一事物的启发，问题却一下子解决的思维方法。

灵感来自于信息的诱导、经验的积累、联想的升华、事业心的催化。灵感的爆发如同大自然的闪电一样，稍纵即逝，能捕捉到并迅速记录下的就是幸运儿，倘若毫无准备，灵感的闪电一下子就会消失得无影无踪。例如，"圆舞曲之王"小约翰·施特劳斯就有一次传奇经历。一次，他在一个优美的环境中休息，突然灵感火花涌现，当时他没有带纸，急中生智的他迅速脱下衬衣，挥笔在衣服上写下了后来举世闻名的《蓝色多瑙河》。

灵感思维是人类常用的一种思维方法，它是创造性思维能力、创造性想象能力和记忆能力的巧妙融合，具有如下特点：①灵感呈飞跃式，具有突发性。②独创性。从灵感思维的结果来看，它打破了人们的常规思维，把人的认识提高到了一个新的高度。灵感思维失去创造性就没有存在的价值。③非自觉性。其他的各种思维活动，都是一种自觉的思维活动，但对灵感思维来说，由于它是突然发生的而不是预先构思好的思维活动，所以呈现出较强的非自觉性。

灵感思维并不神秘，每一个正常的人都具有这种思维能力。同时，它也是运用十分广泛的思维方法，在学习和生活的方方面面，都能找到实际应用。

点燃灵感的火花，打开灵感的阀门

灵感虽然神秘，但也是可以创造和培养的。以下几种方法可能帮助你

激发灵感：

1. 观察分析

在进行科技创新活动的过程中，自始至终都离不开观察分析。观察，不是一般的观看，而是有目的、有计划、有步骤、有选择地去观看和考察所要了解的事物。通过深入观察，可以从平常的现象中发现不平常的东西，可以从表面上貌似无关的东西中发现相似点。在观察的同时必须进行分析，只有在观察的基础上进行分析，才能引发灵感，形成创造性的认识。

2. 启发联想

新认识是在已有认识的基础上发展起来的。旧与新或已知与未知的连接是产生新认识的关键。因此，要创新，就需要联想，以便从联想中受到启发，引发灵感，形成创造性的认识。

3. 实践激发

实践是创造的阵地，是灵感产生的源泉。在实践激发中，既包括现实实践的激发又包括过去实践体会的升华。各项科技成果的获得，都离不开实践需要的推动。在实践活动的过程中，迫切解决问题的需要，就促使人们去积极地思考问题，废寝忘食地去钻研探索，科学探索的逻辑起点是问题。因此，在实践中思考问题，提出问题，解决问题，是引发灵感的一种好方法。

4. 激情冲动

积极的激情，能够调动全身心的巨大潜力去创造性地解决问题。在激情冲动的情况下，可以增强注意力，丰富想象力，提高记忆力，加深理解力。从而使人产生出一股强烈的、不可遏止的创造冲动，并且表现为自动地按照客观事物的规律行事。这种自动性，是建立在准备阶段里经过反复探索的基础之上的。这就是说，激情冲动，也可以引发灵感。

5. 判断推理

判断与推理有着密切的联系，这种联系表现为推理由判断组成，而判断的形成又依赖于推理。推理是从现有判断中获得新判断的过程。因此，在科技创新的活动中，对于新发现或新产生的物质的判断，也是引发灵感，形成创造性认识的过程。所以，判断推理也是引发灵感的一种方法。

上述几种方法，是相互联系、相互影响的。在引发灵感的过程中，不是只用一种方法，有时是以一种方法为主，其他方法交叉运用的。

训练和培养灵感思维

灵感是对科学家、艺术家长期辛勤劳动的一种报偿和奖励。思想家罗素曾经说过："机遇偏爱那些有准备的人。"柴可夫斯基说："灵感——这是一个不喜欢拜访懒汉的客人。"长期积累，偶然得之，正道出了灵感发生规律的本质。

在平时的生活和工作中，要养成培养灵感思维的好习惯。

1. 养成善于学习和思考的习惯

灵感是人类大脑的一种思维活动，不是唯心主义所说的"神灵"。灵感思维是以人的大脑中储存的信息和经验为基础的。正如伟大的音乐家柴可夫斯基所说的："毫无疑问，甚至最伟大的音乐天才，有时也会被缺乏灵感所苦。它是一个客人，不是一请就到的。在这当中，就必须要工作，一个诚实的艺术家决不能交叉着手坐在那里……必须抓得很紧，有信心，那么灵感一定会来。"正如他所说，你要获得灵感就必须多加学习，多加练习，绝对不能坐在那里消极等待。

2. 要抓住机遇不放，把灵感转化为发明成果

机遇偏爱有准备的头脑，这是大家公认的道理了。因此每个人都要成为留心机遇的有心人，一旦机遇到来，就要抓住不放。集装箱运输方式的发明人叫马尔柯姆，他本来是一名卡车司机。有一天，他把装满货物的卡车开到新泽西，急不可待地等待卸货和装船，就在这个时候，他脑子里面突然冒出了一个想法：难道不能想办法把拖车开到船上吗？这既可以节约时间，又可以大量节省劳动力。他及时抓住了这一灵感，不断设计和改进，终于成功地设计了集装箱，并在1956年建成了他的第一个集装箱队。

3. 要身心放松，充分发挥冥想的作用

心理学家和生理学家的研究表明，创造性的灵感偏爱民主自由和宽松的氛围，而在紧张、疲劳和受到压抑的情况下，大脑思维就会停滞，灵感就会被扼杀。因此，学会身心放松，多参加旅行、登山、游泳和文娱活动，对于诱发灵感思维都是有益的。

冥想能够抚平杂乱的思绪，使人的心境平和，因而被称作"内心之旅"。冥想的目的是让人精神松弛，让人进入一种心旷神怡的状态，这正是产生灵感的理想状态。大多冥想练习者的体会是，冥想不仅有健脑，健身的作用，而且能够自我调整。

4. 要养成记笔记的习惯，随时捕捉闪现的灵感

灵感这东西的确有点奇怪，来之不易，去之无踪。费尔巴哈说："热情和灵感是不为意志所左右的，是不由钟点来调节的，是不会在预定的日子和钟点迸发出来的。"既然灵感有这样的属性，为了它不期而至的时候捕捉它，我们就应该像狩猎者那样，时刻准备着。许多作家、画家和作曲家，都有在"三边"放记事本的习惯，所谓"三边"就是书桌边、枕头边、手边，一旦在灵感出现的时候立即把它记录下来。有关贝多芬捕捉灵感的脍炙人口的故事，流传久远。有一天，他独自行走在维也纳近郊的一条小路中央，忽然他脑子里面闪现出了灵感，于是就蹲在地上记录刚刚构思好的乐曲。他写得那样专注，由于他双耳已经失聪，以至于一只送葬队伍奏着哀乐走到他的跟前，他竟然毫无反应。吹鼓手们气愤之极，正准备呵斥他的时候，他们认出了那是贝多芬，于是异口同声地说："不要惊动他，等一等，让他写完！"这个故事说明，灵感是过时不候的，一旦出现了必须立即就捕捉它。

灵感来去匆匆，稍纵即逝，必须及时记录。正是："作诗火急追亡逋，情景一失永难摹。"笔记是攀登者手中的拐杖，及时记录已成为捕捉灵感思维火花的一个普遍使用的有效方法。

让思维的"触角"伸得更长更远

发散思维——思维"大爆炸"

发散思维法又称求异思维、扩散思维、辐射思维、多向思维等。它是沿着不同的方向、不同的途径和不同的角度去设想的展开型思考方法，是从同一来源材料、同一个思维出发点探求多种不同答案的思维过程。这种思维方法最根本的特色是多方面、多角度、多思路地思考问题，而不是局

限于一种思路、一个角度，一条路走到黑。对于发散性思维来说，当一种方法、一个方面不能解决问题时，它会主动地否定这一方法、方面，而向另一方法、另一方面跨越。它不满足已有的思维成果，力图向新的方法、领域探索，并力图在各种方法、方面中，寻找一种更好的方法、方面。众所周知，大发明家爱迪生之所以为人称道，名留青史，不仅在于他发明了多少种东西，更在于他对科学孜孜不倦的精神和进取的发散性思维方式。为了试制灯丝，他实验了1600多个不同类型的方案，最后找到碳化丝片才宣告成功。类似的例子在科学史上数不胜数。发散性思维体现了思维的开放性、创造性，是事物普遍联系在头脑中的反映。既然事物是相互联系的，是多方面关系的总和，我们就应从多个方面、多个角度去认识事物，向四面八方发散出去，从而寻找解决问题更多更好的方法。

发散思维能摆脱习惯性思维的束缚，使人的思维趋于灵活多样，从而产生大量的创造性设想。发散思维要求人们的思维向四方扩散，无拘无束，海阔天空，甚至异想天开。通过思维的发散，可以提出新点子、新思路、新发现、新创造，提供新东西。许多发明创造都是借助发散思维获得成功的。大部分科学家、思想家和艺术家的一生都十分注意运用发散思维进行思考。

发散思维是创造思维的基本方法，由它派生出或者说涵盖了一些具体方法和技巧，这里主要讲述纵横思维法、逆向思维法、分合思维法和质疑思维法。

发散思维之纵横思维训练

将思考的问题或对象从纵的与横的发展方向上进行思维加工就是纵横思维法。就是说遇事时横竖多想想，有哪些因素，哪些可能性，哪些可行的办法，拿出些新点子，可以使思路开阔，少出差错。例如，我们评价一个同学的时候，不仅要考虑他过去和现在的学习情况，而且还要综合考虑他德、智、体、美、劳等各方面的发展情况。现在对员工进行绩效评估，不仅要考虑上下级对他的评价，而且要考虑跟他同级的人员对他的评价。从纵横两方面去把握事物就会比较全面深刻，在学习中应该多运用这一方法。纵横思维法也可以分成纵向思维法与横向思维法两种。

下面是一个训练纵横思维的有效方法。

在纵横两个轴线上，设计出相应的思维盒。每一个盒子都把注意力汇聚到一个具体的任务上，把注意力引向一个又一个区域，每注意一个区域时，只需考察该区域的特定情景或内容，比如横轴上的盒子1，只需要我们考虑"目的"这一内容，而不注意其他盒子的内容。横轴上的盒子2则要求我们注意"解答"（完成目的的手段、方式的选择）。纵轴上的几个盒子也是工具性的。它帮助我们对横轴上的内容作纵深的思考。通过纵轴盒子的几个阶段性思考，可以分别地对横轴上的盒子进行思考。

这种思维技巧可以帮助我们在思考问题时，注意力在特定的区域（盒子）上停留，可以保证某一特定思维的顺利进行；还可以通过纵横两轴的缜密思维，获得对问题的全方位的、多层次的思考，从而得到较满意的结果。

发散思维之逆向思维训练

从相反的方向去思考，改变人们通常只从正面去探索的习惯，这种反过来从完全对立的角度去思考问题的方法就是逆向思维法，可以说是"背道而驰"或反其道而行之。从反面去看问题，往往产生独特的构思和新颖的观念。正反两方面多想想可能会收到意想不到的效果。例如人们算数时都是从右向左算，史丰收改为从左向右算，从而创造了速算法，被称为史丰收速算法，他的速算能力和速算方法受到国际数学界的高度评价和认可。

为了有效地清除灰尘，人类很早就开始研究除尘设备了。首先想到用"吹"的方法。1901年，在英国伦敦火车站举行了一次"吹尘"的实验。当这种除尘器在火车厢里启动时，灰尘到处飞扬，使人睁不开眼，喘不过气。参观者中有一个叫郝伯·布斯的技师想：吹尘不行，那么反过来吸尘行不行？于是，他决定回家试一试。到家以后，他用手帕蒙住口鼻，趴在地上用嘴猛烈吸气，结果地上的灰尘都被吸到手帕上来了。试验证明，吸尘的方法比起吹尘来要高明得多。于是利用真空负压原理制成的电动吸尘器就在这一年诞生了。

在许多场合，把思维的广度扩展一下，变换一下思维视角，便会引发一连串的创意。

司马光砸缸，是我们每个人都耳熟能详的故事。其实，司马光砸缸的行为就是逆向思维的结果。因为，一般人遇到如何从水缸里救人这样的事，都是从"如何使人离开水"这个方向想。但是当时他所处的具体情况根本不允许他这么做，在千钧一发之际，司马光急中生智，瞬间掉转了思考的方向，想到了"如何使水离开人"，想到用石头砸水缸。

坦桑尼亚是一个拥有大片热带草原、各种珍奇热带动物的国家，如此得天独厚的自然条件却没有为它的国家动物园吸引来众多的游客，只能依赖政府的补助。如何摆脱困境，一度成为动物园全体员工大伤脑筋的事。

一个偶然的机会，动物园的一位工作人员从报纸上的一则消息中获得灵感。据报载，坦桑尼亚有一个偏远乡村，村民常遭狼的袭击，而当地居民一般没有住房装门的习惯，因此大人外出时，很担心留在家中的孩子的安全。一位女主人想出了一个好办法，她到铁铺里打制了一个铁笼子，外出时就把年仅2岁的孩子锁到铁笼子里。一天，她从外面回到家时，居然发现一只恶狼围着铁笼子团团转，于是，她拿起木棍将恶狼赶跑了。

看罢消息，工作人员想：如果对动物园的游客和观赏的动物换一下位置，把动物从笼子里放出来，让游客坐在汽车中观赏动物，岂不更有趣、更具吸引力？

他把这一构想向有关负责人提出来，建议很快就被采纳并付诸实施。于是人们可以在车中近距离尽情观赏大摇大摆擦身而过的老虎、迈着优雅步伐散步的大象、在草原上奔驰的成群野马以及伸着懒腰的狮子。

此招一出，果然不同凡响，从世界各地来观看动物的游客如织、络绎不绝，坦桑尼亚的国家公园因此名声大噪，享誉全球。

在学习科学理论时，对前人的理论进行实验或实践以证明前人理论的真实性，称为证实法；有时也从另一方向考虑，即通过实验或实践证明前人理论的不真实性或不科学性，称为证伪法。对已有的理论观点进行肯定性的证实或抱有怀疑态度的证伪都是重要步骤。每个同学都应学会证实和证伪两种思考方法，学会从逆向考虑问题。

逆向思维法看似荒唐，实际上是一种易产生奇异思路的方法，常常出奇制胜，使人创造出新的思想，做出突破性的贡献。

发散思维之分合思维训练

　　分合思维法是将思考对象的有关部分，在思想上分解为部分或重新组合，试图找到解决问题的新方法。曹冲称象的故事就是运用分合思维的一个很好例证。当时最大的秤只能称200斤重量，而一只象上万斤，如何称呢？似乎不可能。曹冲用木船为媒介，把大象分解为等量的石头，分别称出石头的重量，再加到一起，不就等于大象的重量了吗？这是一个典型的分合思维法的例子。帽子与上衣连起来组合成新的款式，上衣与裤子连起来组成背带裤，上衣与裙子连起来成为连衣裙。收音机与录音机连起来组成收录机。橡皮与铅笔粘在一起成了新型铅笔，据说发明这种铅笔的人是个穷画家，穷得连橡皮头都舍不得丢掉，把它粘在铅笔上，因而成了一项发明，申请了专利，穷画家一跃成为大富翁。这便是分合思维法的妙用。

　　分合思维法可以分为分解思维法和组合思维法两种。分解思维法可以"化腐朽为神奇"，把无用的因素分离出去，把有用的因素提取出来，加以利用；组合思维法可以由组合而创新。两者都是很有用的创造方法。

发散思维之质疑思维训练

　　质疑思维法就是勇于提出问题，敢于向权威挑战。不受传统理论的束缚，不迷信书本和专家权威，也不盲目从众。勇于提出问题或者敢于挑战也不是没有根据的乱说，而是在认真学习前人知识经验的基础上，经过深思熟虑，发现问题，提出质疑。喜欢质疑的人总是能够取得成就的。

　　著名数学家希尔伯特的例子就说明了这个道理。希尔伯特是一个想象力异常丰富、善于提问的数学家。在1900年第二届国际数学家大会上，他作了题为《数学的问题》的报告，一举提出了当时数学领域中的23个重大问题。这些问题，后来被称为"希尔伯特问题"。它们的提出，有力地促进了数学的发展。为此，希尔伯特总结道："只要一门科学分支能提出大量的问题，它就充满着生命力，而问题缺乏，则预示着独立发展的衰亡或中止。"

　　小的时候，大家总是喜欢问"为什么"，但是长大以后，就习惯了接受周围的现状，再也提不出"为什么"了。在学习中，经过认真思考，敢于发现问题，勇于提出问题，这是学习成功的重要环节。俗话说得好："学问学问，要学就要问。"学，就是对已有知识体系的继承和肯定；问，就是对已有知识体系的质疑和否定。

我国明代学问家陈献章说："前辈谓学贵知疑，小疑则小进，大疑则大进。疑者，觉悟之机也。一番觉悟，一番长进。"

质疑的目的是为了提出新看法、新观点，建立新理论，这就是立论。质疑和立论是创造性思维的两个阶段。有人说：质疑诚可贵，立论价更高。质疑使人将信将疑，立论使人心明眼亮；质疑使人千回万转，立论使人豁然开朗；总之质疑只是宣告旧理论有毛病，立论才能宣告旧理论的死亡，新理论的成立。

让思维的"触角"伸得更长更远

发散性思维是多方向性和开放性的思维方式，它同单一、刻板和封闭的思维方式相对立。它承认事物的复杂性、多样性和生动性，在联系和发展中把握事物。发散性思维仿佛具有众多的"触角"，不拘泥于一个方向、一个框架而向四面八方延伸，使我们的思维纵横交错、构成丰富多彩的、生动的"意识之网"，这张网可以迅速、灵活地"编"出多种多样的"意识产品"。

在培养发散思维的过程中，首先是要把握事物之间的联系；其次要扩大观察的范围。我们在思考的过程中，要破除各种思维定式，从多方面考虑，把思维的对象放在更广阔的背景里加以考虑，就有可能发现它的更多属性。比如说，把气象预测纳入到企业经营决策的思考范围。日本经营电冰箱和空调器的厂商，都设立了专门研究和测算气象的机构。他们搜集了大量的数据，得出了气温变化与产品销售额之间的关系：夏天的时候，30℃以上的天气每多一天，空调的销售量就能增加 4 万台。德国的一些啤酒公司也发现，当气温高于 24℃的时候，啤酒开始动销，气温每上升 1 摄氏度，啤酒将增加 230 万瓶的销售量。我们经常自以为是的想法，可能使我们错失了很多奇妙的发现。当我们欣赏西方落日的余辉时，却错过了东方的壮丽美景。思考的过程也是如此。我们不妨把目光转向另外一个角度，扩大我们观察的对象，

创意的素材就会源源不断地进入我们的脑海。

发散思维是创新的源泉，研究发现，影响发散思维顺利发展的心理障碍主要有以下几个：

1. 按现成的答案。当人们从一个思维基点出发思考时，已有的答案往往会妨碍思维向其他方面的扩散，不能想出更多更好更新颖的方案、方法以供选择。解决这个障碍的办法是一问多答，一题多解，一事多思。

2. 循规蹈矩。"没有规矩，不成方圆。""规矩"是帮助人们完成"方圆"的必要规范，但是日常的许多规矩却使人们的思维被限制，尤其是那些陈规陋习往往是扼杀科学、束缚创造的祸首。处理这种情况的方法是跳出旧俗，突破框框，勇于"反常"。

3. "从众""认同"心理。从众心理和认同心理是一种普遍存在的现象，这种从众、认同的心理现象是发散思维的克星。要想克服它，就要提倡标新立异，别具一格，独树一帜。

4. 怕出差错。有这种想法的人就不敢多想，因为发散思维想出来的办法和方案很多是没有先例的，是新颖独创的，可能对，也可能不对。怕出差错的人谨小慎微，思维也就无法放开。这就要求更新观点，勇于思考。发散思维不是科学家、专家们所特有的，一般的人都具有，只是程度不同而已，只要在日常生活中有意识地进行训练（比如，尽量多地列举曲别针的用途），发散思维能力就能大大提高。

魔鬼训练营——开发和培养创造力

创造力是一种思维，创造力的实质是选择、突破和重新建构三者的统一。创造力不同于其他一般思维，训练以下几个方面的特性，你会受益匪浅：

1. 创见

具有创见性的人，不迷信、不盲从，较为轻视已有的程式、权威、见解，甚至于公认的结论，不满足现成的方法和答案，善于找到自己的方法和答案，并且表现出果断、坚定、自信等特征。

2. 灵活

灵活性反映思维是否具有随机应变、变化多端、举一反三、触类旁通的能力。

3. 流畅

流畅性是思维的一种状态，是创造性思维成长的摇篮。没有流畅性便没有创造性思维。流畅是认识、观念、方法以及对事物的表达按照各自发展的顺序，结合情境的需求进行迁徙、跳跃、滑动和联系的过程。

4. 突发

创造性思维在时间上往往是突然产生某个突破，表现了一种非逻辑性的特点。表面上看来，它是违反常规的，使人感到不可思议，有时甚至使人感到愕然。实际上它是长期量变基础上的质的飞跃。

5. 连续

连续性是创造性思维持久的衡量标准。连续性在创造过程中的作用是，在思维连结点的突破中，为流畅性提供持续力，没有连续点的突破，思维就可能中断。

6. 整体

整体性说明的是空间上的概括性和综合性，是创造性思维成果的迅速扩大和展开，在整个面貌上带来价值的更新。思维效果的整体性是创造性思维的根本。

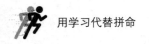

Part9

时间管理能力训练

把 24 小时变成 48 小时

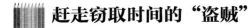 **赶走窃取时间的"盗贼"**

时间都去哪儿了

企管专家马可·麦西尼曾说过一个小故事：

想象有一个户头，每天存进 86 400 元随意让你使用。不过，每天晚上 12 点以后，不管你有没有花完，就自动归零，隔天又存入 86 400 元。如此周而复始。

若这个户头是你的，你会怎么做？一定是想尽办法，充分利用每一元钱，甚至会想办法把这些钱转投资成其他资产吧？

事实上，每个人真的有一个这样的户头，只不过存取的不是金钱，而是时间，每天存进 86 400 秒，只能提取，不能增加。

现在，你知道该怎么做了吗？

无论你从事什么，时间就是你要计划、安排的对象。你应该意识到一个严重的事实：不知道你闲置了多少时间。

不要以为那些忙忙碌碌的高级经理们都很清楚时间的价值。他们在时间安排上并不如你想象的那么完美。

一家咨询公司在给一个知名企业做咨询的时候，曾认真地记录了该企业总经理一周工作的实际情况。很遗憾，他每天的时间根本不是他能够控制的，而更糟糕的是在这一周，与业务有关的工作共有两次，总共不超过

30 分钟。真的是令人吃惊！

无论走到哪里，我们都会听到一种抱怨："只要我有更多的时间，我就会……"当问到人们喜欢更多地拥有什么东西，你会得到各种不同的回答：金钱、假期、爱好、教育等。再向他们发问，什么才能使他的生活更轻松，你会得到更加一致的答案："我需要更多的时间！"

究竟你的时间跑到哪里去了？

偷走时间的 7 大"盗贼"

据时间管理学研究者们发现，人们的时间往往是被下述"时间窃贼"偷走的。

1. 找东西

据对美国 200 家大公司职员做的调查，公司职员每年都要把 6 周时间浪费在寻找乱放的东西上面。这意味着，他们每年要损失 10% 的时间。对付这个"时间窃贼"，有一条最好的原则：不用的东西扔掉，不扔掉的东西分门别类保管好。

2. 懒惰

对付这个"时间窃贼"的办法是：

使用日程安排簿；

在家居之外的地方工作；

及早开始。

3. 时断时续

研究发现，造成公司职员浪费时间最多的是干活时断时续的方式。因为重新工作时，这位职员需要花时间调整大脑活动及注意力后，才能在停顿的地方接着干下去。

4. 惋惜不已或白日做梦

老是想着犯过的错误和失去的机会，或者空想未来，这两种心境都是极浪费时间的。

5. 拖拖拉拉

这种人花许多时间思考要做的事，担心这个担心那个，找借口推迟行动，

又为没有完成任务而悔恨。其实在这段时间里，他们本来能完成任务而且应转入下一个工作了。

6.对问题缺乏理解就匆忙行动

这种人与拖拉作风正好相反，他们在未获得一个问题相关的充分信息之前就匆忙行动，以至于往往需要推倒重来。这种人必须培养自制力。

7.分不清轻重缓急

即使是避免了上述大多数问题的人，如果不懂得分清轻重缓急，也达不到应有的效率。

所以，只要不让这些"盗贼"有机可趁，那么我们就能有效地掌控我们的时间了。

从"白日梦"中苏醒

西方精神分析学大师弗洛伊德将空想命名为"白日梦"。他认为，白日梦就是人在现实生活中由于某种欲望得不到满足，于是通过一系列的空想、幻想在心理上实现该欲望，从而为自己在虚无中寻求到某种心理上的平衡。

弗氏理论还提出了一个关键性的词：逃避。也就是说，过分沉湎于空想的人必定是一个逃避倾向很浓的人。此言一语中的。这正是空想带给人的极大危害。下面的故事生动地说明空想的危害。

一年夏天，一位来自马萨诸塞州的乡下小伙子登门拜访年事已高的爱默生。小伙子自称是一个诗歌爱好者，从7岁起就开始进行诗歌创作，但由于地处偏僻，一直得不到名师的指点，因仰慕爱默生的大名，故千里迢迢前来寻求文学上的指导。

这位青年诗人虽然出身贫寒，但谈吐优雅，气度不凡。老少两位诗人谈得非常融洽，爱默生对他非常欣赏。

临走时，青年诗人留下了薄薄的几页诗稿。

爱默生读了这几页诗稿后，认定这位乡下小伙子在文学上将会前途无量，决定凭借自己在文学界的影响大力提携他。

爱默生将那些诗稿推荐给文学刊物发表，但反响不大。他希望这位青年诗人继续将自己的作品寄给他。于是，老少两位诗人开始了频繁的书信来往。

青年诗人的信一写就长达几页，大谈特谈文学问题，激情洋溢，才思敏捷，表明他的确是个天才诗人。爱默生对他的才华大为赞赏，在与友人的交谈中经常提起这位诗人。青年诗人很快就在文坛有了一点小小的名气。

但是，这位青年诗人以后再也没有给爱默生寄诗稿来，信却越写越长，奇思异想层出不穷，言语中开始以著名诗人自居，语气越来越傲慢。爱默生开始感到了不安。凭着对人性的深刻洞察，他发现这位年轻人身上出现了一种危险的倾向。通信一直在继续。爱默生的态度逐渐变得冷淡，成了一个倾听者。

很快，秋天到了。爱默生去信邀请这位青年诗人前来参加一个文学聚会。他如期而至。在这位老作家的书房里，两人有一番对话："后来为什么不给我寄稿子了？"

"我在写一部长篇史诗。"

"你的抒情诗写得很出色，为什么要中断呢？"

"要成为一个大诗人就必须写长篇史诗，小打小闹是毫无意义的。"

"你认为你以前的那些作品都是小打小闹吗？"

"是的，我是个大诗人，我必须写大作品。"

"也许你是对的。你是个很有才华的人，我希望能尽早读到你的大作品。"

"谢谢，我已经完成了一部，很快就会公之于世。"

文学聚会上，这位被爱默生所欣赏的青年诗人大出风头。他逢人便谈他的伟大作品，表现得才华横溢，锋芒毕露。虽然谁也没有拜读过他的大作品，即使是他那几首由爱默生推荐发表的小诗也很少有人拜读过。但几乎每个人都认为这位年轻人必将成大器。否则，大作家爱默生能如此欣赏他吗？

转眼间，冬天到了。青年诗人继续给爱默生写信，但从不提起他的大作品。信越写越短，语气也越来越沮丧，直到有一天，他终于在信中承认，长时间以来他什么都没写。以前所谓的大作品根本就是子虚乌有之事，完全是他的空想。他在信中写道："很久以来我就渴望成为一个大作家，周围所有的人都认为我是个有才华有前途的人，我自己也这么认为。我曾经写过一些诗，并有幸获得了阁下您的赞赏，我深感荣幸。使我深感苦恼的是，自此以后，我再也写不出任何东西了。不知为什么，每当面对稿纸时，我的脑中便一片空白。我认为自己是个大诗人，必须写出大作品。在想像中，我感觉自己和历史上的大诗人是并驾齐驱的，包括和尊贵的阁下您。在现实中，我对自己深感鄙弃，因为我浪费了自己的才华，再也写不出作品了。而在想像中，我是个大诗人，我已经写出了传世之作，已经登上了诗歌的王位。尊贵的阁下，请您原谅我这个狂妄无知的乡下小子……"

从此后，爱默生再也没有收到这位青年诗人的来信。

爱默生告诫我们："当一个人年轻时，谁没有空想过？谁没有幻想过？想入非非是青春的标志。但是，我的青年朋友们，请记住，人总归是要长大的。天地如此广阔，世界如此美好，等待你们的不仅仅需要一对幻想的翅膀，更需要一双踏踏实实的脚！"

浪费时间就是浪费生命

一位作家在谈到"浪费生命"时说："如果一个人不争分夺秒、惜时如金，那么他就没有奉行节俭的生活原则，也不会获得巨大的成功。而任何伟大的人都争分夺秒、惜时如金。"

歌德这样说："你最适合站在哪里，你就应该站在哪里。"这句话是对那些三心二意者的最好忠告。

明智而节俭的人不会浪费时间，他们把点点滴滴的时间都看成是浪费不起的珍贵财富，把人的精力和体力看成是上苍赐予的珍贵礼物，它们如此神圣，绝不能胡乱地浪费掉。

人人都须懂得时间的宝贵，"光阴一去不复返"。当你踏入社会开始工作的时候，一定是浑身充满干劲的。你应该把这干劲全部用在事业上，无论你做什么职业，你都要努力工作、刻苦经营。如果能一直坚持这样做，那么这种习惯一定会给你带来丰硕的成果。

无论是谁，如果不趁年富力强的黄金时代去培养自己善于集中精力的好品质，那么他以后一定不会有什么大成就。世界上最大的浪费，就是把一个人宝贵的精力无谓地分散到许多不同的事情上。一个人的时间有限、能力有限、资源有限，想要样样都精、门门都通，绝不可能办到，如果你想在某些方面取得一定成就，就一定要牢记这条法则。

世界上有很多人埋头苦干，却成就一般，并没有成功地实现创富，但是如果他们充分利用了自己的时间和精力，绝对可以做出更有价值的事情来。

想实现自己一生的财富梦的人，必须在年轻时完善自我。浪费时间和精力，让机遇白白溜走，往往会导致最大的人生悲剧，也是痛苦和失败的主要根源。

很多人对钱财极其吝啬，但对时间却极不珍惜。他们不在乎点滴的时间，也不注意有规律地支配工作和生活，这样的人终将受到体力不支和职业生涯缩短的惩罚。

当你每天早上开始工作时，在心中描绘一下每天时间的珍贵价值吧！如果你知道今天一去不复返，就会好好珍惜每一天。想想每一分钟对你的意义，努力使你的时间过得更有价值吧！要记住，每一秒钟都是弥足珍贵的。

一寸光阴一寸金

一天有 86 400 秒可以支配，如果我们不去努力使用它，让它得到最大的利用，那么它就会永远消失。其实，严格来说，我们并没有这么多时间，我们每天要用八个小时睡觉，这样一天就少了三分之一的时间，一辈子就少了三分之一的时间。

正因如此，我们才能更加深刻地体会一寸光阴一寸金，寸金难买寸光阴。

美国著名作家海伦·凯勒在《假如给我三天光明》中这样写道：我们每一个人每天都应该怀着友善、朝气和渴望去生活，然而，当时间真的在我们面前日复一日，年复一年地流逝时，我发现我们的这些品质往往会逐渐丧失。

人的一生必然会遇到很多不如意的事情，并不是每个人天天都能开开

心心，总会有一些不愉快。然而在这些不开心和不愉快中，我们的时间也在飞驰而过。回忆童年，仿佛就在昨天，想想我们的少年，好像是今天早上刚刚过去。时间过得如此之快，我们一定要养成珍惜时间的习惯，珍惜时间就是珍惜生命。

我们常常会看到那些生活在死亡阴影中的人，他们对所做的事情往往都会赋予一种特别的爱和留念。人类有这样一个弱点，当它存在的时候，人们往往不去珍惜它，只有当它将要消失的时候，人们才会知道它的可贵之处。这也就是那些生活在痛苦中的人更加明白生命意义的原因了。

人千万不要把时间看得太轻。

历数古今中外有大建树的人，没有一个不惜时如金的。晋朝陶渊明曾经慨叹："及时当勉励，岁月不待人。"法国作家巴尔扎克把时间当作资本。鲁迅先生对时间的认识更加深刻，在他看来时间就是生命，无端地耗费别人的时间，无异于谋财害命。而世界上最伟大的科学家之一爱因斯坦更是对时间尤其珍惜，当他76岁时，他病倒了，有个老朋友问他想要什么东西，爱因斯坦说希望还能有几个小时，好让他把一些稿子整理好。

掌控自己的一天 24 小时

不浪费每一分钟的时间

生命是由时间构成的，是一小时一小时、一分钟一分钟积累起来的。可当提到生命的意义的时候，却没有人会说生命的意义就是一堆时间。浪费了零散的时间，就虚度了一段生命，就浪费了无价的珍宝。

富兰克林是一个非常珍惜时间的人，他每天都忙碌不停地工作。他有一句名言："时间就是生命。"一个把时间看做是生命的人是不会轻易浪费每一分钟的时间的。

富兰克林在工作的时候绝不允许任何人的打扰，他的同事们都知道他的性格，所以当他工作时大家都不去打扰他。实际上，同事们一年到头也难以和富兰克林说上一句与工作无关的话。

　　有一天，来了一位不速之客。他特别崇拜富兰克林，喜欢他写的文章，非要和他谈一谈。当他进来的时候，看到富兰克林正在喝水，他就走过去和富兰克林攀谈了起来。富兰克林很不高兴，因为这个不速之客净说一些不着边际的话。

　　其他的同事看到这种状况，就过来对这个人说："请问你想干什么？"这个人说："我只想和我最崇拜的富兰克林先生谈几句。"同事说："对不起，富兰克林先生很忙，他没有时间听你讲话，如果你说完了请你尽快离开这里。""我只说几句，再说，我看见富兰克林在喝水我才过来打扰他的。"这个同事听了大笑："你只看到了他在喝水，却没有看到他的表情，实际上他在思考。你喜欢的那么多作品都是富兰克林在这样的零散时间里找到灵感的。别说他在喝水，就是他在洗脸刷牙，无论干什么都不能打扰他。我们的报社需要富兰克林，富兰克林的每一分钟对我们报社来讲都是巨大的财富。"这个人听了之后不好意思地走开了。

　　成功学大师所普遍推崇的美国著名的思想家本杰明·富兰克林曾经说："你热爱生命吗？那么别浪费时间，因为时间是组成生命的材料。记住，时间就是金钱。"我们要说，时间不仅是金钱，更是无价之宝，因为你用金钱买不到它。

把握今天，把握分分秒秒

　　每一日你所付出的代价都比前一日高，因为你的生命又缩短了一天，所以每一日你都应比前一日更积极。

　　孔子曾如此感慨："逝者如斯夫，不舍昼夜。"

　　李白曾这样高歌："君不见黄河之水天上来，奔流到海不复回，君不见高堂明镜悲白发，朝如青丝暮成雪。"

　　如果我们在时间将要飞走的时候，能把握住分分秒秒，那时间就能成为人生中最宝贵的一笔财富！

　　"莫等闲，白了少年头，空悲切。"是啊，把握今天，才不至于等白了头再去"空悲切"。当你蓦然回首，你的生活已匆匆过去多年，难道你不应该好好反省一下，在逝去的岁月里，你都做了些什么？

　　某日，一位哲学家正在思考问题，无意间走到古罗马城的一片废墟，那片废墟荒废太久，真是个思考问题的好地方。突然他看见一尊双面神像。这位哲学家觉得很奇怪，就走上前问神像："请问，您为什么有两副面孔？"

　　双面神回答说："因为这样才能一面察看过去，以吸取教训；一面展望未来，以给人憧憬。"

　　哲学家更奇怪了，问道："可是，您为什么不注视最有意义的现在呢？"

　　"现在？"双面神茫然。

　　哲学家看到他茫然的样子，说："过去已经逝去，未来还没开始，而现在就在您眼前，您却无视它的存在，即使您对过去了若指掌，对未来洞察先机，又有何用呢？"

　　双面神听了哲学家的话后，呜呜地哭起来。

　　原来就是由于他没有注视现在，罗马城才被敌人攻陷，他因此才遭人丢弃，在这废墟之中艰难度日。

　　如果你想成功，那就别浪费时间，因为成功与失败的界线在于如何分配时间，如何安排时间。你也许会认为，几分钟、几个小时，没什么，作用不是很大。但你错了，这样日积月累，它的效用就很明显了。

　　当贝尔在认真研制电话机时，一个叫格雷的人也在做这项研究。凑巧的是，两个人几乎同时有了突破。贝尔比格雷早两个小时到专利局，根据申请在先的原则，最后专利权只能属于贝尔。

　　两个小时，就是这不起眼的两个小时，成为了成功与失败的分野。

　　所以别小看一分一秒，它能造就不同的人生。

　　把握今天，塑造自己，你的明天就可能会大不相同。

"计算"生活中的每一个日子

　　西方女作家玛丽·露丝在《节约时间与创意人生》一文中写道："我的工作有一部分是市场咨询，常常要和人们讨论如何建立事业。我通常会建议他们，他们可以自由运用自己的时间，但最重要的时间应该优先留给那些帮助自己建立事业、真的想成功和愿意协助自己达到成功的人身上。"

太多人把 80% 的时间浪费在那些只能创造出 20% 成功机会的人身上；雇主花费太多时间在那些最容易出状况的 20% 的人身上；经纪人花费太多时间在不按时参加演出工作的演员或模特儿身上；政治家花费多数时间为 20% 的需求、有问题或就是问题的本身的人运作议事，而那些人甚至不是当初投票给他们的选民。

尽可能避免不必要的电话和约会，特别在你一天中效率最高的时段。节省其他的时间，优先处理那些能帮助你达成目标和梦想的工作和约会。

许多人日复一日花费大量的时间去做一些与他们梦想不相干的事情。不要成为他们中的一分子，让你生命中的每个日子都值得"计算"，而不要只是"计算"着过日子。

一个人真正拥有，而且极度需要的只有时间。其他的事物多多少少都部分或曾经为他人拥有。像是你呼吸的空气、在地球上占有的空间、走过的土地、拥有的财产等，都只是短时间拥有。时间如此重要，但仍有很多人随意浪费掉他们宝贵的时间。

珍惜你手中的每一分钟

时间，是我们每一个人最重要的资源。在我们周围，到处都是忙忙碌碌的人，他们为生意操心，为发财奔波，忙于公司的经营管理，应酬各式各样的人，处理没完没了的繁琐事务……每个人都想把时间的弹簧拉长一些，在时间的海绵中多挤出一点来。每个人每天都有 24 小时，可是许多人都觉得时间不够用。

"为什么时间总是那么少？"

"我的时间又被占用了。"

"时间总是和我作对。"

"我挪不出时间。"

他们不断地抱怨。但是他们没有发现，其实时间一直在他们手中，占用时间的正是他们自己，使时间变少的也是他们自己。他们所说的那些话，正说明了时间是可以被自己管理的。

"为什么时间总是那么少？"——时间是可以量化的所有物。

"我的时间又被占用了。"——时间可以被拥有。

"时间总是和我作对。"——时间是一种心理状态和能源。

"我挪不出时间。"——时间可以被制造。

这些话已经告诉我们时间是可以被个人制造、拥有、使用的能源，是可以为个人所掌握的。

每一天我们都过得不一样，但如果以一个时间段来看，你对于时间的利用与分配却是大致相同的。你也许常常会看表，知道每一个时刻，但你可能并不知道时间是怎么消失的，不清楚它们是怎么被你用去的，那么，就来看看专家的研究。

我们日常的时间按活动内容来区分，大致可以分成六种：

睡眠的时间。睡眠的时间比别人多，是一种浪费。有人一天要睡八九个小时，有人只睡六个小时，睡眠时间短，就有较多的时间做其他事。

交通的时间。也就是从居住地到达工作地点的时间。有人花很多时间走路上班，也许对身体有很多好处，但从另一方面看，则可能代表没有效率。因为时间在不知不觉中被浪费掉了。

工作的时间。这是日常生活中占用时间比较多的部分。

娱乐的时间。比如和家人一起相聚的时间，吃饭、运动、休闲的时间，社交聚会的时间等。

阅读、看电视的时间。现在，大家都花很多时间看电视，看报纸，而较少花时间看杂志、看书。

学习的时间。即使是已经工作的企业人，也需要不断地给自己充电，以增强其做事能力。

你的时间分配得如何呢？请按照上述的六个方面，把你每天分别花的时间量写上去，看看每一部分花了多少时间，记录得越详细越好。一个星期之后，比比看，分析一下哪些时间是可以缩短的，哪些时间是可以增长的。把这些都做完了，就能在合理利用的前提下，有效分配资源，加强个人的时间管理。

美国管理顾问史密特先生提出了"每周时间分析表"的概念，对于你的"剔除"工作也许会有帮助。这个观念是许多美国时间管理专家都承认的重要分析表，它要求人们实地去分析过去这一周的时间是如何度过的。每天的活动有哪些？睡眠的时间有多少？当我们专心做事的时候，我们把所有精神通通投入，事情就可以做得更好。

把零碎的时间利用起来

那些零碎的被我们虚掷的闲暇时光，如果能够得到有效利用的话，完全有可能使你出类拔萃，取得杰出成就。

哈丽特·斯托夫人是一位有着繁重家务负担的家庭主妇，然而繁重操持中的任何一点闲暇时间她都用来构思和创作。由于她超常的毅力和对待时间分秒必争的态度，她最终从一位家庭妇女成为了小说家，化平凡为辉煌，写出了家喻户晓的名著——《汤姆叔叔的小屋》。

当迈克尔·法拉第还只是一个装订书本的学徒工时，他就把所有的闲暇时光都用来做实验了。有一次，他写信给朋友说："时间是我最需要的东西。噢，要是我能够以一种便宜的价格把那些整日无所事事的绅士们空闲的每个小时——不，是每一天——给买过来该多好啊？"

乔治·史蒂芬森把时间看得重若黄金，从不轻易放过。他没有接受过任何正规教育，完全是凭着个人的勤奋自学成才的，并利用积累起来的点滴时间完成了重要的工作。当他还是一个机械工程师时，就利用上夜班的机会自学了算术。

音乐巨匠莫扎特同样惜时如金，一分一秒在他看来都贵如金玉。他经常废寝忘食地投身于音乐创作，有时甚至不间断地连续工作两个夜晚一个白天，可谓勤奋之极。他的惊世之作《安魂曲》就是弥留之际在病榻上完成的，那时他已日薄西山，气息奄奄了。真可谓生命不息，创作不已。

林肯一边从事勘测土地的工作，一边利用点点滴滴的时间孜孜不倦地学习法律。在他照管小杂货店的同时，博览群书，积累了广博的知识，最终成为一代伟人。

还有许多穷学生整日疲于生计，只能用零星的时间学习一点知识，然而靠着不懈的努力，终于燃起了信念与希望，赢得了成功和荣耀。

滴水成河，粒米成箩。只要把一些零零碎碎的时间积累起来加以利用，

就能创造丰硕的成果。一切贵在点滴积累、持之以恒。哪怕每天抽出一小段时间有效地加以利用，也能创造奇迹。

管理时间，做时间的主人

树立强烈的时间观念

我们的工作中总是会有一些手忙脚乱的人，他们看上去十分忙碌，总是步履匆匆，桌上的文件堆积如山，总是有做不完的工作。这些人就像是被时间牵着走一样，显得十分被动。其实他们并不是忙得没有时间，而是没有很好地规划时间，所以造成了工作效率的低下。这些员工只有向专家学习才能够很好地控制时间、规划时间，提高自己的工作效率。

而要提高控制时间的能力，则需要掌握好的工作方法。要培养自己强烈的时间观念，当你意识到时间对你来说很重要时，你才能够珍惜自己的时间，在工作中不迟到或早退。

我们都知道，麦当劳是享誉世界的快餐品牌，它几乎遍布世界各地。而麦当劳的每一位员工都清楚知道高效率对他们的重要性。在麦当劳，有着几个金科玉律般的数字，是每一位员工都要认真对待的，那就是：60秒、30分钟、4摄氏度！

60秒是说从顾客付钱到下单，再到顾客拿到食物，整个过程必须在60秒内完成；

30分钟是指每隔30分钟要对店内进行一次全面的清扫，让室内环境保持着永久的清洁；

4摄氏度指可乐要始终维持在4摄氏度以保持最佳口感，也就是说可乐要第一时间送到顾客手中。

这几个数字深入到麦当劳的每一位员工心目中，让他们时刻牢记着时间的重要性。正因为如此，麦当劳才能够以便捷高效的服务征服全世界。你要想有强烈的时间观念，就要把上下班时间当作是不可逾越的警戒线，不能随意迟到早退。

养成管理时间的好习惯

时间管理包括三个核心的问题：第一，什么事情是必须做的；第二，如何看待他人；第三，如何对时间实施统筹规划。

时间管理对任何一个人而言，都具有人生严肃的一面及品质衡量的角度。因此，每个人对时间管理的认识，所持有的态度与方法各不相同。

时间管理的一个重要准备任务是——了解你的时间是怎么花掉的。不需要对为什么要这样做出解释，但它可能会被认为是一个简单的任务，认为足够的简单以至于回想一下就可以了。事实上需要强调它的原因也正在于此。我们的想像毕竟是有限的，它不可能触及每一个问题或每一件事情，因为"想像"和"现实"之间常常有着很大的差异，甚至有时是背道而驰、完全不同。

被誉为"现代管理之父"的彼得·德鲁克曾经对他所做过的研究进行了描述：他请管理者将自己怎样使用时间的情况写下来，又请人记录这些管理者是如何使用时间的。一个公司总裁十分肯定地告诉研究者，根据他的个人习惯，他将自己的时间分为三个部分，并且将它们分别自如地用在公司高级管理人员、重要客户及地区社会活动当中。研究的实际记录花费了六周的时间，得到的结论是，这位总裁把大部分时间用在了调度工作上，随时了解他所认识的客户的订货情况，还为他们的订货打电话给工厂。一开始，他本人对这些记录表现出无法相信，但在很多次看到类似记录之后，他终于承认："关于时间的使用问题，现实要比想像可靠得多。"

时间管理是从记录你的时间是怎么花掉的开始的，当然这种记录绝不是一个一次性的任务。值得强调的一点是为了确保整个时间管理过程的顺利进行，为了了解最新的时间使用情况，你可能需要不断地重新做出记录。

比如你一个月可以抽出一天的时间来专门记录当月时间的使用情况。当然也有的人按照某些时间管理工具的要求，能够坚持每天以 15 分钟为间隔记录时间使用情况。这样做有它的益处，但是，或许有点大张旗鼓，将太多时间花在了"磨刀"这个程序上。在此特别反对过于频繁地记录时间表，因为这样做会带来负面影响，会让人的心里感到来自外界的巨大压力。

让自己养成管理时间的好习惯吧！这样的习惯养成后，你就可以用全新的角度看待生命中的每一秒，不再轻易浪费一点时间，只要是浪费时间的事情，统统拒之门外。你会真正体会到一寸光阴一寸金的意义。

堵住时间的漏洞

美国著名高尔夫球手阿尔福德说："片刻的时间比一年的时间更有价值，这是无法变更的事实。时间的长短在重要性和价值上并不成正比。偶然的、意想不到的5分钟就可能影响你的一生。但谁又能预料这个重要时刻在什么时候来临呢？"

每天的时光都是造物主赐予我们的珍贵礼物，它新奇、亮丽，充满着各种美妙的机遇。岁月易逝，不要为了无用的念头就虚度年华，浪费精力；不要眼盯着时钟，企盼光阴飞逝；不要虚掷它，不要浪费它，因为你未来的财富就在今天珍贵的时间里。

所以，你的时间就一定要花在高价值的活动上（无论是为了成就或让自己开心）。希望你先认识清楚，哪些是把时间吃掉的低价值事务。以下列出最常见的10项，以防你有所疏漏：

1. 别人希望你做的事。

2. 老是以同样方式完成的事。

3. 你不擅长的事。

4. 做时无乐趣可言的事。

5. 总是被打断的事。

6. 别人也不感兴趣的事。

7. 如你所料已经花了两倍时间的事。

8. 合作者不可信赖或没有品质保障的事。

9. 可预期进行过程的事。

10. 接电话。

果断抛开这些事，绝不要让每一个人占用你的时间。不要因别人开口要求，或接到一通电话或传真就去做某事。该说"不"时，就说"不"。

把时间用在刀刃上

把时间用对，这值得大家来反省，我们应该学会把时间投资在真正重要的事情上。

马戏团曾经有个驯兽师，他听说从未有人看见骆驼倒着走，而且大家都认为骆驼只会往前走，不可能倒退走。

于是，这名驯兽师就决定要向这个"不可能"挑战，他要训练一只会倒退的骆驼！他不断辛勤地训练，经过多年的努力，终于成功了。

要进行演出了，观众从四面八方涌来，因为宣传和广告都保证将令观众大开眼界。

场子正中央，站着那位驯兽师，正在津津乐道地说明骆驼倒退走的奇观。成千的观众却面面相觑，一脸的迷惑，每个人的表情都仿佛在说："那又怎样？"

确实，那又怎么样。浪费时间在没有多大意义的事情上，就算是真的做了一件前无古人的事，那又怎么样呢？有什么意义呢？

在美国企业界里，与人接洽生意能以最少时间发生最大效力的人，首推金融大亨摩根。摩根每天上午9点进入办公室，下午5点回家。有人对摩根的资本进行了计算后说，他每分钟的收入是30美元，但摩根自己说好像还不止。

所以，除了与生意上有特别重要关系的人商谈外，他还从来没有与谁谈话超过五分钟。通常，摩根总是在一间很大的办公室里，与许多职员一起工作，他不像其他的很多商界名人，只和秘书呆在一个房间里工作。

摩根会随时指挥他手下的员工，按照他的计划去行事。

如果你走进他那间大办公室，是很容易见到他的，但如果你没有重要的事情，他绝对不会欢迎你的。

摩根有极其卓越的判断力，他能够轻易地猜出一个人要来接洽的到底是什么事。当他对你说话时，你的一切拐弯抹角的方法都会失效，他能够立刻猜出你的真实意图。具有这样卓越的判断力，使摩根节省了许多宝贵的时间。

成功者最可贵的本领之一，就是能把时间用在刀刃上，只做有意义的事，

避免无谓的干扰。我们呢，在应该做事情的时间里到底做了些什么？

创造时间，让时间生时间

有一句话，人们说了好多遍，乃至人们对这句话已经无动于衷，但它却是不灭的真理。这就是鲁迅先生所说的："时间就像海绵里的水，只要你去挤，它总是有的。"

玛丽的丈夫曾经在美国一家医药公司担任销售部经理，由于公司裁减冗员，最近被解雇了。多方寻找，也找不到合适的工作，于是，在被解雇的一年后，他和玛丽决定用自己家里的积蓄买下一家商店。以前，玛丽的真正兴趣和天赋是做新闻记者工作，但是自从生了孩子以后，她辞去了工作，从此，再也没有机会做自己喜爱的事情了。

有一天，玛丽决定每天把孩子送到学校，做完家务活，在店里帮助丈夫算一天的账目，照看住在附近的妈妈之后，再开始动手写点东西，这样或许能挣点稿费，毕竟他们真的需要一些额外的收入。她的丈夫自告奋勇地说："我来帮忙，我每天哄孩子入睡，晚饭我来做。"但是，到了第五天，当玛丽离开打字机时，她累得简直连一句话都说不出来了，脑子也不转了。你说她该如何是好呢？

玛丽的一个朋友，读过关于"充分利用高质量时间的原理"后，建议玛丽把诸如家务活、记账推迟到下午，并征得她丈夫的同意，只是在午饭前和要闭店时才去帮他，因为这时的顾客最多。她充分利用每天起床后到早饭前的 1 小时和 9 点半到 11 点半这 3 个小时进行自己的业余创作。终于，她找到了适合自己的方法。一星期后，她对丈夫说："实际上，我可以用这 3 小时干 5 个小时的活儿。"一年后，她已经成了地方报纸的兼职记者和许多全国性杂志的正规撰稿人了。

将时间挤出来，首先得转变计算时间的观念。如果用月来计算时间，一年只能有 12 个月；用天来计算时间，那么一年有 365 天；用小时来计算时间，一天只能有 24 个小时；而用分来计算时间，就比用时来计算的时间多 59 倍；而用秒来计算时间，就比用分来计算的时间又多 59 倍；比用时来计算的时间多 3599 倍；比用天计算的时间多 86 399 倍；比用月来计算的时间多……

创造时间不仅是重视时间的数量，更重要的是要注重时间的质量。高质量地利用时间就是变相地拉长了时间。

和时间赛跑，跑在时间的前头

一天究竟有多长，你这样问过自己吗？你的答案若是 24 小时，那你的一年就只能有 12 个月；如果你的答案是一天不仅仅有 24 小时，那么你的一年就能有 13 个月。这长出来的第 13 个月，就是你和时间赛跑的成果。

陈尘从小和祖母待在一起，他非常爱自己的祖母。但祖母在他上小学的时候去世了，陈尘感到非常悲伤，哀伤的日子持续了很久。有一天爸爸对陈尘说："时间里的事物，永远都不会回来。你的昨天过去了，它就永远变成了昨天，有一天你会长大，你会像祖母一样老。今天你度过了你的时间，今天就永远不能回来了。"

听到爸爸的这段话以后，陈尘每天放学回家，在庭院看着太阳沉进山头，他知道自己永远不会有今天的太阳了。这使他很着急，而且很悲伤。有一天放学回家，陈尘看到太阳西斜，就下定决心说："我要比太阳更快地回家。"陈尘狂奔着跑回家去。当他站在院子前喘气的时候，看到太阳还露着半边脸，陈尘高兴地跳得老高，那一天，他跑赢了太阳。

以后他就常做这样的事情，有时和太阳赛跑，有时和西风比快，有时一个暑假才能完成的作业，他 10 天就做完了。那时他三年级，常常把哥哥五年级的作业拿来做。每一次胜过时，陈尘就快乐得不能形容。

因此，陈尘心里明白了，时间并非不可战胜，人只要有战胜一切的勇气，迈开双腿，就能够跑在时间的前面！

邓亚萍的成功有目共睹，她的教练在评价她之所以获得成功时，说了这样一句话："只是因为邓亚萍有能力与每一天的时间赛跑。"确实，当我们了解到邓亚萍怎样度过每一天时，我们就会明白她的一天有多长！

早晨 5 点钟起床，5 点半出门；6 点 30 分做热身运动；6 点 30 分至 9 点半进行正常的例行计划训练；10 点钟在学校上课，16 点下课；16 点至 19 点之前在体育馆继续训练；19 点至 23 点在家做功课；然后上床睡觉。

当别的孩子在早晨走出家门之前，邓亚萍就已经正式开始了每日的训练；当别的孩子在电视机前消磨掉每一天的大部分课余时间时，邓亚萍还在练球；当别的孩子还未将一天的最后时间从餐桌或游戏房找回来时，邓亚萍已经开始了另一天。

就这样，邓亚萍和时间赛跑，跑赢了时间，跑赢了自己。

魔鬼训练营——提高效率 55 法

把所有的时间都看做是有用的。尽量从每一分钟里得到满足，这种满足是多方面的，它不仅包括取得一定的成就，也包括从消遣中得到的快乐。

尽量在工作中以苦为乐，要善于在枯燥无味的工作中发现能够引起自己极大兴趣的因素，这样可以大幅度地提高工作效率，从而大大节约时间。

在工作中一定要寻求取得成功的有效途径，把所做的一切工作都建立在期望成功的基础上。

不要在惋惜失败上浪费时间。如果经常因为某些事情的失败而惋惜，这本身就是浪费时间，而且还会造成心理上的压力。

作为一个终生乐观者，尽量把烦恼和忧愁从自己的心中排除出去，这样就可以做到每一分钟都过得有意义、有价值。

下列提高效率的方法你做得如何？

1. 既往不悔。即使做错了也不后悔。经常悔恨以前所做过的事情，会浪费许多时间。所以从时间这个角度来看，任何懊悔都是不必要的。

2. 充足的时间应用在最重要的事情上面。这是节约时间的诀窍，如果常常在不重要的事情上纠缠，就难以达到节约时间的目的。

3. 经常掌握一些新的节约时间的技巧。对这些新的节约时间的技巧应尽快熟知并加以利用。

4. 每天要早起，这样坚持下去就可以节约许多时间。

5. 午餐要适量。午餐不可吃得太多、太饱。否则到下午容易打瞌睡，工作效率会降低。而工作效率的降低，本身就是浪费时间。

6. 要学会浏览报纸，不能事无巨细全部看完，这样会浪费时间。

7. 要掌握快速读书的方法，从而获得书中最主要的观点和内容。

8. 不要花过多的时间在电视机上，只要看一看有关新闻和关于业务方面的节目即可。

9. 尽量让家与公司之间的距离短一些。这样，在上班时就能够在很短的时间内到达办公室，下班时也能在很短的时间回到家，把浪费在上下班路上的时间降到最低限度。

10. 对自己的习惯要经常进行反省，好的保留，不好的坚决改掉。

11. 别空等时间。假如必须花费时间进行等待，如等车、等电话等，应当把等待当做是构想下一步工作计划的良机，或者用它来看书看报。

12. 把表拨快五分钟，每天提早开始工作。

13. 口袋里经常装有空白卡片，以便随时记下各种有价值的资料，以备使用。这样可以节约大量的翻阅报刊的时间。

14. 每月修正一次生活计划，删除那些微不足道的内容。

15. 每天阅读一次当天的计划表，并确定当天的工作内容，以便使当天的活动有条不紊地进行。

16. 把所要完成的工作写成一句话贴在办公室里，以便提醒自己。

17. 在处理必须处理的小事情的同时，要把重要的工作、目标记在心中，并善于在处理这些小事情中发现能够促成重要工作目标迅速实现的重要线索。

18. 早上上班后的首件事，就是排列好当天工作的优先次序。

19. 按照事先排列的次序制成一张表，把重要的工作放在最前面，并尽快去完成。

20. 在每月制定计划时要有弹性，最好在计划中留出空余时间，以便应付紧急情况。

21. 在完成重要工作项目以后，要进行适当的休息，以求得工作和休息的平衡。

22. 首先去做最优先的事项。

23. 对难度较大的工作要智取，不要蛮干。

24. 先做重要事项，后做次要事项。

25. 对哪些事情应列为优先事项，要有信心做出精确的判断。而且，要

不畏困难，坚持到底。

26. 经常问问自己："若做这些事情，会不会产生效果？"如果不会，就干脆不做。

27. 工作中绝不能有拖延现象，一旦发现拖延，就集中精力去解决它，以便恢复正常的工作秩序。

28. 要善于灵活运用 80/20 规则。

29. 要经常从较大的计划中最有利的部分下手，其余部分可以暂时不做。

30. 要果断地结束毫无价值的活动。

31. 对优先工作要给予足够的时间。

32. 注意锻炼身体，以便有能力长时间地集中工作。下午必要时才去参加有关会议。

33. 一次最好只专心致力于一件事。

34. 自己感到马上可以取得成功时，就要加紧去做，不要耽误。

35. 要养成逐条检查日常工作计划表的习惯，看看是否有意跳过了困难的项目。

36. 制定文件时不要怕花费时间，一定要深思熟虑。

37. 在精力最佳的上午独立投入工作。

38. 对自己的每一项工作都要确定完成的期限，要尽可能在期限内把它完成，绝不可超过期限。

39. 在讨论问题和听演讲时，一定要专心听讲，以免事后再花费时间找人解释。

40. 不要浪费别人的时间，浪费别人的时间就等于谋财害命。

41. 尽可能把一些不重要的琐事委托给你的下属去办。

42. 碰到专业性很强的问题时，一定要请专家帮忙。因为你在两三天中弄不清楚的问题，专家会在一两个小时内甚至几分钟内就能帮助你弄清楚。

43. 如果担当重要职务，最好学会分身，请专人为你管理信件、电话和处理琐事。

44. 尽量减少对公文的批阅，那些不重要和毫无价值的公文可交给下属批办。

45.把回复各种问题的答案都写在文件上，有人来问时，把文件交给他看就可以了，从而避免谈话时可能造成的时间过长问题。

46.要把主要的工作项目摆在办公桌的桌面上。

47.各种常用或不常用的物品要各有定位，这样可以避免在寻找时浪费太多时间。

48.每月要计划出三个小时或每周拿出一个小时的时间来处理身边的琐事。如果等到这些琐事积压过多再去处理，必然会花费更多的时间。

49.尽量不在周末想工作问题，真正使自己放松下来，以便恢复体力和精力。

50.即使在工作时，也应适当轻松一下。

51.有时难免会做些无法控制的事，因而浪费时间，但不可因此而恼恨自己。

52.工作中要寻找最有效的步骤，以推进工作目标的迅速实现。

53.要把精力始终集中在具有最高长期利益的事情上。

54.要不断地问自己："现在，我最佳的利用时间之道是什么？"

55.在工作时，尽量少讲话，全力投入，一气呵成。

社交篇

有口才能使你雄辩滔滔，占尽上风。

——西方俗语

发生在成功人物身上的奇迹，至少有一半是由口才创造的。

——汤姆士（美）

一个人的礼貌就是一面照出他肖像的镜子。

——歌德（德）

一个人事业的成功，只有 15% 取决于他的专业技能，另外的 85% 要依靠人际关系和处世技巧。

——戴尔·卡耐基（美）

Part10

口才能力训练

你的口才价值百万

 ## 口才功底训练与提升

圆润响亮，悦耳动听

在生活中，我们都喜欢听那些饱满圆润、悦耳动听的声音，干瘪沙哑的声音往往让人生厌。所以锻炼出一副好嗓子，练就一腔悦耳动听的声音，是高超的讲话水平的必备条件。

讲话要让人接受，首先要做到发音清楚，吐字清晰。清楚的发音可以依赖平时的练习，倾听别人的谈话、朗读书报、多听收音机广播，这些均对练习正确的发音有迅速的帮助。

练声的方法是：第一步，练气。

俗话说练声先练气，气息是人体发声的动力，就像汽车上的发动机一样，它是发声的基础。气息的大小对发声有着直接的关系。气不足，声音无力；用力过猛，又有损声带。所以我们练声，首先要学会用气。

吸气：吸气要深，整个胸部要撑开，尽量把更多的气吸进去。我们可以体会一下，你闻到一股香味时的吸气法。注意吸气时不要耸肩。

呼气：要让气慢慢地呼出。因为我们在演讲、朗诵、论辩时，有时需要较长的气息，那么只有呼气慢而长，才能达到这个目的。呼气时可以把两齿基本合上，留一条小缝让气息慢慢地通过。

学习了吸气与呼气的基本方法后，你可以每天到室外、到公园去做这

种练习，做深呼吸，天长日久定会见效。

第二步，练声。

人类语言的声源是声带，我们的声音是通过气流振动声带而发出的。

准备工作：先放松声带，用一些轻缓的气流振动它，让声带有点准备，发一些轻慢的声音，千万不要张口就大喊大叫，那只能对声带起破坏作用。这就像我们在做激烈运动之前，要做些准备动作一样，否则就容易使肌肉拉伤。

声带活动开了，我们还要在口腔上做一些准备活动。我们知道口腔是人的一个重要的共鸣器，声音的洪亮、圆润与否和口腔有着直接的联系，所以不要小看了口腔的作用。

口腔活动可以按以下几种方法进行。

进行张闭口的练习，活动咀嚼肌。这样等到练声时咀嚼肌运动起来就轻松自如了。

挺软腭。这个方法可以用学鸭子叫"gā gā"声来体会。

人体还有一个重要的共鸣器，就是鼻腔。有人在发音时，只会在喉咙上使劲，根本就没用上胸腔、鼻腔这两个共鸣器，所以声音单薄，音色较差。练习用鼻腔的共鸣方法是，学习牛叫。但我们一定要注意，在平日说话时，如果只用鼻腔共鸣，那么也可能造成音量太重的结果。

我们还要注意，练声时，千万不要在早晨刚睡醒时就到室外去练习，那样会使声带受到损害。特别是室外与室内温差较大时，更不要张口就喊，那样，冷空气进入口腔后，会刺激声带。

练习吐字。吐字似乎离发声远了些，其实二者是息息相关的。只有发音准确无误，清晰、圆润，吐字才能"字正腔圆"。

我们在小学时，都学习过拼音，都知道每个字都是由一个音节组成的，而一个音节又可以分成字头、字腹、字尾三部分，这三部分从语音结构来分，大体上字头就是我们说的声母，字腹就是我们说的韵母，字尾就是韵尾。

吐字发声时一定要咬住字头。有一句话叫"咬字千斤重，听者自动容"说的就是这个意思。所以我们在发音时，一定要紧紧咬住字头，这时嘴唇一定要有力，把发音的力量放在字头上，利用字头带响字腹与字尾。

字腹的发音一定要饱满、充实，口形要正确。发出的声音应该是立着的，而不是横着的，应该是圆的，而不是扁的。但是，如果处理得不好，就容易使发出的声音扁、塌、不圆润。

字尾，主要是归音。归音一定要到家，要完整，也就是不要念"半截子"字，要把音发完整。当然字尾也要能收住，不能把音拖得过长。

如果我们能按照以上的要求去做，那么你的吐字一定圆润、响亮，你的声音也就会变得悦耳动听了。

吐字清晰，快慢适中

说话的速度不宜太快，亦不宜太慢。说话太快使听的人不易应付，而且自己也容易疲倦，有些人以为说话快些，可以节省时间，其实说话的目的，在于使对方领会你的意思。说话太慢一方面浪费时间，另一方面会使听的人感觉不耐烦，产生疲倦，给沟通带来障碍。

下面介绍一种培养语速的"速读"方法。

这里的"读"指的是朗读，而非默读，顾名思义，"速读"也就是快速的朗读。

这种训练方法的目的，在于锻炼人口齿伶俐，语音准确，吐字清晰。

方法：找来一篇演讲辞或一篇文辞优美的散文。先拿来字典、词典把文章中不认识或弄不懂的字、词查出来，搞清楚，弄明白，然后开始朗读。一般开始朗读的时候速度较慢，逐次加快，一次比一次读得快，最后达到你所能达到的最快速度。

要求：读的过程中不要有停顿，发音要准确，吐字要清晰，要尽量达到发声完整。因为如果你不把每个字音都完整地发出来，那么，速度加快以后，就会让人听不清楚你在说些什么，也就失去了快的意义。我们的快必须建立在吐字清楚、发音干净利落的基础上。我们都听过体育节目解说专家宋世雄的解说，他的解说就很有"快"的功夫。宋世雄解说的"快"，是快而不乱，每个字，每个音都发得十分清楚、准确，没有含混不清的地方。我们希望达到的快也就是他的那种快，吐字清晰，发音准确，而不是为了快而快。

　　这种训练的优点是不受时间、地点的约束，无论在何时、何地，只要手头有一篇文章就可以练习。而且还不受人员的限制，不需要别人的配合，一个人就可以独立完成。当然你也可以找一个人听听你的速读练习，让他帮忙挑出你速读中出现的毛病。比如哪个字发音不够准确，哪个地方吐字还不够清晰，等等，这样就更有利于你有目的地进行纠正、学习。你还可以用录音机把你的速读录下来，然后自己听一听，从中找出不足，进行改进。

　　但需要注意的是，速读法并非仅为锻炼讲话的速度，而是引导你用适当的语速表达你的观点，达到打动对方、增进沟通的效果。此外，不管是讲话的人，还是聆听的人，都必须积极思考，否则，不能确切把握说话的内容。

话由旨遣，紧扣话题

　　概括起来，说话的目的，不外乎以下5种：

　　1. 传递信息或知识。如课堂教学、学术讲座、新闻报道、产品介绍、展览解说等。

　　2. 引起注意或兴趣。此类说话多是出于社交目的，或为了交际，或为了沟通，或为了表明自身的存在，或为了引起他人注意，如打招呼、应酬、寒暄、提问、拜访、导游、介绍、主持人讲话等。

　　3. 争取了解和信任。如交谈、叙旧、拉家常、谈恋爱等，往往是为了结交朋友加深感情，交流思想。

　　4. 激励或鼓动。这类说话旨在加强人们现有的观念，坚定信心，引起精神上的兴奋，有时也要求得到行动上的反应，如赞美、广告宣传、洽谈、请求、就职演说、鼓动性演讲，以及聚会、毕业典礼和各种纪念活动、庆祝活动中的讲话，都是为了这样的目标。

　　5. 说服或劝告。此类说话诸如谈判、论辩、批评、法庭辩护、竞选演说、改革性建议等，大多是为了让别人接受自己的观点，争取自身利益而改变他人信念。

　　坚持话由旨遣的原则，首先要明确当众讲话的目的。目的明确，你的谈话、你的社交往往能够取得良好的效果，只有目的明确了，才能知道应该准备什么话题和资料，采取哪种说话语体风格，运用哪些技巧，从而做到有的放矢，临场应变。目的不明，无的放矢，不分场合，就难免东拉西扯，叫人不知所云，无所适从。因此每次说话之前，不妨想一想："我为什么要说？"或者，"人家为什么要我说？"预先想一想可能产生的效果，并把预期的效果当做目标去为之努力。否则便达不到目的，有时甚至还会闹出笑话。据说有个人讲话常常偏题，说不到点子上。在他结婚的时候，婚礼司仪让他讲话，他说："我衷心地感谢大家在百忙之中赶来参加我们的婚礼，这是对我们的极大鼓舞，极大鞭策，极大关怀。由于我们俩是初次结婚，缺乏经验，还有待各位今后多多给我们以帮助、扶持和指导。今天有招待不周之处，欢迎大家多提宝贵意见，以便下次改进。"这些话貌似彬彬有礼，实则滑稽可笑，很不得体。发言者根本没有明确自己讲话的目的就乱放炮。

讲话目的的实现需要在讲话过程中自我控制，不断调节。人类的言语交际是一个相当复杂的过程，当表达的一方按照预期的目的发出话语信息，或因措辞不当，或对交际对象缺乏了解，引起对方的误解或反感，这时就得加以控制调节，换一种说法，使对方易于理解，乐于接受；有时交谈的开始阶段是按原定目的进行的，可是说到中途，或因对方及周围情况的反应变化，或因兴之所至，说走了题，偏离了原定目的，同样需要自觉控制，调节说话行为，以便回到原定话题上来。这是实现讲话目的的最优化控制手段。

言之有物，切中要害

《周易·家人》有云："君子以言有物，而行有恒。"人们在日常生活中都会遇到这样的情况，不管是听别人做讲座，领导做报告，还是和周围的人聊天，都会碰到言之无物、空洞乏味的时候，上面讲得很热闹，下面听众却觉得困顿乏味，嫌内容假大空，虚无缥缈，不知所云。

听众最怕听到的演讲就是言之无物，抓不到重点的。

为什么会出现言之无物的情况呢？究其根本问题在于谈话者没有很好地理解自己的演讲内容。自己都不明白为什么要说话，怎么能期待给听众一个内容充实、言之有物的演讲呢？要解决这个问题其实并不困难，简单地说就是要很充分地精心准备自己的讲话内容，在讲话之前比较透彻地理

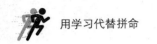

解问题，才能在讲话时做到言之有物，有的放矢。

有一次，美国一个内阁成员对伍修罗·威尔逊总统简短的演讲表示赞赏，并问他需要花多长时间去准备。威尔逊告诉他说："这要根据具体情况而定，假如我讲 10 分钟的话，那么我要准备一个星期。"

从这个实例上我们可以看到，重要场合说话前的事先准备是何等重要，要避免重要场合说话时出丑，就要事前充分准备。

通俗易懂，深入浅出

说话的通俗性，是指说出的话不但要生动、巧妙，而且还要简单、易懂，使人乐于接受。语言表达要大众化。它包括两个方面的意义：一是用语通俗，一听就懂；二是意义通俗，深入浅出。违背这两点，不仅会让人觉得不知所云，甚至还会造成各种误解。

毛泽东说话非常注意语言技巧。他说话的鲜明特点是：通俗易懂，深入浅出，四两拨千斤，用"大白话"将深奥复杂的道理讲得明白透彻。

1934 年底，红军在贵州黎平召开了紧急干部会议，毛泽东同志应邀参加，当他发言时，就将极为复杂的形势作了通俗形象的分析：

"根据地丢了，反革命打了革命的屁股，把我们的屁股打青、打肿、打得个稀巴烂。人没有屁股，怎么坐得住啊！只好走，从江西走到湖南，还要走，一直走到我们屁股好了为止。到湘西去，固然好，贺龙同志早就搬好凳子等我们去坐了，可是我们屁股没有好，有凳子也坐不稳。况且，据邓发截收的蒋军无线电电报可以判定：蒋介石已经派了 25 万牛头马面各执生死牌，等着打我们的板子。我们旧伤没有好，又等着挨打，哪个有铁屁股，哪个去挨打好了，我毛泽东是要先找个地方养养伤，等坐得稳了再去找反革命算账，到时候，你看我来打日本鬼子同老蒋的屁股吧！我要打得他在中国坐不住！"

通过这番通俗易懂、有理有节的讲话，与会者自然作出了与毛泽东观点相同的决定。

多使用群众口头中常用的大众化语言，也可以使表述更为通俗易懂，增加语言的特殊表现力。大众语言来自于人民大众，是人民群众发明创造的。

它包括俗语、谚语、歇后语等。在说话中巧妙地运用，能够增强说话的感染力。

俗语是通俗而广泛流行的定型语句，简练形象。恰当地引用俗语，可以增强说话或演讲中的幽默感和说服力。

谚语是劳动人民在长期的生产和生活实践中总结出来的语言，经历了千百年长期传诵，千锤百炼，凝结着劳动人民丰富的思想感情和智慧。谚语具有寓意深长、语言精练、朗朗上口、便于记忆的特点。谚语和俗语一样，也可以为语言增色。

歇后语也是为广大人民群众所喜闻乐见的语言，在群众中广为流传。歇后语一般由前后两截组成，前半截是形象的比喻，像谜面，后半截解说，像谜底。在谈话中恰当运用歇后语，可以增强谈话的趣味性，增加语言的表现力。

以上技巧通常是说，在语言运用上，要擅于运用已有语言文化宝库中的珍贵宝藏，使我们讲话通俗易懂，为大众所接受。

言简意赅，明快流畅

说话的时候，每一个句子都要明白易懂，避免用艰涩词汇。别以为说话时用语艰深，就是自己有学问、有魄力的表现；其实，这样说话不但会使人听不懂，而且弄巧成拙，还会引起别人怀疑，以为你是在故弄玄虚。当然成功的当众讲话还需要丰富的词汇、多变的句型，使讲话扣人心弦，让听众欲罢不能。

清代画家郑板桥有诗云："削繁去冗留清瘦。"当今语言大师们则认为：言不在多，达意则灵。可见，用最少的字句，包含尽量多的内容，是当众说话水平的最高境界。滔滔不绝，出口成章，是一种水平，而善于概括，词约旨丰，一语中的，同样是一种"水平"，而且更为难得。

要做到简洁明快，首先要做到长话短说。

所谓长话短说，即是以简驭繁。老舍说："简练就是话说得少，而意思包含得多。"话少而意思也少就算不得简洁。

有许多领导人善于长话短说。例如：

1981 年世界杯女排赛最后一场中日之战，在先赢两局的情况下，中国

队的姑娘们兴奋不已，第三、四局却打得毫无章法，输得稀里糊涂，袁伟民一再暂停，面授机宜，却不见成效。怎样才能使女排姑娘镇定下来，获得全胜的真正冠军，不失中华民族之志呢？在第五局开始前的短暂时间里，主教练袁伟民说了几句话："要知道，我们是中国人，你们代表的是中华民族，祖国人民在电视机前看着你们，要你们拼，要你们搏，要你们全胜。这场球不拿下来，你们要后悔一辈子！"姑娘们在这语重心长的话语下，胜了第五局，赢得了全场比赛。在简短的几句话、几十个字中，流淌出含义广阔、内容丰富的带血之言：中国人的风貌，中华民族的精神和尊严，祖国人民的期待，以及这场球的关键意义，姑娘们自身利害得失等等，袁伟民的这几句话言简意赅，成效立竿见影，可见长话短说的神奇力量。

口才艺术训练与提升

含而不露，弦外有意

社会生活纷繁复杂，人们总会遇到一些不便直言的事情或场合，这就要求我们掌握委婉含蓄的说话技巧。含蓄就是在交谈或论辩中，不把本意直接说出来，而是采取曲折隐晦的方式表示本意，带有哑谜特色的一种当众讲话方法。

第二次世界大战后，一位记者问萧伯纳："当今世界上你最崇敬的是什么人？"萧伯纳答道："要说我所崇敬的第一个人，首先应推斯大林，是他拯救了世界文明。"记者接着问："那么，第二个人呢？"萧伯纳回答："我所崇敬的第二个人是爱因斯坦先生。因为他发现了相对论，把科学推向一个新的境界，为我们的将来开辟了无限广阔的前景，他对人类的贡献是无可估量的。"记者又问："世界上是不是还有阁下崇拜的第三个人呢？"萧伯纳微笑道："至于第三个人嘛，为了谦虚起见，请恕我不直接说出他的名字。"

细加揣摩便会明白萧伯纳的本意，记者们心领神会，对萧伯纳含蓄的说话技巧钦佩不已，同时也得到了满意的答复。

在日常交际中，人们总会遇到一些不便说、不忍说，或者是由于语言环境的限制而不能直说的话，因此不得不"遁辞以隐意，谲譬以指事"（刘勰《文心雕龙·谐隐》），故意说些与本意相关或相似的事物，来烘托本来要直说的意思，使本来也许十分困难的交往，变得顺利起来。

但含蓄不是似是而非，故作高深，含蓄的目的，是让对方听出"言下之意""弦外之音"，达到讲话目的。如果将含蓄理解为闪烁其词、躲躲闪闪，与含蓄的宗旨就背道而驰了。在鼓舞斗志、交流思想的当众讲话中，言辞还是坦白直接点好，讲话太含蓄会让人觉得你太虚伪、做作，反而听不懂你讲话的目的何在。而对于新闻发布、辩论等类型的当众讲话不妨含蓄一点，多用"弦外之音"。

幽默诙谐，调侃风趣

不论是平时为人处事，还是涉足各种社会斗争；不论是面对生活的尴尬和困窘，还是面对各种斗争的磨砺和挑战，幽默都能使你赢得世人的钦佩和景慕。它能表现你的坦荡胸怀，也能表现你的敏锐和机智，还可以把生活的难堪和斗争的困窘化解成人生的洒脱与大度。这就是幽默的语言所产生的巨大作用。很多伟人都是借助幽默的力量打开了与他们打交道的每一个人的心灵之门。

周恩来在作具有严肃内容的报告和讲话时，常常运用形象的语言、诙谐的比喻，既阐明深刻的内容，又增加了轻松愉快的气氛。1957年2月，周恩来在上海市妇联召开的座谈会上发表讲话，说主妇是一个家庭的内阁，她是管理家庭经济生活的"财政部长"，是将家里打扫得干干净净的"卫生部长"，是关心里弄治安的"公安部长"，又是管教子女的"教育部长"，还是搞社交活动的"外交部长"，除"国防"的事务要丈夫多管一些外，妇女在家里是个"包办内阁"，这一番风趣的讲话，贴切地说明妇女在家庭和社会中的地位和责任。

从上面的例子中，我们可以看到幽默风趣的语言能大大增强讲话的生动性和形象性，在听众与发言人之间有效地传递感情，增加相互的了解，建立融洽的关系。

幽默是瞬间闪现的智慧火花，也是人的一种鲜明的个性特征。它不仅需要一种快速的反应能力，而且需要一种对事物敏感、想象丰富的幽默气质。而反应的敏捷和幽默的气质，来自广闻博见的知识联想和对生活的深刻体验与观察。

绵里藏针是外柔内刚的幽默之法，让人有刺痛之感，却又找不到痕迹。

英国首相丘吉尔是一位能言善辩、风趣幽默的政治家。

一位女议员对丘吉尔说："如果，我是你妻子的话，我会在你的咖啡里放毒药。"

而丘吉尔答道："如果你是我的妻子，我会喝掉它。"

另有一次，在丘吉尔脱离保守党，加入自由党时，一位媚态十足的年轻妇人对他说："丘吉尔先生，你有两点我不喜欢。"

"哪两点？"

"你执行的新政策和你嘴上的胡须。"

"哎呀，真的，夫人。"丘吉尔彬彬有礼地回答道："请不要在意，您没有机会接触到其中任何一点。"

在这里，丘吉尔便巧妙地运用幽默的语言艺术来摆脱尴尬的场面。尽管其外在形式是温和的，但这种温和之中蕴含着批判，使用了"绵里藏针"的技巧，让对方虽不免恼怒，却又不便发作，具有特殊的力量。

通过事物间的对比也可产生幽默感。就是所联想到的实际事物与某一概念之间缺乏一致性而导致的现象，笑恰恰是这种鲜明对比的表现。古罗马政治家西赛罗就常用对比法说话，例如："这个人什么都不缺，除了财富和美德。"不时听人批评极少数干部："这个人除了工作不行，其他什么都行，除了面子不要，其他什么都要。"以上的缺与不缺、行与不行、要与不要，错落有致，对比强烈，让人忍俊不禁。

灵活多样，丰富多彩

没有谁会对一成不变、呆板、枯燥的发言保持浓厚的兴趣，在当众讲话过程中，要注意遣词灵活，不断给听众以新颖刺激，这样才能步步为营，达到传输信息的目的。体现说话水平的发言活泼的原则特征主要表现在三个方面：

1. 多变的风格

诸葛亮舌战群儒就恰当地针对不同对象，采用多种讲话风格。面对东吴暗怀降曹之心、拘于一孔之见的儒士大臣们的唇舌挑衅，诸葛亮谈笑风生，或言辞犀利，妙语如珠，如说张昭、步骘；或冷嘲热讽，如对薛综、陆绩；或慷慨激昂，如对虞翻、严峻；或条分缕析，鞭辟入里，如对程德枢等；还巧言相激孙权、周瑜，从而为火烧赤壁、大败曹兵奠定了基础。

据说，有一次，国画大师张大千的弟子为其举行饯行酒宴，社会各界名流均应邀出席。大千先生为人一向孤傲。大家入席坐定，不免有点拘谨，宴会开始后只见大千先生举杯来到京剧大师梅兰芳先生面前："梅先生，您是君子，我是小人，我先敬您一杯！"众宾客听罢一惊，梅先生也不解其意："此话怎讲？"只见大千先生笑答："您唱戏，动口，您是君子；我画画，动手，我是小人嘛！"于是满堂宾客大笑不止，梅先生也乐不可支，举杯一饮，宴会十分热烈。大千先生一扫平日之孤傲，以幽默的话语风格达到了当众讲话的目的——巧调氛围，显出大师技高一筹的说话水平。

2. 多变的视角

所谓视角，是指人们观察事物的角度。同一事物，从不同的角度观察认识，其感官认知的结果便不相同。话语的表达视角，在言语交际中是个很重要的因素。人的思想无非"情"、"意"二字；一篇言辞，一番话语，表情达意，其表达的视角也应当随意而转，随情而变，如：

美国著名作家马克·吐温擅于利用多角度表情达意，甚至应付责难。在一次酒会上答记者问时，他说："美国国会中有些议员是狗娘养的。"记者通过新闻媒介把此话捅了出去。华盛顿议员们大为愤怒，纷纷要求马克·吐温道歉并予以澄清，否则就将以法律手段控告他。过了几天，《纽约时报》上果然刊登了马克·吐温致联邦议员们的道歉启事："我考虑再三，觉得此话不恰当，而且也不符合事实，故特此登报声明，把我的话修改如下：'美国国会议员中有些议员不是狗娘养的'。"马克·吐温巧用肯定与否定的不同视点，将同一思维形式以不同句式表达，貌似不同，实则仍旧表达了自己的轻蔑和鄙视态度。

3. 多变的句型

人类语言丰富多彩，要生动运用丰富多变的口语句型形象，直接表达讲话目的。这一特点，人们在日常言语、社交谈话、会议报告、节目主持，以及一些论辩、促销、导游等多种口才表现形式中可见一斑。具体说来，句型多变主要表现在不仅有常见的主谓句，还有很多非主谓句，如名句、动句、形句；主谓倒装，定状异位等等。如当年日本侵略者将天津"南开"炸得一塌糊涂，不少人哀叹："南开成了难开！"当时的南大校长张伯苓听了，说："难开？那要加一个标点，'难，开！'"这里张校长巧用标点，将"难开"这一正短语变为转折关系的复句，便将那知难而进，愈挫愈坚的意与情恰到好处地表现出来了。事后有人为此专门撰文《一个标点显人格》，可见句型多变的艺术魅力。

奇妙比喻，生动形象

在说话的技巧中，比喻是一种较为常见的手法。它可以使很复杂的问题变得简单，抽象的问题变得具体，枯燥乏味的问题变得生动有趣。

我们不妨认真读读下面这两则故事，看看能够品味出什么妙处。

中国的法学家王宠惠在伦敦的时候，有一次参加外交界的宴会。席间有位英国贵妇人问王宠惠："听说贵国的男女都是凭媒妁之言，双方没经过恋爱就结成夫妻，那多不对劲啊！而我们，都是经过长期的恋爱，彼此有深刻的了解后才结婚，这样多么美满！"

王宠惠笑着回答："这好比两壶水，我们的一壶是冷水，放在炉子上逐渐热起来，到后来沸腾了，所以中国夫妻间的感情，起初很冷淡，而后慢慢就好起来，因此很少有离婚事件。而你们就像一壶沸腾的水，结婚后就逐渐冷却下来，听说英国的离婚案件比较多，莫非就是这个原因吗？"

还有一个故事是在纽约国际笔会第48届年会上，有人问中国著名作家陆文夫对性文学是怎么看的。

陆文夫不失幽默地答道："西方朋友接受一盒礼品时，往往当着别人的面就打开来看。而中国人恰恰相反，一般都要等客人离开以后才打开盒子。"与会者发出会心的笑声，接着是雷鸣般的掌声。

运用这种似乎与本体事物风马牛不相及的类比物形成的奇妙比喻能使听众有新奇的感觉，也常常使我们的说话增色不少。

 ## 情境口才训练与提升

利用听众身份，有的放矢

当众讲话面对的听众身份复杂，这就要求讲话者要有强烈的对象意识，以便区别对待。说话如果"无的放矢，不看对象"，效果是肯定好不了的。春秋时的邓析说："夫言之术，与智者言，依于博；与辩者言，依于要；与贵者言，依于势；与富者言，依于豪；与贫者言，依于利；与勇者言，依于敢；与愚者言，依于说。"邓析的话，归结到一点，就是要针对不同对象的不同的情况，采取不同的对策，要话因人异，区别对待。日本社会心理学家古烟和孝说得十分中肯："即使是最有效的发送者传播最有效的信息内容，如果不考虑接受者方面的态度及其条件，也不能指望获得最大效果。"

孔子的两个学生子路和冉有向孔子提出同样的问题，却得到孔子截然不同的回答。据《论语》载：一次，子路问孔子："学了礼乐，就可以行动起来吗？"孔子说："有父兄在，怎么就行动起来呢？应当先听听父兄的意见才好。"接着冉有问同样的问题时，孔子却说："好啊，学了礼乐，就应该马上行动起来嘛！"孔子的另一位学生公西华对此疑惑不解，就此向孔子请教。孔子说："冉有这个人平常前怕狼后怕虎的，要鼓励他勇往直前。而子路好勇过人，有点鲁莽，应当让他冷静点。"孔子能做到因材施教，话因人异，不愧为杰出的教育家、口才家。说话"无的放矢"，不看对象，效果肯定好不了。可见说话者应该针对不同对象和对象的不同情况，采取不同的策略，以及不同的言语来表达。

话因人异、区别对待，首先要区别听话人的文化知识水平。例如：一个人口普查员问一位乡村老太太："有配偶吗？"老人笑了半天，然后反问："什么配偶？"普查员只得换一种说法："就是老伴呗。"老太太笑了，说："你说老伴不就得了，俺们哪懂你们文化人说的什么配偶呢！"

　　那么，我们在当众讲话时，由于通常面对的是广大听众，人员构成复杂，知识水平参差不齐，这就要求我们更要考虑这一点，顾及听众中大多数人的最低文化水平，尽量用简朴的语言说明复杂的道理。

利用听众心理，一击中的

　　韩非子在《说难》中指出："凡说之难，在知所说之心"，"所说出于为名高者也，而说之以厚利，则见下节而遇卑贱，必弃远矣。所说出于厚利者也，而说之以名高，则见无心而远事情，必不收矣。所说阴为厚利而显为名高者也，而说之以名高，则阳收其身，而实疏之；说之以厚利，则阴用其言，显弃其身矣。"韩非子在这里明确指出，谏说的难处，关键在于要使自己的话语切中对方的心理。

　　对方求名，你若用利去打动他，他认为你节操不高而看不起你，自然不听你的；对方逐利，你若用名去打动他，他就认为你不务实际，也不会接受你的意见。有些人阴一套阳一套，表面上装的与内心想的不一致，你按他表面上装的去劝他，他表面敷衍你，实际上却不用你的；你按他内心想的去劝他，他就暗地里采纳你的意见，但表面上却疏远你。韩非子谈的，关键是要求人们讲话时要探求听众基本的心理状态和内心渴求，以便切中要害，区别对待。

　　例如19世纪，维也纳上层社会的妇女中，时兴一种筒高檐宽的帽子，而且在帽檐上饰着五颜六色的羽翎。女士们一进入剧场，观众就只能看到她们戴的帽子，而看不见戏台，剧场经理在无可奈何的情况下，只好一再请求女士们脱下帽子，可谁也不予理睬。这时，经理灵机一动，根据女士们爱美、爱年轻的心理特点说："年纪老一点的女士可以照顾不脱帽。"话一出口，女士们竟纷纷脱下了帽子。因为她们面临着"美女"与"老妇"的选择，维也纳的上层妇女，当然谁也不愿意做老妇，她们戴那种筒高檐宽的帽子，不也是为了追求美吗？

　　洞察、预测对方的心理，只是为最佳说话形式的选择作准备，而绝不是为了将他人的情感秘密——暴露，因此言语交际的策略应当是察而不扰。可见掌握了人们内心变化规律，并对症下药，就能切中要害，一击中的，产生良好的讲话效果。

利用自己身份，大方得体

任何人在当众讲话时，都是以自己物主身份表达思想，传递信息。要想使彼此交流达到理想的效果，除了要有对象意识外，还要有自我身份意识，就是说话要得体，言语形式的选择要符合自己的身份，"说自己该说的话"。如以下级的身份向上级汇报思想工作，当持敬重的态度，注意措辞的严肃性和应有的礼节性。与同辈亲友交谈，则以亲切、自然为宜，不宜过于"一本正经"，否则便有疏远之感。说话不得体，不注意身份，听的人总感到不是滋味，甚至引起反感，这肯定达不到交流的目的，甚至事与愿违。

当众发言要符合自我角色身份，首先就要做到称谓、口气适合。

例如：一位因改革而在全国颇有影响的企业家，在一次代表本厂与另一厂家厂长洽谈业务时，姗姗来迟。他一见面就一本正经地说："我忙得不得了，只能用很少的一点时间接见你。"此话一出，举座皆惊。对方厂长更不是滋味，一笔几十万元的生意，便一语告吹。厂家洽谈生意，双方的地位是均等的。姗姗来迟便是不礼貌，而"我实在忙得不得了""接见"等信息则突显傲慢和盛气凌人。

其次，当众发言时要注意自己的多重身份，针对不同环境，选择相应的表达方式，使表达与自身思想情感表达相符合。

常言说，"言为心声"，鲁迅先生也说："从喷泉里出来的都是水，从血管里出来的都是血。"一个人用什么身份说话，很容易反映他的思想境界，处世的方式，待人接物的态度。如何把握好交谈双方特定的关系而作语言的修饰调整，以更好地传情达意，这正是提高说话水平要研究的课题。如一位湘籍著名歌星，应邀在长沙作嘉宾主持"情系三湘"的赈灾义演节目串联时，只见她手持话筒，朗声说道："那次中央电视台举行青年歌手电视大奖赛，我给'娘屋里'的参赛选手打了最高分，下次'娘屋里'的伢子妹子到北京参赛，我还要给他们打最高分。"这样的话不免有失体之嫌。若是在私下场合对"娘屋里"的说说私情乃人之常情，而在这义演的严肃场合，说的又是严肃庄重的大奖赛评委打分问题，如此的偏重于"情

感"而疏于"理智"的话语，人们不禁会问：作为评委，公正何在？

利用社会背景，烘托效果

当众讲话是一种社会现象，它存在于社会之中，服务于社会活动。人们在一定的社会文化中使用语言；社会文化历史等因素又渗透在语言之中，制约着语言的运用。社会文化背景情境，指社会场合，包括时间、地点、气氛、事件背景、人事关系等。文化环境，指一个民族在历史发展中形成的独特风格与传统。讲话时要善于运用这种社会大环境。

抗美援朝期间，一位美国记者来华采访周总理。总理刚好批阅完文件，一支美国派克钢笔尚放在桌子上。这位记者便借题发挥："请问总理阁下，你们堂堂中国人，为什么要用我们美国生产的钢笔呢？"总理听出了他的言外之意，便长笑一声，回答说："提起这支笔呀，是一个朝鲜朋友抗美的战利品，他当作礼物送我的。我无功不受禄，原想谢绝，哪知朋友说，留下做个纪念吧！我于是收下了这支贵国的钢笔。"记者听完后，顿显窘态，说不上话来。在这次谈话中，周总理恰当地运用了朝鲜战争这一历史背景，利用弦外之音令问者哑口无言，真让人佩服得五体投地。

还有一些虽然不属于大的社会环境，诸如地点、实物等，但它们一旦附属于某种社会力量所能施加影响的范围时，就成了社会环境。例如在国家级的外交谈判中，地点的选择是一个很敏感的问题，通常的处理方法是在谈判双方的领土上轮流举行，或者选择第三国作为谈判地点。为什么这个问题会成为一个如此重要而敏感的问题？人们都有这样的体会，在朋友家里说话，总有一种客人心态，说话也总是显得拘谨一些，可是在自己家里接待朋友，就无拘无束了。这种主人心态，就自然形成了一种优势，人们把它叫做"居家优势"。

以上是小地点形成社会大环境，有时地点的改变也可形成不同的小环境，从而有利于解决不同的问题，发表有针对性的讲话，例如：

有些领导者发现问题，往往请下属到自己办公室谈话。办公室是上级办公的地方，下属来到这里，很容易联想到上下级关系，于是便产生了一种"必须服从"的心态。这样，本来是对等的谈话，因为地点这一特殊社会环境的参与，就有利于一方，使得原本对等的双方，变成主动与被动的两方。主动一方便有一种"居高临下"的势头（当然这只是一种心理差异，绝不是"以势压人"）。以此类推，如果顾客与营业员发生纠纷，经理应巧妙地把顾客诱导进自己势力所能影响的范围——经理办公室。这样既可以避免事态的扩大，也可以使这位顾客与围观者隔绝，避免接受人群中一些不良反应而进一步增强不满情绪。所以，经理室实际上成了一个有利于处理问题的小社会环境。反之，如果为了加强联络，增进信任和友谊，领导人员则应走出"领导效应区"，到职工宿舍、食堂、俱乐部等地区去，便于放开话题，无拘无束。这类非语言因素，像看不见的磁场，有着极其强大的特殊效应。

可见利用合适的社会背景发表讲话，可明显增强说话效果，这就要求我们要有敏锐的思维，具有穿透力的眼光，去洞悉社会大背景，并擅于利用眼前的实物、身边的地点营造有利于自己当众讲话的环境。

利用自然情景，画龙点睛

当众讲话时也要注意对何时何地等自然情景的运用。自然情景语境专指交际的时间、地点、场合。何时，小言之是指年月，大言之是指时代；何地，小言之是指大庭广众、居家密室，大言之是指城镇、乡村、野外；具体场景则指由一定的时空因素，以及交际情景有机组合而成的言语交际场合。例如，人家办喜事，你便不能谈论令人丧气的话题；人家悲痛时，则忌谈逗乐的话题；大庭广众之中演讲、报告，应谈论与主题有关的话题，不可玩世不恭潦草应付；散步聊天，则具有随意性，离题或许更有离题的乐趣。

善于利用自然环境来增强说话效果，有时可以借用季候景物，诱发共鸣。

郭沫若在1978年全国科学大会上的发言，就是运用这一方法结尾的："春分已经过去，清明即将到来。'日出江花红胜火，春来江水绿如蓝'；这是革命的春天，这是人民的春天，这是科学的春天，让我们展开双臂，热烈地拥抱这个春天吧！"当时郭老卧病难起，作此书面发言。这个发言一经宣读完毕，会场上就爆发出雷鸣般的掌声，通过实况转播，在整个科学界也引起了热烈的反响。

郭老在这里运用"春天"这一季节环境画龙点睛，效果显著。

当众讲话总是在一定的时间、空间进行的，如时令、地理环境、自然景物往往因人的主观感受之不同而附上不同的情绪色彩。若能结合自然情景来组织话语，往往会收到出奇不意的效果。如李瑞环同志在天津工作期间，适逢国家足球甲级联赛在天津举行，天津队参赛前正赶上下雨。李瑞环鼓励队员们说："下雨了，你们要混（浑）水摸'鱼'，要快传多射，千万别拖泥带水。"这里巧借下雨这一自然情境因素，或仿拟，或双关，话语风趣幽默，很好地发挥了鼓舞士气的作用。

利用特定场合，随机应变

当众讲话必须注意言语行为的特定场合。不同的交际场合，有不同的言语表达，不可将言语表达的基本原则变成僵死的程式。说话要注意场合。不看场合，随心所欲，信口开河，想到什么说什么，这是"不会说话"的人的一种拙劣表现。人，总是在一定时间、一定地点、一定条件下讲话，在不同场合，面对着不同的人，不同的事，从不同的目的出发，就应该说不同的话，用不同的方式说话，这样才能收到理想的讲话效果。

有这样一个反例：一位早年毕业于某高等院校中文系、勤勤恳恳工作了几十年的老教师退休了。为此，学校为他和另一位曾多次荣获过"先进"的退休老同志一并举行了一个欢送会。与会同志和领导对他们的工作和为人进行了热情洋溢而又非常得体的肯定和赞扬，相比之下，对那位曾多次荣获"先进"的老同志的美誉尤多。当轮到两位受欢迎的退休老同志致答谢词的时候，他们对大家的赞誉作了深情的感谢。一时间，会场里充满了一种令人动情的温馨气氛。作为答谢，话本该说到这里为止；然而，那位老教师却并未就此打住，却由人们对另一位"先进"的赞扬中引发了感触，并作了颇为欠妥的联想和发挥："说到先进，很遗憾，我从来也没有得过一次……"话犹未尽，坐在他对面的、平日与他相处得不很融洽的一位青年教师突然抢过了话头："不，那是我们不好，不是你不配当先进，是怪我们没有提你的名。"话语中带着一种不肯饶人而又让人难堪的"刺"，冷不防，老教师的眼角眉梢被"刺"出了一股感伤的表情，一时间会场中出现了一种怏怏不悦的尴尬气氛。一位领导见势不对，马上接过话茬，想把气氛缓和一下。照理说，这时，他应避开"先进"这个敏感的话题，转而谈论其他。然而，他却反反复复劝慰那位退休老教师，叫他对"先进"的问题不要在意，说没有评过先进，并不等于不够先进，先进不仅在名义，更要看事实。如此等等，一席话，等于是把本应避而不谈的话题作了重复和引申，使本已尴尬的局面变得更为尴尬。

在特定场合讲话可利用以下几种技巧和原则，以达到理想的效果：

1. 多角度。某些场合的变化是出人意料的。如果应对不好，会使自己陷于某种困境之中。这就要求说话者必须善于变换切入角度，灵活地应对和驾驭各种局面和场合。

2. 利用歧义。用特定场合，造成情境歧义。

3. 正话反说。利用情境的参与，正话反说，摆脱不利的话语交际环境。

4. 言此意彼。利用情境的微妙关系，言此意彼，使双方心领神会，从而实现交际目的。

现场调控的 3 大原则

周恩来曾有一次在记者招待会上答记者问。一位西方记者问："请问，中国人民银行有多少资金？"这句话实质是讥笑我国的贫穷。这时，周恩来以幽默的口吻回答说："中国人民银行的货币资金嘛，有 18 元 8 角 8 分。"这一回答，使全场为之愕然，场内鸦雀无声，都在静候总理的解释。总理接着说："中国人民银行发行面额为 10 元、5 元、2 元、1 元、5 角、2 角、1 角、5 分、2 分、1 分共 10 种主辅币人民币，合计为 18 元 8 角 8 分。中国人民银行是由中国人民当家作主的金融机构，有全国人民作后盾，信用卓著，实力雄厚，它所发行的货币，在国际上享有盛誉。"总理的话再次激起了场内听众的热烈掌声。人们不能不折服于周恩来妙语连珠的话语调控能力。那么，如何获得这种调控能力呢？细心地揣摩一下周恩来应答如流的口才，是可以得到诸多启发的。

1. 要有强烈的自信意识

林肯说过："不论人们如何仇视我，只要他们肯给我一个略说几句的机会，我就可以把他们说服。"这是何等自信！大凡历史上的领袖人物都

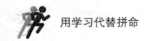

具有这种强烈的自信意识，很多革命领袖尤其如此。"这个军队具有一往无前的精神，它要压倒一切敌人，而绝不被敌人所屈服。"这种大无畏的英雄气概来自于对自己的军队坚定的信任。有了这种坚定的信任才会对自己的观点，对自己的表述目的坚信不疑，表述时才会神态自若、思维敏捷、记忆精确，兴奋与抑制过程才会处于最佳状态，表述才会得心应手，左右逢源，才会毫不做作，真切动人，从而产生极强的感染力和说服力，使表述目的得到最佳实现。一个没有目标，胆小犹豫的人是没法发挥当众讲话的力量的，其讲话的目的更是无从实现。

2. 要有丰富的学识、阅历，对表述材料要充分熟知

"问渠哪得清如许，为有源头活水来"。像毛泽东、周恩来等许多伟人和名人那样谈吐睿智、幽默，都是以学识渊博和阅历丰富为基础的。所以要有好的口才，必须多读书、多参加实践，例如用做卡片之类的方法把知识储备起来，这样说话时才有材料可供调遣。在具体说话时，则应当对表述的材料充分熟知。这里所说的熟知，不仅指对材料的明确理解和清晰记忆，还包括根据表述类型所作的不同选择和准备。例如在"以事告人"为目的的表述中，主要依靠运用记忆，精确地说明和解释有关人或事的状况、特征等，使对方确切理解你所传达的信息；在"以理服人"的表述中，就要求说出自己的精湛理解，以便有说服力地影响对方，使人们建立起新的观点，或强化已有的观念；在"以情动人"的表述中，就需要真挚地表达出寓有体验的丰富情感，以便极大地感染听众，使其得到进一步的升华。

广博的知识、丰富的阅历可使人在掌握大量材料的基础上当众讲话，听众能从中获取有益的信息，表述者也可从容不迫，挥洒自如，充分占有材料，熟知材料是培养自信的基础条件，正所谓"充实，是自信的前提"。

3. 要思路灵活，思维敏捷

在社会生活中，常常可以见到有的人书读得不少，阅历也不浅，但却未必思路灵活，思维敏捷。他们思考问题只会求同，不会求异，因此他们说话往往引不起听众的共鸣，达不到交流的目的，我们一定要引以为诫，注意讲话的形式的灵活性。

魔鬼训练营——把握细节，锤炼口才

有人说，细节决定一切，说话也是一样。重视每次谈话细节的人，正是那些被称为说话高手的人，他们之所以成为口才高手，是因为注意了以下几点：

1. 轻松自然

约翰·莫菲说："我们不要硬是从头脑中榨出一些名言警句。当我们放松下来的时候，很多妙语就会自然而然地产生出来……"甚至在最具刺激性的谈话中，也有 50% 的内容是没什么意义的。只有经过一段加热过程，思想的车轮才能转动起来。

2. 注意谈话重心

无可否认，人们总是对自己的工作、家庭、故乡、理想表现出浓厚的兴趣。其实，即使像"你从哪里来"这样一个简单的问题也说明你对别人感兴趣，结果会使别人也对你产生兴趣。但你千万别像一位年轻的剧作家那样，跟他的女朋友谈论了自己的剧本两个小时后，接着说："有关我已经谈得够多了，现在来谈谈你吧。你认为我的剧作怎么样？"

3. 多说赞同的话

如果他说："我是在农村长大的。"你最好回答："我也是。"或多少讲一点你有关农业方面的知识和经验，这会让他感到很亲切。如果他说："我喜欢吃冰淇淋。"恰好你也有同样的爱好，一定要想办法告诉他。如果他说他出生在东北的一个小镇上，碰巧你过去也喜欢在那里度暑假，那你也一定要告诉他……

4. 适当谈谈自己

当有人要求你讲自己的时候，不要守口如瓶地拒绝。稍微告诉对方一点你的情况，他会感到十分荣幸。因为你是用非常友好的姿态与他交谈的。

5. 不随便开玩笑

交谈双方应相互尊重，即使已经相熟，也不可胡乱开玩笑，逗弄和取笑会触痛别人的自尊，而威胁他人自尊的任何事情都是危险的，即使在玩笑中也是如此。民意测验的结果表明，人们不喜欢被取笑，即使是他们的亲朋密友。只有在非常亲密的朋友之间，才可以开一些充满善意的玩笑，

因为他们是不会追究那些无关紧要的小事的。如果别人非常了解你，非常喜欢你，你也可以与他开个玩笑，但千万别开得过了头。

6. 把握分寸

在人际交往中，谈话要有分寸，认清自己的身份，适当考虑措辞。哪些话该说，哪些话不该说，应该怎样说才能获得更好的交谈效果，是谈话应注意的。不说刻薄挖苦别人的话，不说刺激伤害别人的话，对他人的隐私、身体残缺等敏感话题一般不宜涉及。

7. 客观真诚

说话要注意尽量客观，实事求是，不夸大其词，不断章取义。讲话尽量真诚，要有善意。

Part11

交际能力训练

和任何人都能交朋友

训练人际交往中的形象美

优雅气质——最美的外衣

一个人具备什么样的气质，对其精神面貌有很大的影响。人的容貌如同一朵花，季节性很强，它总有凋零之时，而人的气质所带来的风采，则是与日俱增的。俗话说，风韵犹存，就是指的这个意思。

那么，究竟什么是气质呢？所谓气质，一般而言是指人的相对稳定的个性特点、风格和气度。

气质美首先表现在丰富的内心世界中。理想则是内心丰富的一个重要方面。因为理想是人生的动力和目标，没有理想和追求，内心空虚贫乏，是谈不上气质美的。品德是气质美的又一重要方面，为人诚恳，心地善良是不可缺少的。文化水平在一定程度上影响着家庭生活的气氛和后代的成长，此外还要胸襟广阔。

气质美看似无形，实为有形。它是通过一个人对待生活的态度、个性特征、言语行为等表现出来的。

气质美还表现在行为举止上，一举手、一投足，走路的步态，待人接物的风度，皆属此列。朋友初交，互相打量，立刻产生好的形象。这个好感除了言谈之外，就是举止的作用了。要热情而不轻浮，大方而不造作。

气质美还表现在性格上。这就是要注意自己的涵养，要忌怒、忌狂，

能忍让，体贴人。温柔并非沉默，更不是逆来顺受，毫无主见。相反，开朗的性格往往透露出天真烂漫的气息，与善于表现内心情感，富有感情的人更能引起共鸣。

高雅的兴趣也是气质美的一种表现：爱好文学并有一定的表达能力，欣赏音乐且有较好的乐感，喜欢美术并有基本的色彩感等等。

有许多人并不是大美人，但在他们身上却溢露着夺目的气质美：如工作的认真、执着；聪慧、洒脱、敏锐；精明、干练；这是真正的美，和谐统一的美。

追求美而不亵渎美，这就要求我们每一个热爱美、追求美的人都要从生活中悟出美的真谛，把美的形貌与美的气质、美的德行结合起来。只有这样，才是真正的美。

自我修炼，提升气质美

气质是不能用简单的好坏标准来评价的，正像食物中的调味剂，酸、甜、咸、香各有妙用，不能否定任何一种。一个人的精神面貌是由他的需要、兴趣、理想和信念等多种因素决定的，而气质则只能在生活中培养。

内在的气质是最宝贵的。一个真正懂得与他人相处的人，绝不会因场合或对象的变化而放弃自己的内在特质，盲目地迎合、随从别人。保持一个真实的自我并不等于要使自己与别人格格不入或标新立异，甚至明明知道自己错了仍固执不改。保持真实的自我是保持自己区别于他人的独特的、健康的个性。

那么，怎样才能有良好的气质呢？

首先，要通过自我修养。自我修养就是实践，就是自我投资，就是敢于同自我作斗争。如果一个人没有自我修养的品质，那么即使他具备其他一切良好的素质条件，也是毫无价值的，他根本不可能成为有良好气质的人。因为，即使你有自我促进的愿望，即使你自己处于最佳状态，即使你设想登上南极，如果没有百折不挠的修炼，那么你将永远不能达成自己所定的目标。

自我修养能培养或打破一种习惯。它能使你的自我意象或思想产生持久的变化，帮助你达到目标。自我修养反复地用语言、图画、观念和情绪告诉你，你正在赢得每一个重要的个人胜利。归根结底，自我修养是一种自我暗示，是一种思想的实践。

自我修养的作用，可用这样一个例子来说明。《读者》杂志前几年曾报道过一个中学篮球队的故事。他们做了一个实验，把水平相似的队员分为三个小组，告诉第一个小组停止练习自由投篮一个月；第二组在一个月中每天下午在体育馆练习一小时；第三组在一个月中每天在自己的想象中练习一个小时投篮。结果，第一组由于一个月没有练习，投篮平均水平由39%降到37%，第二组由于在体育馆坚持了练习，平均水平由39%上升到41%；第三组在想象中练习的队员，平均水平却由39%提高到42.5%。这真是很奇怪！在想象中练习投篮怎么能比在体育馆中练习投篮要提高得更快呢？很简单，因为在第三组队员的想象中，投出的球都是投中的！成功者就是这样，在办公室、运动场不断地锻炼着自己，他们创造或摸拟每一个他们想要获得的经历，他们摸拟成功，仿佛他们就是第一名。

调查资料表明，世界上许多有气质的人，几乎每个人都是心理摸拟方面的大师。他们懂得让自我修养处于不断的提高中。虽然他们有时没有工作，但他们在不间断的练习中使自己对待艰苦工作时更为坚强了。他们知道想象是最好的工具，想象是有气质的人的天地。

其次，要懂得与人交往的分寸，也就是要掌握让别人与你愉悦相处的艺术。努力做到举止文雅，为人随和，宽宏大量。有了这种品质，所有的大门都会向你敞开，无论你走到哪里都会畅行无阻，大受欢迎。

保持仪容仪表的整洁

要求仪表仪容干净、整洁，就是要做到并保持无异味、无异物，坚持不懈地做好仪容细节的修饰工作。

干净、整洁是个人礼仪的最基本要求。这里包括面容、头发、脖颈与耳朵、手、服饰等方面的整洁。

面容看上去应当润泽光洁；耳朵、脖子应当干干净净。不要小看这一点，面部是一个人最突出的代表部分。面容是否洁净，皮肤是否保养得当，看上去是有生气、有光泽，还是灰暗、死气沉沉，都直接关系到他人对你的印象。

一个有教养的人，绝不会是那种不修边幅、蓬头垢面的人。

头发常常没有像面容那样受人重视，但假如你希望改善自己的形象，就应把头发作为重要环节来考虑。关于发型风格及设计原则，此处就不谈了，这里只强调一点，即保持头发的干净整洁。头发松软亮泽，加上整齐的发型梳理，衬出光洁的面容，才能展现你良好的素养和气质。注意不要让你的上衣和肩背上落有头皮屑和掉落的头发，因为那样就会给人一种不整洁的感觉。

有了光洁的面容，整齐的头发，还要注意手的清洁。如果伸出的一双手很脏，那美好的印象一下子就被打破了。在人的仪表中，手占有重要的位置。一个仪表风度不凡的人，绝不会长着又黑又长的指甲。一般来说，男性不宜留长指甲，女性如果留长指甲，一定要修剪整齐，并保持洁净。

口腔和身体异味是令人反感的。经常刷牙，勤洗澡，勤换内衣，可以减小或防止身体异味。

服饰穿戴在任何情况下都应保持干净整齐。注意衣领袖口或其他地方有无污渍。服装应是平整无皱褶的，扣子齐全，不能有开线的地方。内衣外衣都应勤洗勤换，保持洁净状态。此外，对鞋袜要像对衣服一样重视，不能身上漂亮而鞋袜污脏。皮鞋应保持鞋面光亮。有人说，"三分衣服七分鞋"，可见鞋整洁在仪表中的重要性。

要求仪表仪容简约，就是在整理、修饰仪表仪容时，要力戒雕琢，不搞繁琐；力求简练、明快、方便、朴素。要求端庄大方，就是要求端庄、斯文、雅气，而不花哨、轻浮、小气。

修饰服装的美

"佛靠金装，人靠衣装"，"人靠衣服马靠鞍"等古语，说明人们早就意识到了服装对于人的重要性。服装美是人的美的一个组成部分，它并不是指我们日常生活中所穿服装的美，而是指人在着装后所构成的形态美。我们在社会交往中，服饰美带给人的印象是强烈而有决定意义的，我们所说的外在气质美，尤其是仅与人交往一会儿即能感到其气质美的，大部分原因在于他得体的服饰。

服装的美可以看作一种形式美，原本与人的美没有太大关系，人着装之后的美则包括了着装人的修养、趣味等因素，甚至也直接反映了人的社会地位、知识层次等内容。所以培养一个人良好的气质，关于服饰美的课程，就不能不上。

著名的美国小说家，也是机智幽默的讽刺家马克·吐温，有一次对"人要衣装"发表看法，他说："服装造人，请看历来功成名就的大人物，有哪一个是裸体族呢？"

马克·吐温是在开玩笑，但"服装造人"这话却是对的。一个门面堂堂、举止谈吐文雅而有修养的人，再加上一身楚楚衣冠，必然就是那种我们所追求的"气质美"一族。

我们看到一个衣着得体的人，常会不由自主地由衷赞叹："真是美呀！"我们甚至不会去分辨他美在什么地方，因为得体的衣装给人的是一种整体美，这种美的形成应该说是不露痕迹。但要想学会怎样穿好衣服，却又必须弄明白这"得体"得体在什么地方。

判断服饰美得体可从几个方面去考察，一方面是服饰本身的构成要素，如款式、质料、色彩、图案等等；另一方面是这些要素是否搭配适当，是否合于着装者的个性、身份、职业以及不同的场合。每一个人的条件都有所不同，个人的身体条件与社会条件决定了一个人应选择的服饰种类。比如一个大胖子却穿着横条纹的衣服，只能愈显其胖；一个大公司的高级职员工作时却穿着一身运动装，也显得不合时宜。

6 步打造良好第一印象

在心理学中，有一个影响广泛的首因效应。首因效应是指个体在社会认知过程中，通过"第一印象"最先输入的信息对客体以后的认知产生的影响作用。在心理学中，首因效应也叫第一印象效应。

首因效应在人际交往中对人的影响较大，人们往往根据对方的第一印象作为今后交往的依据。因此，在人际交往中，要努力注重展示给人一种极好的第一印象，为以后的交流奠定基础。

怎样才能给人良好的第一印象呢？从根本上说，它离不开提高自己的

文明程度和修养水平，离不开经常的心理锻炼。心理学家提出下面几条建议：

1. 显露自信和朝气蓬勃的精神面貌

自信是人们对自己才干、能力、知识素质、性格修养，以及健康状况、相貌等的一种自我认同和自我肯定。心理学家指出，一个人要是走路时步履坚定，与人交谈时谈吐得体，说话时双目有神，目光正视对方，善用眼神交流，就会给人自信、可靠、积极向上的感觉。

2. 衣着仪表得体

有些人习惯于不修边幅。这本来属于个人私事，不过在一个新环境里，别人对你还不完全了解，过分随便有可能引起误解，产生不良的第一印象。美国有学者发现，职业形象较好的人，其工作初期的薪金比不大注意形象的人要高出 8% ~ 20%。当然，衣着仪表得体并不是非要用名牌服饰包装自己，更不是过分地修饰，因为这样反而给人一种油头粉面和轻浮浅薄的印象。

3. 言行举止讲究文明礼貌

比如，注意语言表达简明扼要，不乱用词语；别人讲话时，不随便打断；不追问自己不必知道或别人不想回答的事情，这会给别人恶劣的印象。

4. 讲信用，守时间

凡是应允的事，要努力办到。自己觉得办不好的事情，即使不便当面拒绝，讲话也要留有余地。为了讨好别人，明明办不到的事情也包揽下来，只会弄巧成拙，最终引起别人不满。讲信用还包括遵守时间，无论赴约、开会，都不要迟到。否则，也会给人做事不讲信用的感觉。

5. 待人不卑不亢

不亢，就是不骄傲自大。不卑，就是不卑躬屈膝，不做出讨好、巴结别人的姿态。前者会引起别人反感，后者则有损自己人格。尤其在参加面试时，更不宜因为渴望得到这份工作而表现出谄媚主考人的样子。

6. 与对方同步化

调整你的身体姿势和语音语调，使之适应新朋友，因为人们都会被和自己相似的人所吸引。当你以对方的速度来说话时，他们自然会有反应。当新朋友点头或摇头的时候，你也学着做，立刻就能建立和睦的关系。

打造完美形象，把握成功机会

无论你认为从外表衡量人是多么肤浅和愚蠢，但社会上的人们每时每刻都在根据你的服饰、发型、手势、声调、语言等外在形象判断着你。无论你愿意与否，你都会留给别人一个关于你形象的印象，这个印象在工作中影响着你的升迁，在商业上影响着你的交易，在生活中影响着你的人际关系和恋爱，它无时无刻不在影响着你的自尊和自信，最终影响着你的幸福感。

如果渴望升迁，你就需要展示出自己成功的形象。工作效率、能力、可靠性及勤奋是获得提升的重要条件，但并不是仅有这些条件，你就能在职场中胜出。忽略了对整体形象的塑造，既得不到上司的关注，也得不到同事的承认。只有展示出一个与期待的职位相符的形象，展现出一个可信、有潜力、值得信任的形象，你才能有更大的发展空间，上司和同事才能相信你适合更高的位置。

作为一名员工，除了在语言上要注意之外。在服饰上，一个好的员工也不需要老板吩咐，就会穿着妥当。因为好的员工知道自己的形象就是公司的形象，代表着公司。着装的第一个规则是整齐顺眼，也就是清清爽爽。整天坐在办公室的职员，或接触顾客的营业人员，要是穿着脏兮兮的衬衫、皱巴巴的裤子，一副精神散漫的模样，谁都不会对他产生好印象。以这种"不修边幅"的样子跟谁谈话，谁都要心存戒备，吃亏的总是你自己。

假设有两个部属，才华相当，效率也在伯仲之间。如果只能提升一个人，老板最后通常会依他们平时的仪表给他的印象来取舍。

我们应该怎样检验自己的穿着、形象呢?

检验自己的穿着是否恰当最简单的方法就是：当你站在镜子前面，第一眼看到的就是你的脸，衣服的颜色和款式都是应该突出和强化你的脸的。如果第一眼看到的是你的鞋子或头发，那你就一定打扮得不对了。

然后，从头到脚审视一番，例如，脸、头发是否干净整洁，衣服是否整齐挺直。而且还要检查你的服装颜色、图案与你的肤色身材是否协调，服装的款式是否适宜，因为这不仅仅是把一套亮丽的衣服穿在身上就完事了，还要考虑这衣服的色彩、款式是不是适合你的身材、皮肤和职业，以及你将要去的场所。

训练人际交往中的礼仪美

遵循交际礼仪的原则

礼仪名目众多，细则纷繁，做事讲究礼仪尤其还应掌握必要的世界各国的礼仪习俗，更是使其呈现出五彩缤纷的特点。那么如何才能有效掌握？在从事各种商业活动、具体遵行商务礼仪时，应遵循以下基本原则，其中包括言行文雅、态度恭敬、尊重他人、平等待人、表里一致等要求。

1. 尊敬原则

有人曾把商务礼仪的基本原则概括为"充分地考虑别人的兴趣和感情"。尊敬是礼仪的情感基础。在我们的社会中，人与人是平等的，尊重长辈、关心客户，这不但不是自我卑下的行为，反而是一种至高无上的礼仪，说明一个人具有良好的个人素质。"人敬我一尺，我敬人一丈"，"礼"的良性循环就是借助这样的机制而得以生生不已。当然，礼待他人也是一种自重，不应以伪善取悦于人，更不可以富贵骄人。尊敬人还要做到入乡随俗，尊重他人的喜好与禁忌。总之，对人尊敬和友善，这是处理人际关系的一项重要原则。

2. 真诚原则

商务人员的礼仪主要是为了树立良好的个人和组织形象，因此礼仪对于商务活动的目的来说，不仅仅在于其形式和手段上的意义。同时商务活动并非从事短期行为，而是越来越注重其长远效益，只有恪守真诚原则，着眼于将来，通过长期潜移默化的影响，才能获得最终的利益。也就是说，商务人员要爱惜其形象与声誉，应不仅仅追求礼仪外在形式的完美，更应将其视为情感的真诚流露与表现。

3. 谦和原则

"谦"就是谦虚，"和"就是和善、随和。谦和既是一种美德，更是社交成功的重要条件。《荀子·劝学》云："礼恭而后可与言道之方，辞顺而后可与言道之理，色从而后可与言道之致。"即是说只有举止、言谈、态度都是谦恭有礼时，才能从别人那里得到教诲。

谦和，在社交场上即表现为平易近人、热情大方、善于与人相处、乐于听取他人的意见，显示出虚怀若谷的胸襟，因而对周围的人具有很强的吸引力，有着较强的调整人际关系的能力。

当然，我们此处强调的谦和并不是指过分的谦虚、无原则的妥协和退让，更不是妄自菲薄。应当认识到过分的谦虚其实是社交的障碍，尤其是在和西方人的商务交往中，不自信的表现会让对方怀疑你的能力。

4.宽容原则

宽即宽待，容即相容。宽容，就是心胸坦荡、豁达大度，能设身处地地为他人着想，谅解他人的过失，不计较个人得失，有很强的容纳意识和自控能力。中国传统文化历来重视并提倡宽容的道德原则，并把宽以待人视为一种为人处世的基本美德。从事商务活动，也要求宽以待人，在人际纷争问题上保持豁达大度的品格或态度。在商务活动中，出于各自的立场和利益，难免出现冲突和误解。遵循宽容原则，凡事想开一点，眼光看远一点，善解人意、体谅别人，才能正确对待和处理好各种关系与纷争，争取到更长远的利益。

5.适度原则

人际交往中要注意各种不同情况下的社交距离，也就是要善于把握住沟通时的感情尺度。古话说："君子之交淡若水，小人之交甘若醴。"此话不无道理。在人际交往中，沟通和理解是建立良好人际关系的重要条件，但如果不善于把握沟通时的感情尺度，即人际交往缺乏适度的距离，结果会适得其反。例如在一般交往中，既要彬彬有礼，又不能低三下四；既要热情大方，又不能轻浮谄谀。所谓适度，就是要注意感情适度、谈吐适度、举止适度。只有这样才能真正赢得对方的尊重，达到沟通的目的。

总之，掌握并遵行礼仪原则，做待人诚恳、彬彬有礼之人，在人际交往和商务活动中，就会受到别人的尊敬。

行为举止礼仪要领训练

如果把人的仪表比作显示其静态美的艺术造型，那么举止就是显示其动态美的艺术造型。美的举止是心灵舞姿的外化、文明修养的外露和良好气质的赋形。

举止是指身体各部位有意识或无意识的动作。这些动作包括人的举手投足、一颦一笑。举止一旦受到人的注意便会给人留下深刻的印象。从这种意义上讲，举止也是一种无声的语言。在众目睽睽的场合，即使你还一言未发，你的仪表举止已经把你的有关信息传递了出去。别人正是依据这些信息来确定对你的"第一眼印象"。由于举止带有运动的节奏和旋律，因此比相对静止的仪表更能折射出内在禀赋和气质，以及人的心理、文化和道德修养等。

在现实生活中不乏这样的事例：有些仪表堂堂的男士，尽管他衣冠楚楚，俨然绅士，但由于举止轻浮，仍然给人留下了十分不好的印象。而另一些温文尔雅、彬彬有礼的男士，尽管其仪表稍差一些，但由于举止得体，仍能给人留下好印象。那些阅历丰富，独具慧眼的人往往更习惯于依据一个人的举止，尤其是一些细微的举止来判断人，因为人的仪表可以通过别具匠心的包装而在一夜之间彻底改观，而人的举止则需要长期的培养与累积才能形成。一个举止粗鲁、毛手毛脚的小伙子，绝不可能在一夜之间成为一个举止文雅、彬彬有礼的绅士。

下面将对人们在日常生活中的举止礼仪做一个详细的介绍。

1. 站姿

在生活中每个人由于生活条件、个人习惯以及职业特点的不同，久而久之形成了自己的站立姿态。这些姿态可能并不怎么优美，从而影响了他人对自己的印象。优美的站姿常常被人们所羡慕和称赞，给人们留下深刻的印象。

对站姿的要求是"站如松"，即站得像松树一样挺拔。站姿的基本要领是站正，身体重心放在两腿中间，不要偏左或者偏右，脚跟靠紧，胸要微挺，腹部自然略微收缩，腰直肩平，两眼平视，嘴微闭，面带笑容，双肩舒展，双臂自然下垂，双手可以在背后交叉或体前交叉。优美的站姿关键在于脊背的挺直。挺拔、直腰、向上是训练站姿的最基本要领。

挺拔，站立是要让身体的主要部位尽量舒展，做到头不东倒西歪，背不驼，肩不耸，腰部挺直，这样就会给人以肢体挺拔，精力充沛之感。

直腰，端正的脊柱是构成人体线条美的根本。站立时，下颌微收，胸挺起，腰部直立，臀部肌肉以及腿部肌肉保持适当的紧张感，达到给人以端正直立形象的目的。

向上，站立时，头要正直，有悬顶的感觉。身体重心向上的人，给人以精神振奋之感；重心偏低的人，常给人一种衰老和懒散的感觉。站立时，提髋向上，使躯干保持直立。

2. 坐姿

你是否曾经留意过自己坐的姿势呢？走路、站立的姿势固然重要，然而坐的姿势也不容忽视。坐着的时候要保持脊柱正直的姿势，让自己的精神始终保持振作。

注意不要把椅子坐满，但也不要为了表示谦虚，故意坐在边缘上。坐势的深浅应该根据腿的长短和椅子的高低来决定，一般应坐满椅面的三分之二。最恰当的位置是两脚着地，膝盖成直角。与人交谈的时候，身体要适当前倾，不要一坐下来就全身靠在椅背上，显得体态松弛，不礼貌。入座时，要走到座位前再转身，然后轻稳地坐下。坐时，不可以将大腿并拢，小腿分开，或双手放在臀下，腿脚不停地抖动，脚尖相对。这些有失风度的举止应该尽量避免。

正确的坐姿对坐的要求是"坐如钟"，即坐相要像钟那样端正，除此之外还要注意坐姿的娴雅自如。其基本要领是：上体自然坐直，两腿自然弯曲，正放或侧放，双脚平落地上或并拢或交叠，双膝自然收拢，臀部正坐在椅面中央，两手分别放在膝上，双目平视，面带微笑。

3. 走姿

有些人不重视步态美，或者由于先天不足，或者由于后天的不良习惯而又不肯下决心矫正自己的缺陷，任其自然，逐渐形成了一些丑陋的步态。比如，有的人走路，总是摇头晃肩，左右摇摆，给人以轻薄的印象；有的人弯腰弓背，低头无神，步履蹒跚，给人以压抑、疲倦的感觉；还有的人摇着八字步，十分不雅观。

走姿的基本要领是：行走时双肩平稳，目光平视，下颌微收，面带微笑。手臂伸直放松，手指自然弯曲，摆动时，以肩关节为轴，上臂带动前臂，双臂前后自然摆动。上体微微前倾，脚尖略抬，步幅适当。

着西装的走姿，在仪态举止方面要体现出挺拔优雅的风度。女士穿长裙走路时要注意头和身体的协调配合，强调整体造型美。穿着短裙要表现出轻盈敏捷、活泼洒脱的风度。步幅不大，脚步的频率可以稍快，保持活泼灵巧的风格。

办公室礼仪训练

办公室是工作场所，有着一定的工作规则和交际准则。办公室工作，需要遵循以下的礼仪细则：

1. 个人仪态与办公环境

办公室既是工作场所也是公共场合，工作人员要注意个人卫生的清洁，仪表要保持整洁、大方。发型要简洁，女士一般应略施淡妆。衣着朴素得体，西装、套裙等都很适宜。新潮服装、无领无袖的衣服、汗衫、牛仔装则与办公室的严肃气氛十分不谐调，穿拖鞋和赤脚穿凉鞋更是没有礼貌的表现。

在办公室里举止要庄重、文明。大声嚷嚷、指手画脚会显得你没修养、粗俗。注意保持良好的站姿和坐姿，将脚搭在办公桌上十分不雅，不要斜身倚靠办公桌，更不能坐在办公桌上面。尽量不要在办公室里吃东西，尤其是吃瓜子等有响声的食品。谈话时注意身体距离，一米左右为宜，过近（尤其异性）会令对方不自在，也不要过分亲昵地拍肩搂臂。

2. 办公室里的用餐细节

如果公司允许员工在办公室内用餐，员工应注意有关的细节：

只能在用餐时间吃东西，别利用午餐时间忙杂事，直到上班时间才用餐。

注意餐后环境卫生，桌面要擦拭干净，不许在桌子上到处摆放脏杯子和碟子等。为防止剩余残肴及废弃物品发出令人不悦的气味，吃完后要将所有的垃圾扔掉，最好是扔进单独的或有封盖的垃圾桶内，而不是你旁边的纸篓或别人的桌子上。

在办公室内用餐要注意自己的用餐仪态，别一直盯着其他同事，看别人吃东西是很不礼貌的。

不要嘴里边吃东西边讲电话。

用餐完毕不久后，恰有顾客来访时，应事先用点空气清香剂，别让客人一进门就闻到食物的气味。

尽量不要在同事吃饭时打扰他们，或让他们进行工作。

如果你必须在桌子上吃东西，请将门关好。如果你的桌子在一个公共的地点，请在周围的人都出去了的时候吃。

3. 工作中的礼节和道德

不要将你的工作和个人生活混在一起。如果你必须在工作中处理私人事情，要留到中午吃饭时，不要在你工作时安排朋友到你的办公室中来拜访你。

不要滥用你有权利使用的东西。例如，传真机、抬头信纸和其他办公用品只是办公用的。你的费用账户只是用于办公费用，不是用于家庭和个人支出。

不要把各种情绪带到办公室里，尤其是情绪不好时。你会控制不住并与别人发生冲突的。每个人都会有情绪不好的时候，但办公室里是不允许这样的。

不要把粗俗的话带到办公室里。

不要在办公室里大哭、大叫或做其他感情冲动的事。如果实在忍不住悲伤，离开办公室，关上门或到休息室里去，等情绪好了再说。如果你控制不住愤怒，也采取这个办法，深呼吸或做些其他放松的事情。

不要不打招呼就突然闯到别人的办公室里。先打电话或面对面预约一下。打断别人的谈话，希望他能停下来并注意自己是很不礼貌的。

不要抱怨、发牢骚或讲一些不该讲的故事。

不要将办公室搞得乱糟糟的。抓紧时间在每天下班前将能做的事情整理好，或至少将要放在一边的工作简单整理一下。

两性相处礼仪训练

现在商业社会已不完全是男人的天下。因此，如何与朝夕相处的女性同事保持礼仪似乎令许多人感到困扰。最好的方式，就是自然地让一位男士以他原有的礼仪去对待一位女士（当然这里假设这位男士已被教导过该如何适当地对待女性）。

当一位男士第一次与他的女同事见面时，理所当然地他应该为她打开房门等等。如果她欣然接受这个举动，这位男士就应当默记为这位同事开门是一项合宜的行为，下次她准备进到你的办公室时，你可以为她开门，而她也许还会让你帮她脱下大衣。

女性读者也应当了解自己在工作场合里，如何适应男同事的礼貌性举止。借此方式，你必然可消除一些不必要的困扰。如果一位男士意欲替你开门，而你宁愿自己动手的话，你可以客气地说："谢谢，我自己来。"一位感觉敏锐的男伴一定会注意到，下一次你们两个再遇到这种情况时，双方便不会有任何困窘。

以上的忠告适用于你平常与同事相处的情况。当然，如果一位男士与女性主管面谈时，当她亲自陪同你走进她的办公室，你自告奋勇地替她开门便不是个适当的举动。在这种情况下——事实上就基本礼节而言——你的行为都必须审慎合宜。

想要避免在工作场所中产生任何尴尬，需要两性彼此敏锐地观察行事。那些大声疾呼反对男性对她们尊重（如开门、帮忙脱下大衣）的女权分子反而制造出双方无谓的紧张感。同样的，迟钝的男性也无法迎合工作场所的时代潮流，他们最后总会冒犯自己的女同事。

有的男人认为女人极力为自己争取权利是相当"愚昧"的行为，并觉得必须改变自己原来的个人主义作风是对个人生活的某种侵犯。今日，凡是在美国企业之中带有上述观点的男性，都会发现自己升迁之路遥遥无期。无论男士们喜欢与否，今天的职场已经没有性别差异。你必须了解并尊重这个事实，进而以最佳的风度来接受，否则那些无法认清真相的男士们迟早将身家不保。

待客的礼节训练

不同的民族和不同的国家都有不同的待客之道，中国人一向是以热情著称的，接待客人也是一门艺术，它要求讲究礼节，考虑周全，面面俱到。

如果客人是约好要来的，主人应事先有所准备，包括打扫室内卫生，准备好烟酒茶饭，并注意换上正装，修饰仪表。女主人更应精心打扮，家人也要给予合作。主人要提前与家人商议，如不要让年幼的孩子去纠缠客人，成年的家人之间，言行要检点，也不要当着客人的面拌嘴，以免产生误解。

对待客人不宜过于客套，否则客人会觉得不舒服，贯穿于待客的整个过程之中的是尊敬与体贴。远道而来的客人，夫妇应共同前去迎接，并将家人一一给予介绍。

如果客人是不期而至，无论多忙，也要表示热情欢迎和接待，微笑着握手问候。若家人尚需整理室内卫生，应请客人在门外小候，但不要冷落了客人。

若客人没打招呼直接进入室内，应立即起立表示欢迎，示意客人就座，不要先责怪对方无礼。

与客人谈话态度要诚恳，不要显出厌倦或不耐烦的样子，不要让客人感到尴尬，觉得自己不受欢迎，如客人到达时还有其他客人，且双方互不相识，主人要主动代为介绍。

如果家中的客人不是自己的客人，有礼貌地见过面、打招呼或是问好之后，即可告退，没有必要陪同始终。

客人在座，谈话时不要频频看表，更不要有暗示或催促客人离开的动作，如果有急事可道歉后先行告别，让家人照顾客人。

当客人告辞时，应一一与之握手告别，将客人送至门外，并道"欢迎再来"。对第一次来的客人，还要主动介绍或安排对方回去的交通工具和交通路线。

做客礼仪训练

在拜访朋友的时候，时间和地点上要客随主便。有的人不喜欢在办公期间接待私人朋友，有的人不愿在家待客。

拜访朋友应事先约定，并准时到达。在凌晨、深夜等朋友休息的时候，或者用餐时间，不宜做突然拜访；不要随便去人家里看看，以免打乱人家的安排，而且这也是很不礼貌的。

做客之前要穿戴整齐，个人形象要整洁大方。在到达主人家后，要先征得主人的同意方可进入，绝对禁止直接推门而入。这样的举动太过鲁莽，

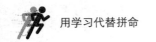

可以在进门之前敲门或按门铃，但是敲门的声音不要太大，不要像砸门一样，按门铃不要过于频繁，也不要时间太长，主人开门之后，要确认主人是否同意自己入室拜访，如果未邀入室，不要主动地擅自进入室内；主人如果没请客人就座，则表明不打算留客，客人应该及时地领会，退到门外，长话短说，进行简短交谈后离去。

在普通朋友家，客人不要乱动主人的私人物品和摆设，也不能很随便地乱脱、乱扔衣服，像在自己家里一样，不要以自己的好恶和眼光评论主人家中的装饰和陈设。

在拜访时可以带给主人一些小礼物，也可以给主人家里的老人或孩子买一点小礼物，不宜过于贵重，只是表示心意。交出礼物态度要大大方方。在主人的家人面前送礼物，不要私下偷送给某一位，特别是当客人是男士时，更要在主人夫妇的面前递上礼物，不能只将礼物塞给女主人，这样是很不礼貌的事。

不要带很小的孩子去做客，这样很不方便，容易弄脏和弄乱主人的家，做客时要大大方方，诚恳自然，要讲究卫生，不要把别人的屋里弄得烟雾腾腾，也不要在主人卧室里乱躺。

若主人想留你吃饭，应考虑是否有必要，不可以则婉言谢绝；当和主人一起进餐时，应注意不要拘束，也不应狼吞虎咽，旁若无人。

不要影响主人的休息，所以若无要事不要逗留太久，不要在主人家里过夜。若主人送出大门要及时请他们留步。切忌在门口废话太多，拉拉扯扯，使主人在门外站立过久。告别主人时，应对主人的款待表示感谢，如有长辈在家，应向长辈告别。

去拜访异性朋友要在白天，并且有人同往，已婚者可携伴侣同去，以免引起别人的误会。

送客礼仪要领训练

送客要讲究一定的礼仪和艺术。

首先，客人告辞时，如果正到进餐的时间，应挽留客人与家人一起进餐，若客人执意离开，则应该告诉家人，并一起热情相送。切不要自己坐着不动，或只欠欠身子，或叫妻子（丈夫）及无关者代送，这样会使客人觉得你摆架子。

其次，送客最好送到门口，且送客人远去，然后轻轻关上门。切忌不等客人刚走几步就"砰"地关上门，让客人误解主人对此行不满。不应该在客人没走完或没走远时，就和别人议论客人，无论内容是好是坏。分别时，应和客人说"再见""谢谢您的光临"之类的话语，以表示自己的热情。

再次，如果需要送客人到车站、机场等，不应把客人撂在那里就回去，而应将客人一直送上车或飞机，并目送车（或飞机）离去再离开车站（机场）。送客也要适度，不要送了一程又一程，反过来让客人再送你。要选择适宜的分手场合，不失时机地道出"欢迎再来做客"的话语，表示自己送到此地为止，双方要分手了。

一般来说，对饮酒的客人要力劝其休息后再离开，如客人确需马上离开，一定要再三叮嘱客人路上千万要当心，要注意行车安全。

一般与会礼仪训练

就一般与会人员来说，最基本的是要按时到会，遵守会议纪律。开会时要尊重会议主持人和发言人。当别人讲话时，应认真倾听，可以准备纸笔记录下与自己工作相关的内容或要求。不要在别人发言时说话、随意走动、打哈欠等，这是失礼的行为。会中尽量不离开会场，如果必须离开，则要轻手轻脚，尽量不影响发言者和其他与会者；如果长时间离开或提前退场，应与会议组织者打招呼，说明理由，征得同意后再离开。

在开会过程中，如果有讨论，最好不要保持沉默，这会让人感到你对工作或对单位漠不关心。想要发言时应先在心里有个准备，用手或目光向主持人示意或直接提出要求。发言应简明、清楚、有条理，实事求是。反驳别人不要打断对方，应等待对方讲完再阐述自己的见解，别人反驳自己时要虚心听取，不要急于争辩。

参加大中型会议应穿着整洁，提前到达会场，服从会议组织人员的安排，讲究礼节。

坐在主席台上的人应按要求就座，姿态端正，不要交头接耳，不要擅

自离席。当听众鼓掌时也要微笑鼓掌。会议上有发言任务的人，仪态要落落大方，掌握好语速、音量。注意观众反应，当会场中人声渐大时，则标志着你该压缩内容，尽快结束了。发言完毕应向全体与会者表示感谢。与会者即使对发言人的意见不满，也不可吹口哨、鼓倒掌、喧哗起哄，因为这些行为都极其失礼。

瞬间赢得周围人的好感

"关心"是把开心锁

当你到一位交往很久的同事家做客，你们尽兴地谈完准备回家的时候，他对你说："这些文件待会儿再送到您家。"说完他顺手打开电话记事簿，准备确认你的电话号码与住址。突然间你发现，你的名字竟然被写在第一位！老实说，你当时一定非常高兴！

每个人对"自己"都非常敏感，因此一旦发现自己受到与众不同的对待时，不是感到非常兴奋就是感到非常愤怒！

如果将与自己关系密切的人名，写在备忘录的首页，往往可以让对方感到高兴，而收到意想不到的效果。

有一位在心理学方面很有研究的学者，有一次应邀去演讲。他刚刚到达会场，主办这次演讲的主持人竟然没头没脑地问他："您是学什么的？"既然请他来演讲却又问他是学什么的，着实让他火冒三丈！当时他立刻就拂袖而去。请人来演讲或帮忙，事先多少应对对方有所了解，是必要的礼貌。因为每个人都希望获得别人的关心，一旦感觉别人忽视了他，任何人都会感到不愉快。相反，若表现出了解他，很关心他的样子，别人就会因高兴而对你留下好印象。

表示对别人关心的方法很多，其中记住对方曾经说过的话，然后向对方表示"您曾说过……"，是相当好的一种方法。另外，记住对方的兴趣、嗜好或计划等，再找个机会赞美他一番，也是一种很好的方法。

使用请教语气获得对方好感

有些人天生就有老人缘。而社会上真正掌握权势的又大多数是一些老年人，所以这些人往往就因此而可以平步青云。事实上，他们并没有使用什么特殊的方法，他们只不过是常用"请教"的姿态，来争取老年人的喜爱。

另外一种常用的方法是撒娇。事实上，任何人对跟你撒娇的人，通常都不会产生坏印象，而且会觉得对方很可爱。

虽然撒娇能否成功，是否恰到好处，与撒娇者个人的"天赋"有绝对的关系，但一些技巧却也可以影响撒娇的成败。例如：我们可以用"请教""帮我"等语气，来达到撒娇的目的。若对方是自己的前辈或同乡等，与自己有某种关系的人，采用这种方式将会有相当高的成功率。另外，若对方是同事或年长者，这种方法也会有不错的效果。

试想，别人尊称一句"前辈，一切拜托你了"，他那种尊敬你的心情，怎会不博得你的好感，对待这样的晚辈，你又怎么忍心不去帮助他。

常用"我们"拉近双方距离

有位心理专家曾经做过一项有趣的实验。他让同一个人分别扮演专制型、放任型与民主型等三种不同角色的领导者，而后调查其他人对这三类领导者的观感。结果发现，采用民主型方式的领导者，他们的团结意识最为强烈。而研究结果又指出，这些人当中使用"我们"这个名词的次数也最多。

事实上，我们在听演讲时，对方说"我认为……"带给我们的感受，将远不如他采用"我们……"的说法，因为采用"我们"这种说法，可以让人产生团结意识。

小孩在做游戏时，常会说"我的""我要"等话，这是自我意识强烈的表现。在小孩子的世界里或许无关紧要，但若长大成人以后仍然如此，就会给人自我意识太强的坏印象，人际关系也会因此受到影响。

人的心理是很奇妙的，同样的事往往会因说话的态度不同，而给人完全不同的感觉。因此善用"我们"来制造彼此间的共同意识，对促进我们的人际关系将会有很大的帮助。

见面送个锦上添花的赞美

每次见面都找一个对方的优点赞美，是拉近彼此间距离的好方法。

有一家商店生意非常兴隆，原因就在于他们店里的每一位店员，都不断地与购物的人聊天。他们除了会向客人打招呼之外，还不断地找客人的优点来夸赞。例如，他们会向一位太太表示"您这件洋装很漂亮"，然后向另一位太太表示"您的发型很好看"！他们虽然不断地赞美别人，但却是按每一位客人不同的个性，选择适当的赞美词。

因此很自然地，这些客人在潜意识中，就会产生到这家商店购物就可以受到赞美的心理，而越来越喜欢到这家商店。

如果我们每次见面都被人夸赞，自然而然地会想再见到这位赞美我们的人，这是任何人都会有的心理。因此每次见面都找出对方的一个优点来赞美，可以很快地拉近彼此间的距离。

就算再差劲的人，也会有一两处值得赞美的优点。例如，一个人或许没有什么优点，但玩台球的技术却很高明，或者酒量非常好等都可以加以利用。有的人很在意自己的这些小优点，有的人根本就不在意。但无论如何别人赞美他，一定会使他感到高兴的。

有时一般性的赞美，引不起对方太大的喜悦。例如，对一位已被公认是很漂亮的女孩子说，你真漂亮。由于她平时已被夸赞惯了，所以很难让她觉得兴奋。相反，若能找出对方较不易为人所知的优点，则往往可以使对方感到意外的喜悦。

投其所好，寻找共同话题

有一位朋友，一向习惯在别人名片背后，密密麻麻地写上一大堆资料。起初有人以为他是为了便于了解对方，才故意记录的。后来才发觉他的真正用意，比别人想象的还高明，使人更加佩服！原来他所写的资料，并不是对方的年龄、籍贯等，而是记载自己如果下次再与他碰面时，必须做些什么！其中他最重视的，是对方的兴趣。他会刻意搜集与对方兴趣有关的所有资料，并于下次见面时将这些资料（情报）当作"礼物"馈赠。

例如，对方的兴趣是钓鱼，他就会收集有关钓鱼这方面的资料，并于下次见面时与他大谈钓鱼之道。当对方一听到他对钓鱼如此了解，会产生"同好"而感觉倍加亲切。

或许有人会认为如此太过于功利，但事实上却不尽然。收集各种资料，不但下次见面可以有共同的话题，对于自己知识领域的充实也是有利无害的，并且以长远眼光来看，这将是一项非常有用的自我表现方法。

微笑的魅力不可抗拒

著名的节目主持人崔永元，之所以会受到大众的欢迎，并非由于口才特别好，而是由于他总是能微笑着听人说话。

我们在与人交往中，不管是同意人家的意见还是不同意，都不要摆出一副冷冰冰的面孔，谁也不愿意和态度冰冷的人谈话。即使是出于某种无奈而非谈不可，在心底也已经产生了反感。试想，这样的谈话能有好结果吗？因此，我们在交往中要学会笑，学会用笑给人以温暖。不论对方是谁，有怎样的见解，如何让人讨厌，你可以不和他交谈或躲开，但摆一副冷面孔总是无益的。

有这样一个故事：

飞机起飞前，一位乘客请求空姐给他倒一杯水吃药。空姐很有礼貌地说："先生，为了您的安全，请稍等片刻，等飞机进入平稳飞行状态后，我会立刻把水给您送过来，好吗？"十五分钟后，飞机早已进入了平稳飞行状态。突然，乘客服务铃急促地响了起来，空姐猛然意识到：糟了，由于太忙，忘记给那位乘客倒水了。空姐来到客舱，看见按响服务铃的果然是刚才那位乘客。她小心翼翼地把水送到那位乘客跟前，面带微笑地说："先生，实在对不起，由于我的疏忽，延误了您吃药的时间，我感到非常抱歉。"这位乘客抬起左手，指着手表说道："怎么回事，有你这样服务的吗？"无论她怎么解释，这位挑剔的乘客都不肯原谅她的疏忽。

在接下来的飞行途中，为了补偿自己的过失，每次去客舱给乘客服务时，空姐都会特意走到那位乘客面前，面带微笑地询问他是否需要帮助。然而，那位乘客余怒未消，摆出一副不合作的样子。

临到目的地前，那位乘客要求空姐把留言本给他送过去。很显然，他

要投诉这名空姐。飞机安全降落。所有的乘客陆续离开后，空姐紧张极了，以为这下完了。没想到，她打开留言本，却惊奇地发现，那位乘客在本子上写下的并不是投诉，相反却是一封热情洋溢的表扬信："在整个过程中，你表现出的真诚的歉意，特别是你的十二次微笑，深深打动了我，使我最终决定将投诉信写成表扬信。你的服务质量很高，下次如果有机会，我还将乘坐你们的这趟航班。"空姐看完信，激动得热泪盈眶。

微笑能很快消除彼此间的紧张感，并且可以在很短的时间内建立亲密感。人与人之间的关系，也会因此获得很大的改善。

成功化解和突破交际困境

如何巧妙地拒绝别人

没有谁愿意自己的意见和想法被人拒绝。要想拒绝达到效果，就要讲究方法和艺术。

1. 顾及对方的面子

拒绝别人后，若彼此还想要保持良好的人际关系，必须采用同情的语调，以了解对方心情的姿态来处理。

有些人在拒绝对方时，因为感到不好意思，而不敢据实言明，致使对方摸不清自己的真正意思，产生许多不必要的误会。其实，在人际关系的交往上，不得不拒绝，乃是常有的事，因此搞坏交情的并不多；倒是有些人说话语意暧昧、模棱两可，反而容易引起对方误会，甚至导致彼此关系破裂。

在你拒绝别人的时候，一定要附带考虑到对方可能产生的想法，尽量明快而率直地说明实情，这才是最根本的拒绝法。

2. 留给对方一条退路

有些人喜欢自以为是，坚持自己的意见，总以为只有自己的想法是最高明的，拒绝人不给对方脸面，让对方下不了台。其实这样做效果会适得其反，容易引起对方反感，造成彼此关系的紧张。正确的做法是，给对方留一条退路，不给对方难堪，这样对方反而会"肯定"你的主张。

3. 说"不"的几个诀窍

生活中，常有这样的场面：一个品行不端的熟人向你借钱，但你心里明白，把钱借给他后便成了肉包子打狗有去无回。一个熟悉的推销商向你推销一种你并不太需要的商品，或者照他的价格买下来还会吃亏。诸如此类的事你必定会加以拒绝，可是拒绝之后就会断了交情，被人误会，甚至种下仇恨的种子。

要避免这样的情形发生，就需要运用理智，巧妙地加以回绝。

以下几点建议，或许会使你受益于尴尬之时，恰到好处地拒绝别人。

1. 尽可能以最为友好、最热情的方式加以拒绝。比如别人邀请你参加一项活动，而你实在没空，抽不开身去，就可以先恭维一番，如"对你的邀请我感到万分荣幸"，然后讲出不能前往的理由，别人就不会有太多的不快了。而你若不加解释就回绝，别人会对你产生"架子大"的印象，对今后的往来不利。

2. 不要只针对方一个人。假设你是供销科长，面对其他厂的推销员上门推销原料，而你厂已不需要，你若直接回绝就会对今后往来带来不利。你可以这样对别人说："我们厂已与××厂签订了长期供应合同，厂里规定暂不用其他厂的原料。我也应按照规定办。"因为你讲的是单位，就不仅仅针对对方一个人了，他也不会埋怨你的。

3. 让对方明白你是赞同的。某民航售票员面对大批的定票常常要回绝不少人的请求。她总是带着非常同情的心情对旅客说："我知道你们非常需要乘坐飞机，从感情上说我也十分愿意为你们效劳，使你们如愿以偿，但票已订完了，实在无能为力。欢迎你们下次能乘坐我们的飞机。"这一番话说完，叫旅客们再也提不出意见了。

如何面对别人的指责

麦金莱任美国总统时，因一项人事调动而遭到许多议员政客的强烈指责。在接受代表质询时，一位国会议员脾气暴躁、粗声粗气地给总统一顿难堪的讥骂。但麦金莱却若无其事地一声不吭，听凭这位议员大放厥词，然后用极其委婉的口气说："你现在怒气该平和了吧？照理你是没有权利

责问我的，但现在我仍愿意详细解释给你听……"说罢，那位气势汹汹的议员只得羞愧地低下了头。

的确，在生活中，遭到别人的指责和抱怨的事常会碰到。遭人指责抱怨，是件极不愉快的事，有时会使人觉得很尴尬，尤其是在大庭广众面前受到指责，更是不堪忍受。但从提高一个人的处世修养角度讲，无论你遇到哪种情况的指责，都应该从容不迫，有则改之，无则加以耐心解释，泰然处之。为摆脱指责的尴尬局面，不妨采纳心理学家提出的以下建议：

1. 保持冷静

被人指责总是不愉快的，面对使你十分难堪的指责时，要保持冷静，最好暂时能忍耐住，并作出乐于倾听的表示，不管你是否赞同，都要待听完后再作分辩。因对方的一两句刺耳的话，就按捺不住，激动起来，硬碰硬，不仅解决不了问题，还易将问题搞僵，将主动变为被动。

2. 让对方亮明观点

有些指责者在指责别人时，往往似是而非，含糊其词，结果使人不知所云。这时，你可向对方提出讲清问题的要求，态度要和气，如"你说我蠢，我究竟蠢在哪里？"或者"我到底干了什么傻事？"以便搞清对方究竟指责和抱怨你什么，让对方及时亮明自己的观点和看法。这一策略往往能有效地制止指责者对你的攻击，并能将原来的攻防关系转变为彼此合作、互相尊重的关系，使双方把注意力转向共同感兴趣的问题。

3. 消除对方的怒气

受到指责，特别是在你确实有责任时，你不妨认真倾听或表示同意对方对你的看法，不要计较对方的态度好坏，这样，指责完毕，气也消了一半。即使当你确信对方的指责纯属无稽之谈时，也要对其表示赞同，或者暂时表示对方的指责是可以理解的。这会使对方无力再对你进行攻击，相反，你却可以获得更多的机会和时间进行解释，从而消释对方的怒气，使隔膜、猜疑、埋怨和互不信任的坚冰得以消解。

4. 平静地给恶意中伤者以回击

也许，大多数指责者并不是出于恶意而指责别人的。但是，在现实生活中，确有极少数人为了个人目的而对他人进行恶意中伤。对于这样的寻衅挑战者，应该坚定地表示自己的态度，不能迁就忍耐，更不能宽容而不予回击，但应注意态度，以柔克刚。这样，会使你显得更有气魄，更有力量。

如何避免交谈中的争吵

人和人之间就某件事产生分歧是非常正常的，很多人在产生分歧之后首先想到的是争论甚至争吵，这似乎也是正常的，但正是这种似乎正常的解决办法却恰恰是最糟糕的办法，其实，最好的办法就是避免争吵。

在一次宴会上，一位先生讲了个幽默故事，其中提到一段引语，他说是出自《圣经》，然而他的邻座很清楚地记得这是出自莎士比亚作品，于是很自信地指出了这个错误，结果是各执己见，互不相让。正好边上是一位莎翁研究专家，于是决定让他评判，那位专家对那位指出错误的先生说："你错了，那位先生是对的！"

在回家的路上，被指出错误的那一位很诧异地问专家："你明明知道我是对的，怎么说他是对的？"专家的回答是："这么多人看着，你为什么要让他丢面子，如果让他丢了脸，他会恨你一辈子，而绝不会感激你指出了他的错误，绝对不要以为指出他的错误是为他好！"

事情确实如此，和一个人争吵，一般是不会有什么好结果的，因为为了各自的自尊，谁都不愿意轻易地屈服，而往往分歧双方都各有优点，也各有缺点，或者根本就没有好坏可言，只是角度不一样，所以争吵是不可能有结果的。而且争吵总是营造一种敌对的气氛，在这种气氛中，双方都只会盯住对方的缺点，而不会考虑对方的优点。即使是很明显的一个错误，你把它指出来，或者用你的天才般的辩论把他驳得体无完肤，让他觉得低人一等，其结果只会使他怨恨你，或者违心地服理，但可能观点照旧，甚至会在以后的工作中影响相互的合作。即使是 1 + 1=3 这样简单低级的错误，你也该找个恰当的机会指出来，越是简单的错误越不能公开地、无情地指出。

释迦牟尼说："恨不消恨，惟爱释恨。"当你抱着敌对的态度去解决问题，结果只会水火不容。只有在尊重对方的同时提出建议才可能被接受。所以我们要尽量避免争吵。要做到避免争吵，首先要有欢迎分歧的态度，记住这样一条格言："如果一对伙伴总是意见一致，那么他们中的一个就是多余的。"

所以分歧是必须的、也是必然的，没有分歧就没有解决问题的最佳办法。其次要告诉自己，在发生分歧的时候，要冷静地先听对方说，给对方时间，然后你才会有较客观的评价。但最重要的是如何开口，很多人在开口之前是理智的，但慢慢地就失去控制，无法控制对方情绪，也没法控制自己的情绪。开口要先强调对方的优点，先肯定对方，然后承认自己观点中的不足，即使没有也要编一个。因为要让对方认识到他的不足，最好的办法就是先自我批评，最后很婉转地提出对方的不足，请他考虑。相信这样一个简单的程序能避免大部分争吵。

如何得体指出别人的缺点

要指出一个人的缺点以及一些坏毛病，使其尽快改正，这是一件不容易的事，但并不是不可能，下面向你传授几条秘诀。

1. 指桑骂槐

日本某公司的某课，工作效率极差、销售额也差人一大截，于是经理开始调查，结果发现问题出在课长身上。那课长的个性，说得好听一点是乐天，不拘小节，但如果说得不好听，就是不负责任。于是经理说："这怎么行，你还是单位主管呢！多努力振作吧！"课长只回答了个"是"，却完全没有改善迹象。后来，由人才银行聘来公司的人事管理顾问将课长叫到跟前说："你本身应该是很好的，只是你的课员早上都太晚来上班，所以工作效率很差，你要不要带头来提高士气？"从此之后，课长很快改了，那一课也渐渐变了，不多久就与其他课并驾齐驱，这位顾问把课长赶进不得不自己动手的状况中，在这种情况下，他才会发现自己的缺点，当然也就便于改正了。

2. 旁敲侧击

有个叫 A 的坏学生，他聚集了 20 个以上的伙伴，并成为大家的头目。这伙人常在校园里滋事，老师屡劝不听，甚至还遭报复，校方对他们简直是束手无策。新学期开始，学校调来一位对学生辅导很有一套的老师。这位老师一来，并不从 A 下手，而是以他的好朋友 B、C 做目标，希望先辅导他们回归正途。他对 A 说："你的事我不追究，B 和 C 不同，他们是有将来的，而你却无法对他们的将来负责，所以操纵他们是不对的。不如趁他们还可能悬崖勒马之际，你去说服他们改过。"虽然是坏学生，但听了老师一番话的 A，只觉被寄予信赖，于是士为知己者谋，A 果真去说服 B、C，顺利地使他们脱离坏学生集团，重新做人。几天后，想不到 A 也找老师道出自己想"从头来"的决心。如果，这位老师也采取直接说服的办法，肯定 A 不会乖乖听他的，他的绝招就是绕了个圈子，从侧面来攻击，这就叫"旁敲侧击"。

3. 间接指点

对于那些参与意识不强的人，如何改变他的这种特性，让他充分发表自己的意见，这确实是个难题。有一种简单的方法可以借鉴，这就是间接指点。比如，对在讨论会议中不发言的人，应先请他左右座的人发言，增加其紧张感。这样，如果自己左右座的人都发言了，当然他也不能再置之度外，这是人之常情。因此，不管情愿与否，都能唤起他的紧张感，使他积极发言。相反，如果直接点名沉默者，可能他还会觉得你在讽刺他，而使气氛搞得很差，达不到激励他发言的目的。

如何艺术地批评别人

批评的艺术常常被人忽视，因此可以说 99% 的人都不善于运用这种艺术。当我们想到这个词，我们就会想到那些恶劣地批评别人的人。我们很容易联想到有人会"粗暴地批评我们""让我们丢人现眼"，使我们丢面子，把我们损得一钱不值。

然而，批评的真正目的不是要把对方打垮。而是为了帮助他成长。不是去损伤他的感情，而是帮他把工作做得更好。

批评他人时有六个必须要注意的事项，这其中包含了批评艺术的精髓。

1. 批评要在私下里进行

你是否奉行这个准则也是对你批评的真实动机的一个很好的考验。你是在仅有一个听众的情况下才批评雇员吗？你是在客人面前"纠正"你孩子的进餐方式吗？如果是这样，那正好证明了你的批评的真正目的不是为了帮助别人，而是通过羞辱别人来达到自我满足。孩子也是人，因此在可

能的范围内，最好不要那样做。

2. 以亲切的话语或称赞作为批评的开场白

温暖的话、称赞和表扬具有把舞台建立在友好的气氛中的作用。这种气氛有助于使对方认识到你不是在攻击他，并使他更加感到无拘无束。一个"正在受训斥"的人的自然反应就是准备保护自己。一个带有这样防御心理状态的人是不会接受你的意见的。

3. 批评与人无关，批评的是行动而不是人

再重复一遍，你可以通过批评对方的活动或行为而不是他这个人来回避其自我意识。无论如何，你所感兴趣的毕竟是他的活动。把你的批评指向他的活动，你实际上就能给他一个称赞，同时树立他的自信："约翰，根据过去的经验我知道，犯这种错误不是你通常表现的特点。"

4. 提供答案

当你告诉别人什么地方错了，同时也应该告诉他怎样做才正确。重点不应该放在错误上，而应该放在改正错误的手段和方法上，以避免以后重犯或再次出现。

5. 请求协作，而不是要求

请求总是比要求带来更多的合作。"请您做一些修改好吗？"这样的说法比之"重做！这一次无论如何要做好！"这样的说法较少引起怨恨。

6. 在友好的方式中结束

只有当问题在友好的基调上得以解决，它才算真正结束了。不要使问题悬而不决。要把问题彻底解决，完全结束。

要记住，欲使批评取得成功，其目的必须是为你自己和被批评的人共同达到一些有价值的目标。当你必须纠正别人时，一定要避开他的自我意识。

如何解除误会、巩固友谊

每个人都是社会中平等的一份子，都有自己的情感和思想，最大的痛苦莫过于当自己的言论或思想被别人误解的时候。为误会痛失好友者有之，酿成灾难者亦有之。那么，学会在交际中解除误会就显得格外重要而实际了。

首先，对于误会不要过于认真，也不要不重视，以一颗无私的心让误

会消释于无形。我们身边经常发生误会，但误会多了，累积成较严重的误解，就容易引起各种关系发生根本转变，本来是好朋友可能关系疏远，甚至反目成仇。但是不等闲视之，并不等于看得比什么都重要。对经常发生的小误会，没必要都作解释，这要靠一个人的人格力量，心底无私、乐于助人的品质去化解。

其次，要用一颗平常心坦然处理误会。有时候，你越是表白你是不幸的、无辜的，越是说得头头是道，比真理还要真理，比任何人都要真诚，对方越是认为你心虚胆怯。要选准时机，才能让对方明白你的心意。对待别人的误解，不能耿耿于怀，需要以一颗忍辱负重的心，乐观旷达地接受它，将误会融化在自己忍辱负重的胸怀里。只要一如既往地付出爱心，总会使对方幡然醒悟，而且一定被你所感动，从他那里将得到真诚的友谊。

再次，不急躁鲁莽，以一颗细致的心唤醒对方。生活中，某些人喜欢转动自私的轴心，在朋友之间、上下级之间煽风点火，制造误会，挑拨离间，达到满足私欲的目的。因此，遇到误会千万不要急躁鲁莽，而要平心静气，细心思索，及时沟通，使对方从蒙蔽之中醒来。

如何挽回友情、重修旧好

冲突和摩擦在正常的人际交往中是不可避免的，一时感情冲动，往往会殃及长久苦心维持的友情，事后想来，这些情况的发生都不是我们愿意看到的。如果有机会弥补，何乐而不为呢？

下面简单介绍几种修复因暂时的冲突而翻脸的解决方式：

1. 要谨记，旧事不重提

当双方因一件小事而闹僵，但同时又有重归于好的愿望，最好是让过去了的事都过去，刻意地去忘了这段不愉快，切不可继续追究盘查，更无须分辨谁是谁非。两人你我依旧，宽厚待人，淡忘旧事，自然而然地便得以重归于好。

2. 寻找时机，主动示意

好的时机会令你示好的意图得以充分表达，获得期望以外的效果。例如，对方生病时你代为照顾其家中的小孩，或有别的困难时你毫不吝惜伸出援

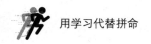

助之手，拉他一把，都会使对方有更为深刻的体会，在欣然接受之余更生感激和愧疚之心。

3. 对过失采取适当补救

俗话说一个巴掌拍不响，二人闹僵，双方都有责任，不能单纯只责怪哪一方。所以想要重归于好，自我检讨是不可少的。为求得对方谅解和表达诚意，应主动积极地加以补救，但同时也要掌握好尺度，无须过分自责。以达到既能将过失化解，又能得到对方认可的效果。

4. 宽容隐忍，理解对方

出现翻脸的局面可能属对方有意，但也不排除无心的情况。此时，宽容和理解就显得尤为重要。以豁达的胸襟容忍对方过失，理解其行为，是良好心态和优秀心理素质的体现，关键时刻迈出积极主动的一步，在恰当的时机也足以彰显出你独特的人格魅力。

如何顺利化干戈为玉帛

宽恕就是给别人机会，当然，也是给自己机会。"化干戈为玉帛"是化解矛盾的最佳方式，非常重要。生活在社会中，必然有矛盾和烦恼，如夫妻、邻里、同事间不和谐，均会使人出现负面情绪，甚至产生仇恨。在被别人曲解和伤害时，本能的反应就是报复。然而，报复虽然发泄怒气，减少心中的负荷而痛快一时，但会激化矛盾。因此，在生活和工作中要避免进入困境，最明智的选择就是宽容，做到宽容大度，摒弃前嫌，化干戈为玉帛。

要勇于面对问题，解决问题，不能逃避，老死不相往来。将有办法解决的问题及无法解决的问题分别列出。有办法解决的问题全力以赴去解决，无法解决的问题先寻求支持，精诚所至，金石为开，凡事尽力而为必能得到对方的谅解与支持。

魔法训练营——提升好感度，增进亲密度

社交中如何获得别人的好感呢？社交心理学的专家们建议可以从下面5个方面入手：

1. 多提善意的建议

当一个人关心你时，只要这份关心不伤害到自己，并且对方还提了一些善意的建议，你当然会欣然接受，对这个人产生好感。那么，反过来你对别人若如此，别人也会同样对你产生好感。

满足他人自尊心最佳的方法就是善意的建议。对方是全职妈妈时，仅说"你的孩子很有教养"，只不过是句单纯的赞美词；若是说"你培养孩子的教养很有一套，但注意不要束缚了孩子的天性"，对方定能感受到你对她的关心。若是能不断地表示出此种关心，对方对你必然更加亲切信任。

2. 偶尔暴露自己一两个小缺点

有时坦率地暴露缺点，反而会迅速获得对方的信任，给对方留下一个正直、诚实的深刻印象。

只是暴露自己的缺点并不是毫不保留地将所有的缺点都暴露出来。如此做，反而使人认为你是个毫无可取之处的人，因而丧失了对你的信任。

暴露的点只要一两个就可以了，可使他人把这一两个缺点和其他部分联想在一起，因而产生其他部分毫无缺点的感觉。但这绝不是狡诈，只是交际的策略和需要。因为也没有人会拿自己的缺点和别人交往。"这个人有点小缺点，但是其他方面挑不出毛病来，是个相当不错的人"类似上述的想法就能深深植入他人的心中。

3. 记住对方所说的话

招待他人或是主动邀约他人见面，事先多少都应该先收集对方的资料，这是一种礼貌。换句话说，表现出自己相当关心对方，必然能赢得对方的好感。

记住对方说过的话，事后再提出来做话题，是表示关心的做法之一，也是说话的策略之一。尤其是兴趣、嗜好、梦想等事，对对方来说，是最重要、最有趣的事情，一旦提出来作为话题，对方一定会觉得很愉快。在面试时，不妨引用主考官说过的话，定能使主考官对你另眼相看，留下深刻的印象。

4. 注意对方微小的变化

不论是谁，都渴求拥有他人的关心。而对于关心自己的人，一般都具有好感。因而，若想获得对方的好感，首先必须积极地表示出自己的关心。只要一发现对方的服装或使用的物品有些微小的改变，不要吝惜你的言词，

立即告诉对方。例如：同事打了条新领带，"新领带吧！在哪儿买的？"像这样表示自己的关心，绝没有人会因此觉得不高兴。

另外，指出对方与往日的变化时，愈是细微和不易发现的变化，愈能使对方高兴。不仅使对方感受到你的细心，也感受到你的关怀，转瞬间，你们之间的关系就会远比以前更加亲密。

5. 呼叫对方的名字

欧美人在说话时，频频将对方的名字挂在嘴边。例如："来杯咖啡好吗？莱克先生。""关于这一点，你的想法如何？莱克先生。"这种说话方式往往使对方涌起一股亲密感，宛如彼此早已相交多年。其中一个原因是他感到对方已经认可自己了。

在我们的社会里，晚辈直接呼叫长辈的名字，是一种不礼貌的行为。但是，平辈之间借着频频呼叫对方的名字，来增进彼此的亲密感，是个非常有益于彼此交往的方法。

职业技能篇

不为失败找借口，只为成功找方法。

——李嘉诚

执行力不讲如果，只讲结果。

——马云

那些具有高尚品格的人会放射出磁石般的力量，对于追随他们的人来说，他们是最终目标的象征，是希望的象征。

——戴高乐（法）

一位最佳领导者，是一位知人善任者，而在下属甘心从事其职守时，领导要有自我约束力量，而不插手干涉他们。

——罗斯福（美）

一生中卖的唯一产品就是你自己。

——乔·吉拉德（美）

Part12

执行能力训练

别让梦想只停在开始

 战胜拖延，升级行动力

工作中拒绝拖延

明明任务就摆在眼前，已经看得见头儿"催债"的嘴脸；明明只要轻轻抬手拨个电话，鼠标一点发封邮件，"再等等，就一下下"的心情依然支配了所有的行动。于是，天亮了又黑，"死期"将近，在渐渐沮丧的心情中，潜能的"小宇宙"却逼近爆发的边缘———一名"拖延症"患者诞生了。

"拖延"特点有：对抗压力，因为每天压力很大，所以要做的事情一直被拖下来；没有自信，每次完成任务都达不到自己最高的能力，对自我能力的评估会越来越低；操控别人，他们着急也没用，一切都要等我到了才能开始；受害者心态，我也不知道自己怎么会这样，别人能做的自己做不到；我太忙，我一直拖着没做因为我一直很忙；顽固，你催我也没有用。我准备好了自然会开始做。

拖延，可以把一个企业拖垮；拖延，只能让他人领先。

当今社会是一个分秒必争的时代！美国上班族的午餐，都已经在办公室匆忙解决了，"有空再谈"已经成为他们在这股横扫全球的高效率风浪中的口头禅。但是，不少在商界做老总的朋友告诉我一个事实——很多本来可以优秀的员工，却在拖延的浪涛中被淘汰。

这个问题已经在世界上许多大公司绝迹，秉持"拒绝拖延"理念的美

国埃克森美孚石油公司就是其中一例，当然"拒绝拖延"也是沃尔玛、通用汽车、德国电信、苏黎世融服务、英特尔等知名大公司严格执行的员工行为准则。埃克森美孚石油公司跃升为全球利润最高的公司，有着埃克森公司和美孚携手的因素，更是因为它拥有一支决不拖延的员工队伍。这家公司的实践再次告诉我们"员工克服拖延的毛病，培养一种简便高效的工作风格，可以使公司的绩效迅速提升，使每一位员工的工作及生命都富有价值。

感觉自己"不忙碌"，就代表我们的"重要性"不够；我们感觉工作很多，实际上大部分时间都在打岔走神；拖延，不给自己的时间做主，那么，我们的时间就会沦为任何人、任何事都可以随意占有的"公共资源"；任何憧憬、理想的计划，都会在拖延中落空；过分的谨慎与缺乏自信都是工作的大忌。立即执行，便会感到简单而快乐，拖延，便会感到艰辛而痛苦；拖延的习惯会消灭人的创造力；把今天的工作拖到以后去做，所耗去的时间和精力其实可以把今天的工作做好；慢工可以出细活，十年可以磨一剑，但是，一个人也会在无休止的拖延中老去。

避免拖延的唯一方法就是随时主动工作，和拖延症战斗。已经有了不少关于拖延的研究，提供了很多可借鉴的办法，比如记录自己的拖延、制订合理的计划、奖励自己的不拖延、说服自己开始工作，哪怕只工作五分钟等。专家认为，要解决拖延，最重要的或许是不要一开始就指望根除它，而要把拖延作为自己的一部分从心理上接纳，不至于因气馁而半途而废。要与拖延战斗，耐心、宽容和坚持，三者都非常重要。

一次行动胜过一筐空想

著名作家海明威小的时候很爱空想，于是父亲给他讲了这样一个故事：

有一个人向一位思想家请教："你能够成为一位伟大的思想家，成功的关键是什么？"思想家告诉他："多思多想！"

这人听了思想家的话，仿佛很有收获。回家后躺在床上，望着天花板，一动不动地开始"多思多想"。

一个月后，这人的妻子跑来找思想家："求您去看看我丈夫吧，他从您这儿回去后，就像中了魔一样。"思想家跟着到那人家中一看，只见那人已变得形销骨立。他挣扎着爬起来问思想家："我每天除了吃饭，一直在思考，你看我离伟大的思想家还有多远？"

思想家问："你整天只想不做，那你思考了些什么呢？"

那人道："想的东西太多，头脑都快装不下了。"

"我看你除了脑袋上长满了头发，收获的全是垃圾。"

"垃圾？"

"只想不做的人只能生产思想垃圾。"思想家答道。

我们这个世界缺少实干家，而从来不缺少空想家。那些爱空想的人，总是有满腹经纶，他们是思想的巨人，却是行动的矮子；这样的人，只会为我们的世界平添混乱，自己一无所获，不会创造任何的价值。

在父亲的教导下，海明威后来终其一生喜欢实干而不是空谈，并且在其不朽的作品中，塑造了无数推崇实干而不尚空谈的"硬汉"形象。作为一个成功的作家，海明威有着自己的行动哲学。"没有行动，我有时感觉十分痛苦，简直痛不欲生。"海明威说。正因为如此，读他的作品，人们发现其中的主人公们从来不说"我痛苦""我失望"之类的话，而只是说"喝酒去""钓鱼吧"。

海明威之所以能写出流传后世的名著，就在于他一生行万里路，足迹踏遍了亚、非、欧、美各洲。他的文章的大部分背景都是他曾经去过的地方。在他实实在在的行动下，他取得了巨大的成功。

思想是好东西，但更要紧的是付诸行动。任何事情都是要在行动中实现的。

建功立业的秘诀——立即行动

播下一个行动，你将收获一个习惯；播下一个习惯，你将收获一种性格；播下一种性格，你将收获一种命运。

假如你有一个电话应该去打，但由于拖延的习惯，你没有打这个电话。当自我激励警句"立即行动"进入你的有意识心理时，你就会立即去打这个电话。

又假定你把闹钟定在上午 6 点。然而，当闹钟响起时，你睡意仍浓，于是起身关掉闹钟，又回到床上去睡。久之，你会养成早晨不按时起床的习惯……

建功立业的秘诀就是"立即行动！"

做个主动的人。要勇于实践，做个真正在做事的人，不要做个不做事的人。

不要等到万事俱备以后才去做，永远没有绝对完美的事。预期将来一定有困难，一旦发生，就立刻解决。

创意本身不能带来成功，只有付诸实施时创意才有价值。

用行动来克服恐惧，同时增强你的自信。怕什么就去做什么，你的恐惧自然会立刻消失。你试试看就明白了。

自己推动你的精神，不要坐等精神来推动你去做事。主动一点，自然会精神百倍。

时时想到"现在""明天""下礼拜""将来"之类的句子跟"永远不可能做到"意义相同，要变成"我现在就去做"。

立刻开始工作，不要把时间浪费在无谓的准备工作上，要立刻开始行动才好。

态度要主动积极，做一个改革者。要自告奋勇去改善现状。要主动承担义务工作，向大家证明你有成功的能力与雄心。

有了目标，没有行动，一切都会与原来的目标背道而驰。有了积极的人生态度，没有立即的行动，一切都极有可能转向积极的反面。所以说，行动是一切成功的创造者。知而行，行而知，不断探索才是人生的真谛。投入生活，快乐地工作，愉快地休闲，你将得到丰厚的回报，善待生命，生命将给你带来惊喜。

行动起来，解决问题

世界上寿命最长的鸟之一是老鹰。它的年龄可以达到 70 岁。然而这么长的寿命的取得往往取决于它 40 岁时所做的一项困难但却十分重要的决定。老鹰 40 岁的时候，爪子就开始老化，很难有效地抓住猎物。同时它的喙也会变得又长又弯。不仅如此，对它来说，最为致命的是它的翅膀变得十分沉重，它此时觉得飞翔起来都十分吃力。这个时候，它只有两种选择：要么等死，要么经历一个十分痛苦的新生过程。老鹰如果不想等死，那么它就要承受150天的漫长痛苦。它必须用尽一切努力飞到山顶，然后在悬崖上面筑巢，在那里用自己的喙不断击打岩石，等到最后完全脱落。然后要在巢里安心等着新的喙长出来。过不了多久，它就开始用新的喙把指甲一个个地拔掉。等到新指甲长出来以后，它才开始把羽毛一根根拔掉。这样的过程往往要经历5个月，等到新的羽毛长出来以后，老鹰就可以开始新的飞翔，从而获得30年的新生岁月！

老鹰为了获得新生，在40岁的时候就开始努力。同样，诺亚为了获得新生，在烈日炎炎下顶着别人的嘲讽和不解修建方舟。所有未来成就的取得，都来源于现在的努力。

曾经有学生问古希腊大哲学家苏格拉底，自己该如何努力才能学到他那博大精深的学问。苏格拉底并没有直接作答，只是说："从今天开始，我们只需要学一样十分简单的事情，那就是每个人都把胳膊尽量往前甩，然后再尽量往后甩。"苏格拉底向大家示范了一遍，然后说："就从今天起，每天都坚持做300下，不知道大家是否能够做到？"所有的学生都笑着说这种事情有什么难的？过了一个月，苏格拉底向学生问起，到底有哪些同学坚持下来了。这个时候，有90%的学生都举起了手。这样过了一年，苏格拉底再一次问大家这样一个简单的动作，不知道有哪几个同学坚持了下来，最后整个教室里只有一人举了手，这个学生就是后来成为古希腊另一位大哲学家的柏拉图。

行动是解决问题的最好办法，没有行动，问题永远都得不到解决。

立即行动，不要让梦想萎缩

大多数的人，在开始时都拥有很远大的梦想，因为缺乏立即行动的个性，于是梦想开始萎缩，种种消极与不可能的思想衍生，甚至于从此人们不敢再存任何梦想，过着随遇而安的平庸生活。这也是为何成功者总是少数的原因。

有一个幽默大师曾说："每天最大的困难是离开温暖的被窝走到冰冷的房间。"他说得不错。当你躺在床上认为起床是件不愉快的事时，它就真的变成一件困难的事了。

那些大有作为的人物都不会等到精神好的时候才去做事，而是推动自己的精神去做事。

"现在"这个词对成功的妙用无穷，而用"明天""下个礼拜""以后""将来某个时候"或"有一天"，往往就是"永远做不到"的同义词。有很多好计划没有实现，只是因为应该说"我现在就去做，马上开始"的时候，却说"我将来有一天会开始去做"。

人人都认为储蓄是件好事。虽然它很好，但是并不表示人人都会依据有系统的储蓄计划去做。许多人都想要储蓄，只有少数人才真正做到。

毕尔先生每个月的收入是 1000 美元，但是每个月的开销也要 1000 美元，收支刚好相抵。夫妇俩都很想储蓄，但是他们始终无法开始。他们说了好几年"加薪以后马上开始存钱""分期付款还清以后就要……""度过这次困难以后就要……""下个月就要""明年就要开始存钱"。

最后还是他太太珍妮不想再拖。她对毕尔说："你好好想想看，到底要不要存钱？"他说："当然要啊。但是现在省不下来呀。"

珍妮这一次下决心了。她接着说："我们想要存钱已经想了好几年，由于一直认为省不下，才一直没有储蓄，从现在开始要认为我们可以储蓄。我今天看到一个广告说，如果每个月存 100 美元，15 年以后就有 18 000 美元，外加 6600 美元的利息。广告又说：'先存钱，再花钱'比'先花钱，再存钱'容易得多。如果你真想储蓄，就把薪水的 10% 存起来，不可移作他用。我们说不定要靠饼干和牛奶过到月底，只要我们真的那么做，一定可以办到。"

他们为了存钱，起先几个月当然吃尽了苦头，尽量节省，才留出这笔预算。现在他们觉得"存钱跟花钱一样好玩"。

想不想写信给一个朋友？如果想，现在就去写。有没有想到一个对于生意大有帮助的计划？马上就开始。时时刻刻记着本杰明·富兰克林的话："今天可以做完的事不要拖到明天。"这也就是我们中国俗话所说的："今日事，今日毕。"

如果你时时想到"现在"，就会完成许多事情；如果常想"将来有一天"或"将来什么时候"，那就一事无成。

梦想是成功的起跑线，决心则是起跑时的枪声。行动犹如跑步者全力的奔驰，惟有坚持到最后一秒的人，方能获得成功的锦标。

加强责任心，强化执行力

将"责任"根植于内心

托尔斯泰曾经说过："一个人若是没有热情，他将一事无成，而热情的基点正是责任感。"

没有责任感的军官不是合格的军官，没有责任感的员工不是优秀的员工。责任感是简单而无价的。工作就意味着责任，责任意识会让我们表现得更加卓越。

要将责任根植于内心，让它成为我们脑海中一种强烈的意识，在日常行为和工作中，这种责任意识会让我们表现得更加卓越。我们经常可以见到这样的员工，他们在谈到自己的公司时，使用的代名词通常都是"他们"，而不是"我们"，"他们业务部怎么怎么样"，"他们财务部怎么怎么样"，这是一种缺乏责任感的典型表现，这样的员工至少没有一种"我们就是整个机构"的认同感。

责任感是不容易获得的，原因就在于它是由许多小事构成的。但是最基本的是做事成熟，无论多小的事，都能够比以往任何人做得好。比如说，该到上班时间了，可外面阴冷、下着雨，而被窝里又那么舒服，你还未清醒的责任感让你在床上多躺了两分钟，你一定会问自己，你尽到职责了吗？还没有……除非你的责任感真的没有发芽，你才会欺骗自己。对自己的慈悲就是对责任的侵害，必须去战胜它。

工作就意味着责任。在这个世界上，没有不需承担责任的工作，将公司问题视为你个人的问题，你才能全身心地投入到问题的解决当中去，你也才能将问题出色地解决掉。

　　一个合格的员工首先要有责任心和使命感，既然公司授予了我们职权，我们就要承担起相应的责任，为公司解忧，把公司当作自己的公司来做。责任感不仅是你立足于社会、获得事业成功的必要条件，也是你至关重要的人格品质。

勇于承担工作中的责任

　　有一个替人打工割草的男孩打电话给布朗太太说："您需不需要割草？"布朗太太回答说："不需要了，我已有了割草工。"男孩又说："我会帮您拔掉草丛中的杂草。"布朗太太回答："我的割草工已做了。"男孩又说："我会帮您把草与走道的四周割齐。"布朗太太说："我请的那人也已做了，谢谢你，我不需要新的割草工人。"男孩便挂了电话。此时男孩的室友问他说："你不是就在布朗太太那儿割草打工吗？为什么还要打这个电话？"男孩说："我只是想知道我究竟做得好不好。"

　　多问自己"我做得如何"，这就是责任。

　　还有一个美国作家的例子。

　　有一次，一个小伙子向一位作家自荐，想做他的抄写员。小伙子看起来对抄写工作是完全胜任的。条件谈妥之后，他就让那个小伙子坐下来开始工作，但是小伙子却朝外边看了看教堂上的钟，然后心急火燎地对他说："我现在不能呆在这里，我要去吃饭。"于是作家说："噢，你必须去吃饭，你必须去。你就一直为了今天你等着去吃的那顿饭祈祷吧，我们两个永远都不可能在一起工作了。"那个小伙子因为得不到雇佣而感到特别沮丧，但是当他有了一点点起色的时候却只想着提前去吃饭，而把自己说过的话和应承担的责任忘得一干二净。

　　世界上最愚蠢的事情就是推卸眼前的责任，认为等到以后准备好了，条件成熟了再去承担才好。在需要你承担重大责任的时候，马上就去承担它，这就是最好的准备。如果不习惯这样去做，即使等到条件成熟了以后，你也不可能承担起重大的责任，你也不可能做好任何重要的事情。

　　不要害怕承担责任，要立下决心，你一定可以承担任何正常职业生涯中的责任，你一定可以比前人完成得更出色。

执行到位，责任先到位

实际工作中，之所以会出现一些重大决策没有很好地落实到位，一些重要政策在落实过程中打了折扣，一些重大工程在实施过程中进展缓慢等现象，究其原因，往往不是方向不明、道理不清、招数不对，而是失之于用心不够、责任不清。

广州一个家电制造有限责任公司曾发生过这样一起"事故"：3 号车间有一台机器出了故障，经过技术人员检查，发现一个配套的螺丝钉掉了，怎么找也找不到，于是只好去重新买。

在购买时发现市内好几家五金商店都没有那种螺丝钉，采购员又跑了几家大型的商场，也没有买到。

几天很快就过去了，采购员还在寻找那种螺丝钉，可是工厂却因为机器不能运转而停产。于是，公司的管理者不得不介入此事，认真听取事故的前因后果，并且想方设法地寻找修复的方法。

在这种"全民总动员"的情况下，技术科才想起拿出机器生产商的电话号码。打电话过去对方却告诉他："你们那个城市就有我们的分公司啊。你联系那里看看，肯定有。"

联系后半个小时，那家分公司就派人送货来了。问题解决的时间非常短，可是寻找哪里有螺丝钉，就用了一个星期，而这一个星期公司已经损失了上百万元。

很快，工厂又恢复了正常的生产运营。在当月的总结大会上，采购科长将这件事情又重新提了出来，他说："从这次事故中，我们很容易就能看出，公司某些工作人员的责任心不强。从技术科提交采购申请，再经过各级审批，到最后采购员采购，这一切都没有错误，都符合公司要求，可是结果却造成这么重大的损失，问题在哪里？竟然是因为技术科的工作人员没有写上机器生产商的联系方式，而其他各部门竟然也没有人问。"

企业组织中的岗位与岗位之间、员工与员工之间，都是责任与责任的关系，他们之间就犹如一台高速运转的机器中一个个相互咬合的齿轮，每一个齿轮的运转，都对整个机器的运转担负着重要的责任。很可能一个齿轮的缺失，将导致整个机器停止运行；小螺丝钉缺失，造成机器运营的缓

慢和危险。责任不落实，一个小小的责任就可能酿成大祸，使企业蒙受巨大的损失。吉林中吉百货大厦就是毁在一个小职员没有踩灭一个小小的烟头上！

最宝贵的精神是落实的精神，最关键的落实是责任的落实。落实任务，先要落实责任，因为责任不清则无人负责，无人负责则无人落实，无人落实则无功而返。落实责任，是抓好工作落实的重要保证。

只有落实责任，才是落实任务；只有靠落实责任，我们的单位和企业才能更加欣欣向荣；只有靠落实责任，战略才能隆隆推进，崭新的未来才能扑面而来；只有靠落实责任，个人的潜力才能得到无限地开发，个人才能一步步走向成功。

责任心为执行撑起一片天

一个人本身就是一个责任的集合体，身上肩负着对工作、家庭、亲人、朋友的责任，一个人的价值的展现就在于能信守自己的责任，完成自己的责任，只有这样，才能使自己的人生更有价值。

那么，怎样提升责任心呢？

责任心体现在三个阶段：一是执行之前，二是执行的过程中，三是执行后出了问题。

第一阶段，执行之前要想到后果。第二阶段要尽可能引导事物向好的方向发展，防止坏的结果出现。第三阶段，出了问题敢于承担责任。勇于承担责任和积极承担责任不仅是一个人的勇气问题，而且也标志着一个人是否自信，是否光明磊落，是否恐惧未来。

员工勇于承担责任是一种美德，一种勇气，是无私无畏的表现，更容易赢得领导的尊重，成为同事的楷模和样板。员工如有能力以一种负责的、职业的、考虑周全的方式行事，对公司来说是一种竞争优势，对于个人而言是一笔财富，是提高执行能力的最佳途径。

勇于承担责任不是大家心中所想的那样，好像自己要付出多大的代价。在公司里主动承担责任只会给自己带来好处，虽然有时候会牺牲自己的利益。从另一个方面来讲，勇于承担责任是每一名员工的职责所在，是义不容辞的事。

你有没有意识到这一点？你害怕承担责任，害怕自己的利益受到损失，害怕自己的前途受到影响。所以，你学会了推卸责任，学会了临阵脱逃，学会了"明哲保身"。可就在你扬扬得意的时候，你的前途却被你亲手毁掉了。

职责所在，义不容辞。只有这样你才能知道自己的缺陷在什么地方，才能去学习，才能去不断提高自己的执行力。勇于承担责任，用责任心为执行撑起一片天。

执行到位，执行到底

执行没有任何借口

不要对朋友、同事或组织找任何借口，因为没有任何借口。

对于企业来说，它所需要的是没有借口的员工。许多人把宝贵的时间和精力放在了寻找一个合适的借口上，而忘记了自己的职责和责任。对于员工来说，不要去找任何借口，哪怕是看似合理的借口。

"没有任何借口"是美国西点军校 200 年来奉行的最重要的行为准则。西点军校的一个现象吸引了世界上的经济学家们：二战以后世界 500 强企业里面，西点军校培养出来的董事长有 1000 多名，副董事长有 2000 多名，总经理、董事一级的有 5000 多名。

这个数字足以让世界上所有以培养经济人才为目标的商学院都自愧不如。西点军校对学生的要求是准时、守纪、严格、正直、刚毅，而这正是这个世纪的企业管理者所必须具备的，也是一个忠诚的员工所必须具备的基本素质。

西点军校里有一个广为传诵的悠久传统，就是遇到军官问话，只有四种回答："报告长官，是！""报告长官，不是！""报告长官，不知道！""报告长官，没有任何借口！"除此之外，不能多说一个字。在西点军校，军官要的只是结果，而不是喋喋不休、长篇大论的辩解！"没有任何借口"是西点军校奉行的最重要的行为准则，是西点军校传授给每一位新生的第

一个理念，其核心是敬业、责任、服从、诚实和忠诚。

人在做任何事情和承担做事所带来的后果的时候千万不要找借口，因为组织需要没有借口的员工。

只为成功找方法

不寻找借口，就是永不放弃；不寻找借口，就是锐意进取……要成功，就要保持一颗积极、绝不轻易放弃的心，尽量发掘出周围人或事物最好的一面，从中寻求正面的看法，让自己能有向前走的力量。即使终究还是失败了，也能汲取教训，把失败视为向目标前进的踏脚石，而不让借口成为我们成功路上的绊脚石！所以，千万不要找借口！把寻找借口的时间和精力用到努力工作中来，因为工作中没有借口，人生中没有借口，失败没有借口，成功属于那些"不为失败找借口，只为成功找方法"的人！

"要成功，就不要给自己寻找借口"，不要抱怨外在的一些条件，当我们抱怨的时候，实际上是在为自己找借口。而找借口的唯一好处就是安慰自己：我做不到是有原因的。但这种安慰是致命的，它暗示自己：我克服不了这个客观条件造成的困难。在这种心理暗示的引导下，就不再去思考克服困难、完成任务的方法，哪怕是只要改变一下角度就可以轻易达到目的。

对于企业来说，这更应该是始终坚守的理念。企业需要没有借口的员工，有多少人把宝贵的时间和精力放在了如何寻找一个合适借口上，而忘记了自己的职责和责任？寻找借口只是把属于自己的过失掩饰掉，把自己应该承担的责任转嫁给社会或他人。这样的人，在企业里不会成为称职的员工，也不是企业可以期待和信任的员工；在社会上不是大家可信赖和尊重的人。这样的人，注定只能是一事无成的失败者。

当自己犯下错误，或者自己毫无过错，而上司、同仁、家人、朋友、客户却有抱怨的时候，不需要去争辩，应当用心去听取，认真去反思为什么会出现这样的情况，反求诸己，有则改之，无则加勉。

抛弃找借口的习惯，你就不会为工作中出现的问题而沮丧，甚至你可以在工作中学会大量的解决问题的技巧，这样借口就会离你越来越远，而成功离你越来越近。

失败了，不要把过多的时间花费在寻找借口上。再美妙的借口对事情的改变又有什么用呢？不如仔细想一想，下一步究竟该怎样去做。反过来说，面对失败，如果将下一步的工作做好了，转败为胜也不是没有可能，这样一来，借口也就没有意义了。在实际的工作中，我们每一个人都应当贯彻这种"没有借口"的思想。

第一次就把工作执行到位

要提高执行的效率，最重要的一个方法就是"第一次就把工作执行到位"。

歌德曾在他的叙事诗中讲过这样一个小故事：

耶稣带领他的门徒彼得远行，在途中他发现了一块破烂的马蹄铁，于是，耶稣便让彼得把马蹄铁捡起来。但是，彼得懒得去弯腰，假装自己没有听见。耶稣没说什么，自己默默地捡起马蹄铁，然后用它换来 3 文钱，之后又用这钱买了 18 颗樱桃。

两人继续往前走，后来经过一片茫茫荒野的时候，彼得渴坏了。于是，耶稣就故意让藏在袖子中的樱桃掉出一颗，彼得看见，赶忙捡起来就往嘴里塞。耶稣边走边丢，彼得也就狼狈地弯了 18 次腰。到达目的地的时候，耶稣对彼得说："当初你弯一次腰，就不会有后来没完没了的弯腰了。"

弯腰是再简单不过的事情了，但是彼得没有去执行，所以，之后不得不重复同样的动作。在实际的工作中，有时即使是最简单的工作，也有人不能够一步执行到位。

福特公司也是这样要求员工的。在整条流水生产线上，每一个零配件生产出来之后，马上就被送去组装，因为没有库存，任何一个环节出了问题，都会导致全线停产，所以必须要求第一次就把工作做到位，对此，没有任何回旋的余地。

一次没有执行到位，不但会因此而浪费时间不断去补救，甚至可能把一家极有前途的公司击垮。或许有人会说，"第一次没做到位没有关系，还有机会"。的确，第一次没做到位，在下一次可以接着做，但是这样既浪费时间又浪费精力。如果没有及时发现错误，就会给自己和他人都造成

巨大损失。

第一次就把事情做对、做好、做到位，是一个良好的习惯。它会节省我们很多的人力、物力、财力，使我们少走很多弯路。在完成工作时，我们第一次哪怕多花点时间、多用些精力，也要把事情执行到位，一定要坚决避免一切无谓的重头再来！

在工作中，第一次就把工作执行到位，不做重复工作是提高执行效率的第一步。

执行，就要做到百分之百

执行不能打折扣，应当百分之百地执行既定计划和制度，高效高质地完成工作，这样企业才能更快速地前进，每个员工也会因此受益匪浅。

巴西海顺远洋运输公司"环大西洋"号海轮是条性能先进的船，但在一次海难中沉没了，21名船员全部遇难。当救援船到达出事地点时，望着平静的大海，救援人员谁也想不明白，在这个海况极好的地方到底发生了什么。这时有人发现救生台下面绑着一个密封的瓶子，里面有一张纸条，21种笔迹，上面记载着从水手、大副、二副、管轮、电工、厨师、医生、船长的留言：有的是私自买了一个台灯用来照明；有的是发现消防探头误报警，拆掉后却没有及时更换；有的是发现救生筏施放器有问题，把救生筏绑了起来；有的是例行检查不到位；有的是值班时跑进了餐厅……

最后是船长麦凯姆写的话：发现火灾时，一切糟糕透了，我们没有办法控制火情，而且火越来越大，直到整条船上都是火。我们每个人都犯了一点点错误，但酿成了船毁人亡的大错。

在现实中，我们常常可以看到，尽管制度制定得非常全面，每个人的工作也安排得非常合理，但是由于每个人一点点的执行不力，最终可以毁掉一个本来运转良好的公司！

一位房地产企业老总曾经讲过他的一次经历：

"一个与我们合作的外资公司的工程师，为了拍合作项目的全景，本来在楼上就可以拍到，但他硬是徒步走了两公里爬到一座山上，连周围的景观都拍得很到位。

"当时我问他为什么要这么做，他只回答了一句：'回去董事会成员会向我提问，我要把这整个项目的情况告诉他们才算完成任务，不然就是工作没做到位。'"

这位工程师的个人信条就是：我要做的事情，不会让任何人操心。任何事情，只有做到100%才是合格，99%都是不合格。

执行过程一点点的不到位，都可以导致整个执行活动的失败，执行必须不折不扣，百分之百地贯彻实施。

执行，拿你的结果说话

获得良好的执行能力，有一个很重要的因素：以结果为导向。

结果代表了你的执行能力，是你的行为活动的最大价值。人同样活着，同样呼吸着，可是会因为他们的行为结果被区分开。有的人一辈子碌碌无为，做着平凡的小人物，而有的人却大有作为，成为了世人瞩目的成功人士，受人尊敬、被人景仰。

没有人能够随随便便成功，成功是需要付出一定的代价的。好好想想自己付出了多少，如果你还没有付出自己全部的话，那么就要从现在开始转变思想了，把结果放在第一位，不计较要付出多大的代价，用自己的全部去拼搏。这样，执行能力绝对能得到大大提高，你一定会收获一个好的结果。

如果面对老板给你下达的命令，你觉得自己完成起来有些困难，这时候该怎么办呢？

首先，你必须树立自信心。

不战自败的心态使人难以成就大事。如果你怀疑自己，那么你的立足点就不稳固了。不相信自己的人会让自卑心理消磨意志，淡化自己的追求。在现实生活中，正是"我能行"的观念使得我们成就斐然。所以，当你在生活或工作中遇到困难的时候，你要对自己说："我一定要试一次，我不相信自己做不好这件事！"当你对自己充满自信的时候，谁也不能将你打倒。

其次，你需要有持之以恒的精神和坚忍不拔的毅力。

有时候困难确实很大，不是一朝一夕就能解决的。你需要做的就是要不停地努力、尝试。即使有1%的希望，你也不要放弃，放弃就意味着彻底

没有希望。

第三，你还要注意解决困难的方法。

有些困难就像是一把筷子，如果你想一下子掰断所有的筷子显然很难，但是如果将筷子分开，一根一根地掰就很容易了。"方法总比困难多"，如果你不能很好地解决，说明你还没有找到合适的办法。

自信、坚韧，接到任务马上行动绝不拖延，以结果为导向，抓住重点，选择合适的方法去做，一次就把事情做好，你绝对可以让自己获得惊人的执行能力。

没有结果，一切都是空谈。只有实实在在的结果才是成功的最好凭证，所以要想成功就要把结果放到第一位，一切以结果为重。

魔鬼训练营——执行的 4 字真言

何谓执行力？一般的定义就是保质保量地完成自己的工作和任务的能力。成为一名优秀员工，不断提升自我执行力是关键。个人执行力的强弱主要取决于两个要素——个人能力和工作态度，能力是基础，态度是关键。所以，要提升个人执行力，一方面是要通过加强学习和实践锻炼来增强自身素质，而更重要的是要端正工作态度。那么，如何树立积极正确的工作态度？关键是要在工作中实践好"严、实、快、新"四字要求。

首先，要着眼于"严"，积极进取，增强责任意识。

责任心和进取心是做好一切工作的首要条件。责任心的强弱，决定执行力度的大小；进取心的强弱，决定执行效果的好坏。因此，要提高执行力，就必须树立起强烈的责任意识和进取精神，坚决克服不思进取、得过且过的心态。把工作标准调整到最高，精神状态调整到最佳，自我要求调整到最严，认认真真、尽心尽力、不折不扣地履行自己的职责。决不消极应付、敷衍塞责、推卸责任。养成认真负责、追求卓越的良好习惯。

其次，要着眼于"实"，脚踏实地，树立实干作风。

天下大事必作于细，古今事业必成于实。虽然每个人岗位可能平凡，分工各有不同，但只要埋头苦干、兢兢业业就能干出一番事业。好高骛远、作风漂浮，结果终究是一事无成。因此，要提高执行力，就必须发扬严谨务实、勤勉刻苦的精神，坚决克服夸夸其谈、评头论足的毛病。真正静下心来，从小事做起，从点滴做起。一件一件抓落实，一项一项抓成效，干一件成一件，积小胜为大胜，养成脚踏实地、埋头苦干的良好习惯。

再次，要着眼于"快"，只争朝夕，提高办事效率。

"明日复明日，明日何其多。我生待明日，万事成蹉跎。"因此，要提高执行力，就必须强化时间观念和效率意识，弘扬"立即行动、马上就办"的工作理念。坚决克服工作懒散、办事拖拉的恶习。每项工作都要立足于一个"早"字，落实一个"快"字，抓紧时机、加快节奏、提高效率。做任何事都要有效地进行时间管理，时刻把握工作进度，做到争分夺秒，赶前不赶后，养成雷厉风行、干净利落的良好习惯。

最后，要着眼于"新"，开拓创新，改进工作方法。

只有改革，才有活力；只有创新，才有发展。面对竞争日益激烈、变化日趋迅猛的今天，创新和应变能力已成为推进我们企业发展的核心要素。因此，要提高执行力，就必须具备较强的改革精神和创新能力，坚决克服无所用心、生搬硬套的问题，充分发挥主观能动性，创造性地开展工作、执行指令。在日常工作中，我们要敢于突破思维定式和传统经验的束缚，进一步解放思想，不断寻求新的思路和方法，使执行的力度更大、速度更快、效果更好。养成勤于学习、善于思考的良好习惯。

总之，提升个人执行力虽不是一朝一夕之事，但只要你按"严、实、快、新"的要求用心去做，相信一定会成功！

Part13

管理能力的训练

让人人都追随你

▉ 统驭技能的训练

塑造品格的影响力

品格是决定一个人自身价值高低的一个重要方面，也是管理者魅力的重要源泉。夏尔·戴高乐就曾说："那些具有高尚品格的人会放射出磁石般的力量，对于追随他们的人来说，他们是最终目标的象征，是希望的象征。"

美国首任总统华盛顿在领导独立战争和组织联邦政府的过程中，发挥了巨大的领导和协调作用。而这些作用的有效发挥，直接得益于他的伟大人格所产生的巨大感召力和激励作用。

华盛顿身材伟岸，棕色头发，灰蓝色眼睛，脸上带着一些雀斑和太阳的晒痕。当他微笑时，几颗有明显缺陷的牙齿显露无遗。他的外貌呈现出习惯于受人尊重和服从，但决不傲慢自大的男人形象。"亲切"和"谦虚"是人们对他的评价。见过他的人经常描述他眼里不时掠过的温柔。"要平易近人，切勿太过狎近，"他告诫他的军官们，"这是赢得尊重的必要条件。"除此之外，他还教育他的军官们："要学会宽恕别人的错误，这是你赢得别人尊重的秘诀之一。"

除了平易近人、宽恕别人外，华盛顿还有其他品行为他赢得了无数的尊重：目光远大、心胸豁达、坚定果断而又谦逊质朴。他一生的行事为人，处处让人体会到他的真诚和执着。他功勋卓著却不贪恋权力，即使在处于权力巅峰、统率千军万马时，他也从来没有自我膨胀，且没有任何狂妄的野心。他作风平和，踏实认真，讲话不多，但他每一次讲话都发自内心，真挚感人，字字句句都能打动人心。告别政坛之后，他毅然临危受命，再度应召为国服务，却断然拒绝了总统提名，他的每一次选择都证实了他人格的伟大。

作为美利坚合众国的第一任总统，他肩负起组建联邦政府机构的责任。他心胸宽广，把美国第一流的人物都纳入联邦政府。为了确立联邦政府的威信，他力求从人的才能和品德来选择人才。他对各部官员的选择有两个条件：第一要受到人民的欢迎和爱戴，第二要对人民有影响力，二者缺一不可。面对政府内阁中的党派之争，他总是冷静地用过人的智慧加以调解。对待民主党人和共和党人的论争，他希望能不带偏见地将对美国有利的观点集中起来。他不想压制别人的意见。他对别人过人的才干，毫无卑劣的嫉妒之心，他把当时最伟大的政治家团结在自己周围，使之造福国家。他主张为人处世要襟怀坦荡，光明磊落。

虽然大权在握，他却始终听从良知的召唤，谨慎地使用权力。后人可以从他身上看到，原来政治家还能够是这样一种形象。也正是他，用自己的言行告诉世人：政治和道德可以良性地结合起来。华盛顿的高尚品格犹如一座政治人格的灯塔，时刻提醒着拥有或想拥有权力的人，不要在权力的迷宫里晕头转向。

正是他的这种伟大品格，使他赢得了众人的信任和爱戴。所以在独立战争期间，大陆会议才决定授予他相当独断的军事指挥权，最终帮助美国获取了独立。而在联邦政府成立期间，他被推选为第一任总统。在宪政陷入争吵的时候，也正是凭借他的伟大人格，才有效地协调了各派的利益，把各种不同派别的人团结在自己的周围。他的伟大品格促成了他的丰功伟绩。

品格是领导影响力的真正源泉，领导者应当注重修炼自己的品格，以自己优秀的品格影响、激励和带动下属，让下属从内心追随和拥戴你。

塑造形象的影响力

这里说的形象，并非狭义地指领导者的外表，而是指领导者在交际活动中表现出来的综合素质，包括领导者的形象及举手投足、语言等。领导

者要改善自己的形象，就必须从各方面做起，以求风度潇洒，举止得当。

由于领导者在交际时形象不佳而引起对方反感的事例不胜枚举。这里简单举个例子。

我国某钢铁企业的领导与国外某家医疗公司洽谈医用氧气瓶的一笔生意，一切都很顺利，双方谈得也很愉快，并约定第二天签约。该领导当天下午带领外国客户参观厂房，就在这个过程中，那位领导无意识地吐了一口痰，并用鞋底把它蹭掉了，外国客户看到这种情景，心里非常不快。第二天签约的时候，外国客户拒绝的理由是氧气瓶是人命关天的事，必须慎重考虑。

外国客户从这位领导随地吐痰这件小事上，推断出该企业的整体素质必然不高。无论实际情况如何，但是那位领导者的形象确实坏了企业一笔生意，给企业抹了黑。

树立一个良好的形象，绝非一件易事；而要毁掉一个形象，却可以不费吹灰之力。作为一个领导者，与新闻媒介、新闻记者打交道是不可避免的。在美国历史上，还很少有总统与记者对簿公堂的，尽管总统被新闻界的“正当或不当”的做法败坏形象、殃及家小的大有人在。他们之所以能这样忍气吞声，目的就是为了保护自身的形象。如果总统起诉报界，不但很难胜诉，反而会败坏形象，有损名声。

所以说，领导者要塑造形象的影响力，一方面要注重自己的外在形象，比如穿戴、举止、礼仪、与人交往等方面。形象好了，当你出现在别人面前时，即使不说话，或什么也不做，别人也会为你外在的气质折服，即使他根本就不了解你。另一方面还要不断提高个人的内在修养，一个人的内在素质必然反映在外在的表象上。你若是一个乐观上进的人，你的脸上就会时时洋溢着微笑，你就会待人热诚、直率，你的举止就会有一种活泼气。反之，你若是一个悲观的人，一个常常为小事挫败的人，忧郁就会时时结在你的脸上，叹息也会常常挂在你的嘴边。你如果有广博的知识、机敏的头脑，你就会谈吐不凡、幽默风趣，脸上也会显得平静大气。而心胸狭隘、胸无大志的人则会对一些小事斤斤计较，表现在脸上也常常是不自然或易怒。

因此，“外在”与“内在”一定要齐头并进，才能够培养出你良好的气质。如果只注重外在形象而忽略内在的本质，那么你外在表现也只能一时吸引别人，随着交往日深，这种没有根基的"外在"必不能得到别人长久的认可。若只重"内在"而忽略外在的"形象"，也只能算是个有才华而未必有气质的人。培养良好的气质是一场从内到外的彻底的革命。

塑造守信的影响力

领导者的安身之本是什么？是信守诺言！

假如你想拥有卓越的驾驭下属的能力，就必须做到"言必信，行必果"。这些忠告应时时出现在你的心里：不要承诺尚在讨论中的公司决定和方案；不要承诺你办不到的事；不要做出自己无力贯彻的决定；不要发布下属不能执行的命令。

假如你想得到别人的信任，就必须得诚实。因为诚实是高尚的道德标准的一种体现，意味着人格的正直、胸怀的坦荡且真挚可信。想成为别人的榜样吗？那就以诚待人吧！

假如你想发展高水准的诚实品质，请记住这些忠告：任何时候做任何事都要以真挚为本；说话做事都力求正确；你在任何文件上的签字都是你对那个文件的名誉的保证，相当于你在个人支票、信件或者报告上的签字；对你认为是正确的事要给予支持，有勇气承担因自己的失误而造成的恶果。作为一个领导者，任何时候都不能降低自己的标准，不能出卖自己的原则，不能欺骗自己；永远把义务和荣誉放在首位。如果你不想冒放弃原则的风险，那你就必须把你的责任感和个人荣誉放到高于一切的位置上。

切勿毁约，毁约近似于说谎。对下属说谎，无异于在下属面前翻脸不认账，自毁形象！下属对领导感到不满，通常是因领导不守诺言。因此，领导对于下属有一件事绝对要避免，那就是"毁约"。

莫非世上有这么多爱毁约的上司？

实际上，经过仔细推敲之后发现，有许多领导毁约多半是迫不得已的：有时是领导内心并不想毁约，但由于各种因素，造成其无法履行约定；也有领导本身了解真情，认为说出真相的时机还不成熟，因此被迫毁约，但是下属并不了解整个事件的性质；还有的是因为领导发生了误会，记错、说错或听错而造成的。即使如此，领导也不能轻率地处理此事。领导应该

坚守一项原则——我绝不对下属毁约。

下属通常会随时注意领导的一言一行。一旦发现领导的错误或矛盾之处，就会到处宣扬。虽然这与信赖并不矛盾，但是被捉到小辫子也不是一件光彩的事。实际上，下属信赖领导的程度，多半超过领导的想象。因此，一旦下属认为"我被骗了"，那么他对领导的愤怒程度是无法估量的。

作为一名领导，你可能碰到过原先认为可以成功完成的任务却突然失败了的情形，因而无法履行和下属的约定。此时，你应该尽早向对方说明事情的原委，并且向他道歉。若你说不出口，而又没有寻求解决之道，事态将变得更严重。如何道歉呢？道歉的诀窍在于尊重对方的立场。一开始你必须表示出你的诚意，若你只是一味地替自己辩解，企图掩饰自己的过失，只会招致更严重的后果。一旦说谎的恶名传开来，就很难磨灭掉；必须花费相当长的一段时间，才能将此恶名根除。

在工作岗位上，当你必须毁约时，最好在事后找个机会说明事实。但说明不能只是一个借口，毕竟对方因为你的失信而陷于不利的处境，或遭遇不愉快的事情。因此，你应先对你的毁约诚恳地道歉，然后再加以补充说明。如果对方能够了解你的用心，那是最好不过了。但是，一诺千金不能只停留在口头上，而必须要付诸行动！言行不一、欺骗下属是领导必须克服的。否则，他们便会自食苦果！

塑造非权力的影响力

权力和地位赢不来下属的真心尊重。下属对上司的尊重来自于上司的威信。上司要把工作做好，必须在下属面前有威信。

那么，什么是威信呢？威信是领导者在下属和群众心目中的威望和由威望而产生的信任。威信，就是威望和信任两者的结合。

威信是一种非权力性的影响力。一个领导者，由于身在其位，自然有权，有权就可以使下属服从其意志和指挥，但这却不意味着领导者一定有威信。而有了威信，同其拥有的权力结合，方能在下属那里具有真正的权威，权力也才能得到更有效地运用。可以这样说，权力是权威的前提，威信则是权威的内在灵魂。

领导者要想以自己的才智和能力树立威信，树立自己的影响力，主要应做到以下几点：

1. 精通业务

领导者对于本职范围内的主要业务，必须由熟悉进而做到精通。这是在下属面前树立威信的基本条件。一般说来，组织上不会委任不懂业务的人担任管理职务，但在有些情况下，担任某种管理职务的人，开始时可能不大熟悉本行业务，这就必须抓紧学习，尽快熟悉业务，并逐渐成为本行的专家。在这个问题上是没有什么捷径可走的。

2. 有决策能力

一个遇事没有主意、优柔寡断，致使问题久拖不决的领导者，或者一个凡事硬作主张、专横武断，致使决策经常失误的领导者，在下属面前自然不会有威信。下属在工作中最关注上司的决策能力强不强，在需要作出决策的时候，有没有胆量及时作出正确的决策。

领导者多谋善断，敢于拍板，是最能赢得下属的钦佩和信任的。就如一位军事指挥官，若能经常作出正确的作战部署，指挥部队常打胜仗，自然会在广大战士心目中树立起高度的威信。

3. 善于组织

任何一个领导者都有几个甚至好几个下属，管理一群人或若干项事业。领导者的职责就是要把这些人和事合理地组织起来，像是组装起一台机器，使之顺畅稳定地运转。工作情况和任务有了变化，能够及时地调整人力。要建立健全各项管理制度，使各方面工作规范化、制度化，以保证单位整体工作协调有序地正常运转。

领导还要善于运用组织的力量，充分发挥下属的作用，不需事必躬亲。这样的领导者，自然会受到下属的尊重和信任。

4. 知识广博

作为一个领导者特别是较高层次的领导者，如果知识面很窄，是很难得到下属尊敬的。一些年轻的下属，往往愿意和上司谈谈工作以外的话题，如国际形势、科学技术、新的发现发明、文学艺术作品等。如果领导者平时注意阅读书报，熟悉这些问题，能以自己的见解同他们交谈，自然会赢

得他们的尊重，从而有助于树立自己的威信。

5. 良好的品德与人格

领导者以自己的品德和人格树立威信，要注意以下几点。

以身作则。要求别人做的，自己首先做到；要求别人不做的，自己首先不做。

公正待人。对下属不分亲疏远近，一视同仁，是领导者正派、正直的优良品质的重要表现。

清正廉洁。其最基本的要求是秉公办事，即使是普通群众，与己毫不相识的人，甚至与己不和的人，都一视同仁地处理，不设障碍，不要好处；不该办的事，哪怕是达官贵人，亲朋好友所托，也坚决不办，决不徇私情，决不收礼受贿。做到这一点，就可以说是保持了清正廉洁的作风，就会在下属和群众中赢得崇高的威信。

沟通技能的训练

管理沟通五要点

沟通技巧是领导力的一个重要表现，沟通技巧的高低，直接影响到领导者的领导能力与部属的工作效率。管理者常常要和员工进行个别交流，但是交流并不能代表良好的沟通。管理者没有掌握沟通技巧，在沟通时容易忽略的小细节往往会影响到员工对管理者、对公司以及对工作的想法。员工常常会从管理者和他们的沟通中寻找一些异状，甚至会因此想得更深远；最严重的，使他们往往会以负面的方式去考虑问题，因为他们并不是管理者，而是被管理的对象，从而造成他们常会有危机意识。他们很注意管理者说什么，没说什么，也很在意管理者的聆听能力，关心员工的程度。如果管理者忽略了一些细节，立刻就成为沟通的障碍。

因此，管理者与下属进行沟通时，必须要注意以下几点：

1. 注意态度和情绪控制

成功的管理者不会随波逐流或唯唯诺诺。他们有自己的想法与作风，但是很少对别人吼叫、谩骂或争辩，因为这解决不了问题。沟通时必须要注意情绪控制，过度兴奋和过度悲伤的情绪都会影响信息的传递与接受，尽可能在平静的情绪状态下与对方沟通，才能保证良好的沟通效果。因为对方除了语言之外，肢体语言、表情、情绪等等都会传达某些信息，而强烈的情绪表现，很可能使这些非语言因素夸大，造成信息传递失真。

2. 善于询问与倾听

在沟通中，当对方行为退缩，默不作声或欲言又止的时候，应该采取询问的方式，引出对方真正的想法。不应该强烈要求对方开口，或者给予太大的压力，这只会形成反效果。了解对方的立场、需求、愿望、意见与感受，这样才能真正掌握对方想要表达的内容。管理者可以以聊天的方式开头，"最近工作如何？""公司最近比较忙，累不累？"等。这样一方面为要说的话铺路，另一方面还可营造比较自然的谈话气氛。积极的倾听可使对方对自己产生好感，使员工能主动地发表意见。

管理者不能不断地说，而不管下属的心情。这不叫沟通，而是教育。这样不仅无法了解到任何情况，而且员工在面对这种永无止境的疲劳轰炸时，会觉得兴趣索然，只想赶紧结束这段谈话。除了要注意仔细聆听外，也要注意摘要性地复述已听到的内容，以确定没有听错或理解错下属的意思。这么做是让员工意识到管理者真的在乎他们的谈话，真正关心他们的需求。

3. 莫误用身体语言

身体语言在沟通过程中非常重要，有 67% 以上的信息是通过身体语言传递的。眼神、表情、手势、坐姿都可能影响沟通与传达的信息。专注凝视对方、低着头、眼睛瞟来瞟去都会造成不同的沟通效果。坐姿后仰会给下属造成高高在上的感觉，而过于前倾又会给对方形成一种压力。因此，管理者人员要把握好身体语言的尺度，尽可能地让对方感到轻松自在。只有让对方尽可能地放松，才能说出真实的感受。手放置的位置、脚的动作等等，都会表现出你的诚意与意图。

4. 向员工表示关心

沟通过程中，员工在意的不是管理者听到了多少，而是管理者听进去了多少，"马耳东风"式的沟通，只能让员工觉得是在浪费口水。不真心

聆听员工说的话，员工就会觉得管理者根本不在乎他们，当然了，他们也会变得不在乎管理者。管理者在沟通中不仅要善于表达自我，更要注意体谅对方，设身处地为员工着想，体会对方的感受与需求。只有真正关心员工的需要，才会让员工向你敞开心扉，实现真正有效的沟通。

5. 沟通的敲门砖

管理者与属下沟通之前，适当地赞美可以缓和沟通的障碍，使对方敞开心扉，实事求是地提出自己的想法。但是大部分的管理人员，很容易发现下属的缺点，却不易发现他们的优点。赞美别人并不需要成本，但是给员工带来的鼓舞却不低于物质的激励。

赞美员工时也需要讲究技巧。"你做得很好"与"你能够认真地把这份报告再次核对一遍，真的很敬业，我非常欣赏你的这种工作态度"虽然说的是同一件事，但是如果把你认同与赞赏的地方明确地说出来，员工更能够理解到他们干了什么和为什么受到表扬。

查找沟通不畅的原因

管理者在沟通时，很容易出现无法倾听员工声音的问题。为什么他们无法仔细倾听呢？原因不外以下几个方面：

1. 偏见。当管理者有成见，或者对某个员工有某些看法时，很容易受到印象的影响，不能仔细倾听员工的说法。

2. 随意下结论。由于中国特色的影响，"官大学问大"等等因素，造成管理者不能仔细听员工的叙述而过早地下结论，尽管这些结论很可能是错误的。

3. 预作假设。沟通之前就对员工的动机有一定的揣测，认为他就是想得到某些报酬或者推卸某些责任。如果主观预设了这样的前提，就不能很平静地听取员工的意见，而会带出某些主观偏向与色彩。

4. 注意力不集中。沟通时分心，或同时做别的事情等等，也会漏听许多重要的信息，得到不同的结果。

5. 选择性倾听。中国以往各种报喜不报忧的新闻传统，潜移默化地影响到许多人。在面对管理者时，他们也会采用这样的报告方式，使管理者形成形势一片大好的错觉。而管理者陶醉在这样的环境中，也很容易出现选择性倾听的"鸵鸟"行为。

6. 说得太多。沟通并不是单向的教育，因此，如果管理者说得太多，势必造成员工的疲劳，从而不会说出自己的意见。

7. 缺乏同情心。没有设身处地地为员工考虑，也不会站在员工的立场上考虑问题，因此无法理解员工说出的意见或解释。

8. 担心害怕。担心听到或遇见不想碰到的情况，或担心员工质问而回避问题，甚至以权力来压制员工，不允许员工说出管理者所担心害怕的情况。

把你的意图传达下去

管理者需要随时掌握部门中发生的各种情况。没有人喜欢令自己措手不及的事。避免措手不及的办法就是建立并且维持部门内部的沟通系统，使管理者能掌握到每一个情报。但是，基层员工通常并不具备良好的沟通技能，也不重视与管理层的沟通。他们常常有这样的观念："我认为今天下午三点要把全天的订单交至业务部，我就做了。"因此管理者必须告诉员工沟通的重要性，强调他们提供必要信息对管理者掌握整个部门的动态将产生什么影响。

使基层员工成为更有效的沟通者，管理者可以采用以下的方法：

1. 明确告诉基层员工为什么需要他们提供的信息。不仅告诉他们要获得信息的原因，还要使员工认识到自己对组织的贡献与他们体现价值的方法。

2. 具体说明需要什么样的信息。如果没说清楚希望得到的具体信息，最后所得到的也只会是部分的信息或没有经过确认的消息。

3. 尽可能先画出表格，并打印出来，使员工将必要的资料填在格子里就行了。在表格中的空栏里填写信息，要比写出一份完整的报告简单得多。

4. 确保员工知道他们从何处取得及如何取得自己需要提供的信息，不至于在承接任务之后手足无措。如果可能的话，应该给予一定的指导，这样更能表现出管理者的体贴。

5. 员工提供的信息，管理者一定要阅读。很多管理者得到大量的资料后，

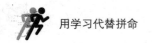

不加以分析或根本不曾阅读，员工很快就会知道自己是在做无用功。没有人希望自己的劳动成果被忽视。仔细阅读，这是对员工尊重的表现。

6. 当报告迟交时立刻作出反应，让员工知道拖延是一个很严重的错误。如果员工有正当理由申辩时，要仔细倾听，或许你需要在什么地方做些调整，可能这名员工未能按时完成报告的原因在于另一名员工未能及时提供必要的材料。

7. 敞开你的大门，要让员工感到他们能在未酿成严重后果之前，说明可能存在的问题或困难。

8. 让员工知道你在利用他们所提供的信息，并向他们表示感谢。让他们获得足够的成就感，因为他们提供的信息确实起了作用。

化解抗拒，消除分歧

之所以会出现沟通的抗拒，是因为沟通者说了一些话或做了一些事，才引起对方的抗拒；而且当对方抗拒自己时，自己一定也在抗拒对方。别人抗拒你是因为你强逼别人跟随你自己的一套信念、价值观，所以，出现对方抗拒的情况也是自己可以更灵活的机会。

当下属出现抗拒心理时，采用以下的五个步骤来化解抗拒，应该可以顺利解决。

1. 说出他的抗拒

人人都存在一定的叛逆性或好辩性。沟通时常常会发现对方找出各种理由来反对你的说法。因此，化解抗拒时，第一个步骤就是抢占先机。先把对方的抗拒说出来，调动对方潜意识的叛逆性，他们会主动地为自己的抗拒找台阶下。

2. 说出他的感受

接下来说出对方的感受，站在他的立场上考虑，为什么他会出现这样的抗拒心理，从自己的角度找出明显的原因。

3. 达成一致意见的基础

找出 3 ~ 5 项对方必须会回答"是的"的说法，使他意识到彼此之间并没有很大的冲突，甚至有许多共同点，意见不同的仅仅是很小一部分而已。

4. 找出潜在的理由或需求

接着再与对方共同寻找是哪些原因使他抗拒接受这些工作或命令。同时思考该如何处理，或想出某些应对措施。

5. 共同找出解决方法

最终，与对抗者一起找出可行的解决方案。最好由对方主动提出，一方面可以使他感到受尊重，另一方面由他主动提出的，一般会是比较可行的方案，而且他也更愿意执行。

借助肢体语言促进沟通

沟通时除了依照语言来理解对方的意图之外，对方的一些肢体语言，也会透露不少信息。这些肢体语言主要有以下几种。

1. 揉眼睛

当对方揉擦眼睛时，表示他并不完全同意你的说法。可能暂时找不出理由来反驳，但是你所提供的证据与说法仍然不足以说服他。

2. 踏足尖

如果对方轻踏足尖的话，表示他对自己说的话也不具有强大的信心。可能仅仅是道听途说，也可能只是在试探而已。

3. 揉手指

对方搓搓手指，表示他对你还有些隐瞒，尚未把所有底牌都提供出来。

4. 眨眼

对方瞪视并且眨眼，表示他正在考虑你的提议。这时候，暂时不要施加压力，最好能离开几分钟，使他有自由的空间真正仔细考虑。

5. 叹气

对方深呼吸且叹了口气时，表示他已经做了决定。当然这样的决定可能是正面的也可能是负面的。

6. 假笑

当对方假笑时，表示对方并不诚恳，他的笑仅仅是在掩饰自己的心虚。

7. 眼神躲避

对方眼神闪烁，眼睛不敢正视你，表示这个人缺乏自信，也可能他在

刻意隐瞒什么，有虚假的成分，可以确定他没有完全地表达出实际的情况。

8.眼神刻意的接触

过犹不及，眼神刻意而不自然地看着对方，也是一种虚假的现象。这时候需要对他施加一点压力，才能使他说出实际的情况。

以上几点可以作为在沟通时的参考。多观察，多尝试，多练习，是改进沟通技巧的不二法门。

激励技能的训练

激励——使人有足够的动力

领导者的工作在于调动每个员工的积极性，共同为组织的目标贡献力量，使员工保持为组织目的付出努力的意愿，但这种意愿受制于此努力能否满足个人的某种需求。满足员工的这些需求，就是激励行为。整个管理学的发展过程中，关于人的需求有许多著作与理论。其中最著名的，就是马斯洛的需求层次理论。

马斯洛的"需求层次理论"把一个人的需求分成五个层面，认为人在不同的阶段，会有不同的追求目标。一个独立的人，必须要为自己的生存负责，因此，他的最基本需求，无外乎空气、水、食物等满足自己生理需要的物质。以前，许多工厂招人，只要管吃管住，而不需要发放工资。这也就表明当时的经济情况，只要满足员工的温饱即可。在员工的生理需求尚未满足之前，跟他谈什么人生大道理都是徒劳的。

当他因为努力工作，对社会或对公司做出贡献之后，他会得到一定的报酬，这些报酬满足了他的生理需求。然后，他会开始考虑更长远的目标。他今天能得到温饱，明天呢？下个月呢？明年呢？甚至，他逐渐变老，退休了呢？是否仍然可以满足他的生理需求呢？于是，他开始追求更高层次的需求，也就是安全的需求。他希望社会、公司或是自己能够提供给自己一个安全的保障。因此，国家的各种福利制度、各种保险公司也就陆续出现。它们的共同目标，就是满足人民安全的需求。

当满足了安全需求之后，他逐渐会产生更大的不满足感，开始希望能拥有朋友，拥有社交圈。这就开始了他追求社会需求的行为。

交了许多朋友，参加了许多社交活动之后，他不于仅仅当个参与者，而开始追求成为核心人物，这时要满足他的，是一种尊重需求。他希望能得到别人的尊重，拥有身份和地位。在精神上，取得更大的满足感。

当他成为了核心人物，社会上也具有一定地位之后，他没有追求了吗？还有一层，就是自我实现的需求，也就是展开对自己理想的追求。

从这方面的认知出发，衍生出许多激励人的手段。因为每个人每个阶段追求的方向不同，需要有不同的刺激手段来满足不同的需求。所谓的激励就是激发、鼓励、维持动机，调动人的积极性、主动性和创造性，使人有足够的动力朝着所期望的目标奋勇前进。

激励的本质是：

1.公司请人是因为公司某项工作需要用人；但是愿意前来应聘、任职并且留下不走的人，却是为了满足自己的需求、期望与理想。

2.管理者是否高明，就看他能否把各有所需的雇佣关系，变成各得所需，得偿所愿的双赢。

历史上有许多关于激励的例子，这些案例，在现代的商场上也时有所见。其原因在于，伴随着漫长的历史变迁，人性却一直没有太大的变化。

变推进激励为自我激励

除了管理者要提出合适的激励措施，并且坚持执行外，员工也需要进行自我激励，才能保证工作的顺利进行。但是事实上有许多员工并不会自动自发地自我激励，什么原因让他们不求上进，甚至最后被迫从公司离开呢？领导层需要检讨自己是否让公司存在某些情况，造成员工不愿意积极工作。

1.企业氛围中充满政治把戏

许多企业中存在各种派系斗争与权力斗争，这些因素会使得员工人心惶惶，生怕自己投身到错误的集团中而被扫地出门。

管理中的一个效率公式是：效率＝外部行销／内部行销。外部行销指的是把各种资源、策略等用来进行与客户有关的服务、销售等行为，可以

创造出各种产值。内部行销则是为了统一各种策略，各部门之间的沟通、协调所产生的费用。如果内部行销的成本过大，效率自然就降低了。因为总体的资源是有限的、固定的，内部行销耗费越大，投在外部行销的资源相对越少。如果公司人员出现斗争，也就不断地产生内耗，效率就会降低，直至降到零。

2. 对员工业绩没有明确期望值

管理者如果没有明确给员工的业绩设定目标，员工会出现迷茫的现象。他不知道做到什么程度才会让管理者满意，而逐渐地产生悲观心理，觉得自己无论怎么努力，管理者都不会满意。在这样的情况下，员工会产生消极的意识，反正干得再多也没有意义，还不如现在就休息吧。

3. 设立许多不必要的条例让员工遵循

员工会有自己的创意、想法。诚然，制度与规定是用来规范员工的各种行为的，是一个公司走上轨道的重要因素与做法。但是过犹不及，如果设定许多不必要的规定与条例，会让员工觉得缚手缚脚。员工会支持并且遵守合理的、必要的规定，但是他们也会对一些没有必要的、繁琐的规定产生排斥感，而这些排斥感，将会侵蚀他们的主动性。

4. 让员工参加拖沓的会议

员工来到公司，几乎都是为了努力工作，创造价值让管理者认同、接受，从而满足他们自己的需求。如果经常让员工参加一些冗长的会议，会使员工减少工作的时间或推迟自己的下班时间，而且得不到预期的成效。逐渐地，员工会对此产生反感，对管理者的看法也倾向于"光说不练"。

5. 在员工中推行内部竞争

并非每个人都喜欢互相竞争，尤其是不公平的竞争。每次竞争的优胜者只有一人，而大部分员工都会是失败者。没有人喜欢失败的感觉，因此在公司里推行内部竞争，可能造成许多员工出现负面心理。时间越长，员工越多，负面影响也就越大。很可能这样的竞争，确实激励了少部分曾经获奖的人，却伤了绝大部分员工的心。

6. 没有为员工提供关键数据，以顺利完成工作

管理者指派任务时，应尽可能提供关键的数据，方便员工完成工作。

即使有些重要数据现在还没取得，也需要提前告知何时能提供，或要求员工自行收集，使员工明确知道他要做的事有哪些，该如何下手。否则，不明确的命令，只会让员工感觉自己做的工作，很可能变成无用功或者偏离指定方向。

7. 提供建设性，而非批评性的意见

对员工的各种反馈，应该尽量使用建设性的意见，而不是批评性质的意见。可以指出员工的不足之处，但是在沟通结束之前，应该表明希望他怎么做，达成什么样的目标。常听见批评性而非建设性的意见时，员工会转而考虑是否管理者不喜欢他，会产生管理者对人不对事的感觉。

8. 容忍差业绩，使业绩好的员工觉得不公平

一个积极上进的公司里，每个人应该都知道自己在做什么，争取好的表现。如果公司里出现一些没有理由而业绩差的员工，其他业绩好的员工会觉得公司有大锅饭的性质，干不干一个样。管理者必须时刻关心员工的业绩情况，对业绩差的员工可以给于一些辅导与建议。适当给予一些机会，但是如果他不能珍惜机会，依然故我，或者经过辅导仍然不能开始进步，这已经证明他并不适合这个岗位。管理者应该下定决心立刻处理，免得浪费双方的时间。一味的姑息，只会使其他更有价值的员工离开公司。

9. 对待员工不公正

现代的员工不怕合理的竞争，但是他们害怕一些不公平的竞争。市场的游戏规则定了，所有人都需要遵守，如果出现任何一个可以跨越规则的竞争者，其他人一定会觉得不公平。员工会感觉到关系重于业绩、重于能力，于是开始汲汲于关系的营造，而不是对外的业绩拓展。

10. 未能充分发挥员工能力

管理者适当地给予员工发挥能力的机会，员工就会产生遇见伯乐的感觉。应适当地让员工尝试发挥一些未能发挥的能力，使员工得到不同的成就感与荣誉感。如果一直将员工绑在既定的岗位上，他的斗志就会逐渐消磨掉，慢慢地不愿意付出，继而产生惰性。一个优秀积极的员工也许就此一蹶不振。

使奖励真正产生成效

管理者在员工奖励方案中被赋予很大的权力，然而往往还是不能实现激励团队的目标。奖励是大家所公认的激励措施，然而，要使奖励发挥应有的作用，需遵守一些基本规则。

1. 奖励必须是每个人都有能力"争取"到的

管理者不能定一个遥不可及的目标，使员工不断努力也无法获得奖励。目标与奖励的虚设，会让员工感觉管理者根本没有奖励的诚意。

2. 奖励必须要公开

如果只有获奖者和他们的管理者知道奖励的结果，奖励就失去了它的附加价值。员工得到的并不仅仅是奖励可带来的物质收获，还有很大部分是精神上的荣誉感。奖励应尽量在公开场合，最好能昭告天下，以充分利用奖励的价值。

3. 最好的奖励方式具有高名誉价值和低金钱价值

在 IBM，最大的奖励方案之一是"销售人员的月奖励"——获奖者被授予一个证书和一个展示在他们写字台上的价值 2 美元的橡皮鸭模型。当然这不完全适合所有员工，通常越高级的管理人员，越需要精神、名誉、成就方面的奖励；越底层的员工，越倾向物质的、金钱的奖励。在目前中国普遍所得偏低的情况下，物质的奖励必不可少。

4. 佣金激励方案的作用要谨慎看待

佣金激励方案对那些有关人员而言有很大作用。这种方案的成本很高，很难管理，容易退化为无秩序，从而失去动力，所以在使用时要慎重。

5. 奖励方案应当是短期的，并且要与销售周期相联系

正如目标一样，在评奖之前将奖励方案限制在短时间的期限内，效果会十分显著。

有效激励的 10 大法则

为了让团队能充分受到激励，需要满足每一层次的员工目标和需求等级中的每一个层次需求。每一个人在某一段时间内都会比较关注一个不同层次的需求满足，通过不同的因素来获得激励。当他们感到几乎无法达到

这个目标时，可能会改变追求，去满足另一个比较低的需求。在每一个需求得到满足之前，员工不会关注更高层次的需求满足。

作为一个管理者，需要意识到随着时间的流逝，激励的方式要随时调整，应该使用不同的激励方式来激励团队中的每一个成员。以下十个激励的法则供读者参考。

1. 激励他人之前，需要先激励自己

除非管理者以身作则，并具有热情，否则不可能激励员工。管理者的态度和情绪直接影响着团队员工。如果管理者的情绪低落，手下也将受到影响而变得缺乏动力；如果管理者满腔热情，他所领导的部属也会充满活力。要避免给下属和员工带来负面影响，需要控制情感，隐藏消极情绪，发扬积极的情绪和态度，并把热情投入到手头的工作中。当管理者因个人问题、疾病、家庭问题等等私人因素而情绪低落时，要避免把缺乏激情的状态扩散到团队中，最好给自己安排一些需要独立完成的工作。部属看到你正在忙碌着，就不会频频打扰。管理者也正好可以利用这段时间把自己的问题处理好，重新以开朗、积极的态度来面对员工。

2. 激励需要目标

除非员工明确知道整个团队在追求什么目标，否则，他不知道该朝哪一个方向努力。人们需要了解自己努力要达到的目标是什么，并且真正愿意实现它，只有这样，才有可能受到激励。

3. 激励分为两个阶段

第一是明确与团队目标相关的个人目标；第二是向员工展示如何实现目标。关键在于找到与团队目标相关的个人目标。管理者的目标是激励员工，只有这样才能实现团队目标。让每个员工分别完成他们所承担的部分任务，当他们完成各自的任务时，团队的目标也就达成了。

4. 激励机制一旦设立，就不能任意更改

这是一个真理，却被许多管理者所忽视。他们认为只要在开始的阶段激励了员工，员工就会一直保持积极性。但事实上，随着时间的流逝，激励效果会逐渐下降，在三到六个月的时间内完全消失。管理者必须认识到这一点，通过定期的团队会议，明确的沟通、认可和经常性的一对一反馈，

不断地将激励意识灌输给团队，使他们保持旺盛的积极性。

5. 激励需要认可

根据马斯洛的需求层次理论，一旦基本需求得到满足，对社会认可的需求就会提高。事实上，人们为了得到公众的认可甚至比为了得到金钱付出的还要多得多。人们渴望大众的认同，一旦他们赢得了认同，会希望是明朗、公开和迅速地给予承认。认可的同时必须给予某种结果，而不是继续要求某种努力。注意避免授予"三好职工"或"最有贡献奖"这类过于宽泛的称号，这些并不能明确表达出对他们的认可。

6. 参与也是一种激励

安排员工参与一个特殊的项目或者团队将具有很高的激励作用。为某一个事业而努力的团队成员会忠于团队的目标，这也是对他们以往努力或能力的一种肯定。例如安排员工参与某个研发项目，会使他感觉自己的技术能力受到大家的认可，提升到专家的层次。这会使他积极努力地保持住自己的这个称号与荣誉。

7. 看到自身的进步能够激励人

看到自己向目标奋进的道路上所取得的进步，人们会获得很高的激励。这给予员工一个重要的成就感，也是自我实现需求的一个重要环节。

8. 只有保证人人都有优胜的可能，竞争才能起到激励作用

竞争频繁应用于激励中，但是只有真正公平的制度，保证每个人都有机会获胜，才会真正起到激励作用。

9. 每一个人的身上都存在激励的机会

每个人身上都存在一个激励的引线，都能因为受到某些因素的刺激而得到激励。有些人可能比其他人更容易被激励，有些人可能不容易被激励，但是引线一直存在着，作为管理者，必须要仔细寻找这个引线并进行培育，将其贯彻到方案中。团队激励是管理者的管理职责。管理者想获得成功，在团队每个成员的身上寻找引线将会是一项重要的工作。

10. "团队归属"激励

作为团队中的成员之一，员工会为了一个团队的目标而工作。而这个目标，必须是他认同且愿意为其付出的目标。

激励要多管齐下

很多管理者误认为激励无非就是加薪、升职。显然这是对员工需要的片面了解、对激励的表面理解造成的误区。激励的方式多种多样，企业可试行各种不同的激励方式，以期收到成效。

1. 物质激励

无疑，薪资等物质因素虽然不是唯一的因素，但却是员工最关心的方面之一。运用好物质激励首先是要有合理的薪酬设计。薪酬设计的要素就在于"对内具有公平性，对外具有竞争力"。这就要求管理者要实事求是，以科学方法设计整个薪酬体系。其次是推出员工持股计划。员工持股是能极大地调动员工积极性，增强员工对企业忠诚度的重要激励方式。但是，因为网络泡沫时期各种网络公司的滥用，期权与持股的激励效果已经明显降低。员工常会认为这是公司欺骗员工以压榨劳动力，减少成本的方法，已经具有经营成效的公司，仍然可以使用开放员工持股的方式，达到激励员工的目的。但对于尚未盈利的公司，开放期权的做法，已经大失人心。GE 公司对于表现突出的员工实现员工持股，给予股票期权。最后是要不断改善工作环境和安全条件。如果工作环境适宜，员工感到舒适，会有更佳的工作表现与积极态度。

2. 升降激励

升降激励的必要条件是坚持任人唯贤，升降得当。坚持正确的任用方针，唯能是用，德才兼备。选对一人，就会鼓舞一群人；罚对一个，就会教育一群人，才能起到激励作用。如果升降不得当或考核不够仔细，又或是掺杂其他的人情因素，不仅起不到激励作用，还会有严重的反效果。

3. 舆论激励

主要方式是通过文件通报、报刊、会议以及墙报、广播、网络等各种宣传媒体，表扬优良事迹，批评不良行为，达到弘扬正气、抵制歪风的目的，形成奋发向上、你追我赶的良好气氛。

4. 民主激励

如果一个单位的领导者能够充分发扬民主精神，给予下属参与决策和管理的机会，那么这个单位的生产、工作、员工情绪、内部团结都能表现

出最佳状态。员工自己参与决策，必定要支持自己的意见，因为这关乎自己的信誉与能力。员工参加民管理的程度越高，就越有利于调动他们的积极性。领导者应当为广大员工参与民管理提供合适的途径，创造有利条件，采取多种形式，使其能切实地行使应有的权力，展现出当家做主的热情，刺激员工的积极性充分有效地发挥。

带团队技能的训练

善用人才成大事

管理者在用人时应该坚持人尽其才、才尽其用的原则，给予员工广阔的空间。

人各有所长，能善用其所长以处事，必可收事半功倍之效。成功的管理者用人的重要原则之一就是适才适所，也就是说把恰当的人放在最恰当的位置上，这样整个队伍就会有序高效地运转，释放出最大的效能。

一个善于用人、善于安排工作的管理者，在管理上会少出许多麻烦。他对于每个员工的特长都了解得很清楚，也尽力做到把他们安排在最恰当的位置上。但那些不善于管理的人往往会忽视这个重要的方面，而总是考虑管理上一些鸡毛蒜皮的小事，这样的人当然要失败。

很多精明能干的总经理、大管理者在办公室的时间很少，常常在外旅行或应酬客户。但他们公司的业务丝毫未受影响，公司的日常工作仍然像时钟一样有条不紊地进行着。那么，他们如何能做到这样省心呢？他们有什么管理秘诀呢？没有别的秘诀，只有一条：他们善于把恰当的工作分配给最恰当的人。

金无足赤，人无完人；任何人有其长处，也必有其短处。人之长处固然值得发扬，而从人之短处中挖掘出长处，由善用人之长发展到善用人之短，这是用人艺术的精华所在。在用人问题上不能机械从事，要根据具体情况灵活使用人的长和短，要根据工作需要和所用人才的素质，取其之所长，避其之所短。

一个善于用人的管理者，能够根据队伍中每个人的才能和长处，把他们放在最能发挥其长处的岗位上，并着意为他们提供能够发挥才能的各种条件。

他还善于取长补短，把队伍中各种不同类型的专才或偏才组织成互补结构。任何人才，只有在集体中各显其长，互补其短，才能充分地发挥其作用。通常人才类型当中，有的高瞻远瞩、多谋善断、具有组织和领导才能，称为指挥人才；有的善解人意、忠诚积极、埋头苦干、任劳任怨，称为执行人才；有的公道正派、铁面无私、熟悉业务、联系群众，称为监督人才；还有的思想活跃、知识广博、综合分析力强、敢于坚持真理，称为参谋人才，等等。这些人，如果一个个孤立起来看，几乎都是"偏才"，但一经合理组合，各展所长，就成了"全才"。

由此可见，合理使用人才，可以使"劣马"变成"千里马"；反之，则可能使"千里马"变成"劣马"。高明的管理者不仅善于用人之长，而且能够容人之短；不仅能容人之短，而且能化短为长，使各类人才创业有机会，做事有舞台，发展有空间。

队伍能否高效运转，管理工作能否圆满完成，关键因素就在于人。管理者的首要任务，就是知人善任，用好人才，做到人尽其才，才尽其用。

事不必躬亲，权不必抱死

以前我们常称道"鞠躬尽瘁，死而后已"的敬业精神，很多企业的管理者就是这样，"天天两眼一睁，忙到熄灯"。但是，作为现代管理者更应把握的是全局，而非眉毛胡子一把抓，必须学会将手中的权力尽可能地下放，这样才能更好地提高管理的绩效。

管理者不是超人，精力都是有限的。一个人只有一双手，每天只有24小时，公司里的事情又是千头万绪，如果试图自己去做所有的事情，即使把自己累死也做不完。管理者不是完人，也有自己不擅长的领域，不熟悉的方面。正因为如此，所以要授权。管理者掌握有效授权的技巧非常重要。

那么，有效授权的技巧都有哪些呢？

首先，必须克服害怕授权心理。管理者往往害怕下属能力比自己强，

将来会夺自己的权,因而处处压抑下属的首创精神,导致"武大郎开店——不容大个儿"的格局,这也是西方著名行政管理定律——"帕金森定律"之一。所以,管理者首先必须克服害怕授权的心理。

第二,正确认识下属。正确授权很关键的一步是对下属的正确认识,管理者在授权之前必须对下属进行仔细的观察,通过西方人力资源管理中的"360度"考核方法,认识被授权者的能力,工作成熟度,所处的成长阶段等。

第三,明确权责,使权责一致。授权的前提是明确职责,这也是搞好授权反馈与控制的前提。若是职责不清,就会不断发生摩擦,相互"扯皮"或"掣肘",这是授权的大忌。明确权责既可以调动被授权者的工作积极性和创造性,又利于授权者对工作进行评价。另外,授权还须保证被授权者的权力与责任相一致,即有多大的权力就应担负多大的责任,做到权责统一。

第四,讲究方法。管理者在授权时必须因时、因事、因人、因地、因境、因条件不同,而确定授权的方法,权限大小、内容等。

第五,反馈与控制。为保证下属能及时完成任务,了解下属工作进展情况,管理者必须对被授权者的工作不断进行检查,掌握工作进展信息,或要求被授权者及时反馈工作进展情况,对偏离目标的行为要及时进行引导和纠正。同时,管理者必须及时进行调控,当被授权者由于主观不努力,没有很好地完成工作任务,必须给予纠正,并承担相应的责任;对不能胜任工作的下属要及时更换;对滥用职权,严重违法乱纪者,要及时收回权力,并予以严厉惩处,对由客观原因造成工作无法按时进行,必须进行适当协助。

是否懂得授权之道,是优秀干部与平庸干部的差别。现在已非单打独斗的年代,做为干部更应懂得如何有效授权,只有通过授权发挥团体的力量,群策群力,才能更好地实现企业的快速成长。

做一名优秀的教练

每一位经营大师,都有自己的管理哲学。投资大师沃伦·巴菲特喜欢简朴的处世之道,尽量规避复杂。他对那些内在逻辑合理的事物存有深深的敬意。他用很直白的语言表述自己的管理哲学:"自己怎样挥舞球棒并不重要，重要的是场上有人能将球棒挥动得恰到好处。"

他高度评价他的团队："伯克希尔的总裁们是管理艺术的天才，而且他们像经营自己的产业一样用心经营伯克希尔。我的工作是别挡着他们的路，别妨碍他们的工作，然后就等着去分配他们所挣回来的收入。这是一件很愉快的事。"

一个好的管理者应该是一个教练，而不是同场竞技的队员。企业的管理能力并不体现在策略上，而是体现在人的行为上。提高团队中每个人的行为能力的最有效方法是管理者自上而下的言传身教和现场指挥，不要害怕浪费你的时间与精力，扮演一名教练的角色来辅导你的下属，这是一种优秀的管理，是带团队的关键技能。

在哈佛曾担任过校橄榄球队经理的鲍尔默，是一个公认的超级体育迷，特别喜欢打篮球。在篮球场上，他打的是组织后卫。他认为，一个优秀的组织后卫控制着整个球队的节奏和方向。"有能力让每一个在你身边的人都发挥得更好。"

鲍尔默在激励员工、提高员工技能方面，一直以来都是身体力行的，他因此也被员工看成是微软的一颗"热情的心"。在召开公司会议的时候，他声若洪钟，经常迅速地来回走动，手使劲地挥舞着，或者在台上蹦来蹦去，谈到重点时还要重重地捶击桌面。

为了提高微软的团队精神，鲍尔默组成了一个十几人的领导小组，就像球队那样每月碰头，协调不同部门之间的战略，把自主权尽可能地下放到公司的各个阶层以保持活力。这是对企业管理者们的一个考验，尽快摆正自己的"教练"角色来管理，停止以前独裁的管理行为，人才需要培养。成为一名优秀的教练是走向成功管理的重要途径。

做一名教练，是一种有效的带领团队方式，能使下属洞察自我，发挥个人的潜能，有效地激发团队并发挥整体的力量，从而提升企业的生产力。

做一名教练，要求管理者必须以教练而不是竞争者的方式工作，去帮助而不是评判自己的同事。

做一名教练，就如同一面镜子，通过管理者的聆听和发问来反映下属的心态，从而判断下属的行为是否有效，并给予直接的回应，使下属从心

态上进行修缮，厘清目标，专注行动，最终创造更大的成功。同时，下属自身的素质和能力也能在此过程中得到提升。

训练出一支忠诚的队伍

以下七大秘诀可以帮助你建立具有敬业精神的忠诚员工队伍。

1. 设立高期望值

斗志激昂的员工爱迎接挑战。如果企业能不断提出高标准的目标，他们就会留下。设立高期望值能为那些富于挑战精神的人提供更多机会。留住人才的关键是，不断提高要求，为他们提供新的成功机会。

2. 经常交流

员工讨厌被管理人员蒙在鼓里。让他们掌握一些适合他们掌握的信息，让他们有充足的参与感。甚至可能因为他们的参与，帮助公司扭转危机。当然，这样的情况也可能导致一些人提前离职。但是，你愿意为了留住这些不顾公司只考虑自己的员工，而打击愿意与公司同甘共苦的员工的信心吗？

3. 授权、授权、再授权

管理中，"授权"是一个最响亮的口号，但是没有多少公司能真正做到授权。员工最喜欢授权赋能的公司。授权意味着不必由管理人员做每一项决策，而是可以让基层员工做出正确的决定，管理人员在当中只担当支持和指导的角色。领导者必须学会如何授权，授权给什么人，而且要防止因为授权造成的弊端。授权，不是毫无保留地放权。领导人必须掌握各种监督与稽核机制，使被授权者能放开手去做事，但是不至于失控。

4. 提供经济保障

员工不可能在公司里干一辈子，他们会退休，会离开公司。他们必须为自己安排退休所需的费用。企业虽然提供养老保险，但这并不足以打消他们的顾虑。因此，以其他的补充商业保险来奖励优秀的员工，甚至开放公司的一部分股份给员工，都可以使员工感觉与公司息息相关，也就愿意为公司多付出心力。

5. 多表彰员工

不能给员工提供工作保障，至少该满足他们希望得到赞赏的心理。你能向员工做的最有力的承诺之一就是，在他们工作出色之际给予肯定。薪资只能维持员工的生活，买不来员工的忠诚。成就奖励是满足个人需要的一个重要组成部分，能鼓励员工热情工作。奖励同时需要能公开对全体人员宣布，以扩展奖励的影响层面。

6. 辅导员工发展个人事业

稀里糊涂的晋升和部门调动会使人迷失方向。因此，员工需要一张地图指点迷津，免得今年做市场经理，明年是研究主任。基本上，员工更愿意为那些能给他们指导的公司出力。留住人才的上策是，尽力在公司里扶植他们。在员工业绩评估和日常谈话中询问员工，他们心中有什么职业发展目标，然后帮他们制订计划以达到目标。公司必须提供明确的晋升途径，使员工能明确他在这个公司里能有什么样的晋升机会，能够在企业中发展自己的事业。

7. 教育员工

学习绝非耗费光阴，而是一种切实需求。大多数员工都明白，要在这个经济社会里生存下去，就必须提升自己的技能。如果员工要考更高学位，而这些学位又与业务有关，员工也能考到好成绩，公司可以考虑全额资助。许多信息公司如惠普等，对员工的培训不遗余力，鼓励员工提升自己。

魔鬼训练营——靠影响力树立权威

一个有影响力的管理者身上具有哪些特征？美国领导力专家约翰·麦克斯韦尔在《成为有影响力的人》一书中作了如下回答：

1. 待人诚实正直：麦克斯韦尔认为，诚实正直的品格本质上讲是内在的东西，并不是由外界环境所决定的。如果人们发现领袖缺乏坦率、诚实、正直的品格，这位领袖只能面对失败的结局。

2. 了解他人：有影响力的人会了解他人。麦克斯韦尔认为，一个人所能拥有的最大资产之一，就是了解他人的能力。实际上，在日常工作中，每个人都渴望得到别人的了解，得到别人的尊重，得到别人的关注。

3. 聆听他人：麦克斯韦尔指出，不会聆听他人讲话的人不可能有影响他人的能力。作家尼尔说："当你成为那位重要的聆听者时，你就帮助了他，

而你也向成为他生命中有影响力的人迈出了重要的一步"。

4. 培育他人：麦克斯韦尔认为，要对周围人施加影响，就必须用心培育他们。培育他人的领导者通常为别人着想，让别人从正面获得自我价值的提升，增加他们的归属感，使他们对前景充满希望。

5. 拓展他人：麦克斯韦尔认为，一旦你成为周围人心中诚实正直的榜样，并能成功地激励他们，你将会成为他们生命中有影响力的人物。拓展者能够为员工展示远景，激发他们的工作热情，提升他们的品格素质，关注他们的优点和优势，让下属在实践中不断提升自己并最终成为自我拓展者。

有不少有实力的管理者之所以没能成就大事，是因为他们虽有影响力，却没能在人群之中树立权威。别人可能会听你的，可是没有接受你差遣的义务。这时，你可能会产生疑问，自己究竟是管理者还是部属。这是工作生涯中的一个尴尬时期，你应当学会如何面对。可是总有一些人无法从容地面对这种困境，处理不好，错失发展良机。

罗迈在纽约一家小型投资公司任职。他年轻有为，富有才干。这家公司是个合伙企业，一位资深合伙人掌握大权。其他12位合伙人虽然精明活跃，却受制于这位资深前辈。罗迈不久就发现，虽然这位前辈表面的职位与其他合伙人相当，但聪明才智却比他们高出一等。

这位前辈也认为罗迈的构想比别人来得胆大，关系也比别人处理得好，因此业绩也比别人好。所以，这位前辈就极力提拔他。这位前辈向有关人士大力举荐罗迈，并让他当上了一家著名博物馆的信托人，而且在合伙人的会议上，这位前辈也总听他的意见。罗迈还不明白，实际上自己已被视为同辈中坐第一把交椅的人。由于身份不明，罗迈十分苦恼。处在领导位置上却没有实际的名分，他希望能够让大家认可自己的实际地位。

罗迈最终向那位前辈摊牌了，希望他召集所有的人宣布"他是老大"。但是资深前辈却有自己的顾虑，怕如此一来会引起其他人的反对，因此并没有同意这么做。罗迈不能容忍有实力却无权威的现实，最终选择了离开这家公司。

位高但无权，有能力却无影响力，这恐怕是很多管理者常常苦恼的一个问题。实际上，一个管理者要想获得实际的权威，是有章可循的。以下的几点建议可以帮你利用影响力树立你的名分和权威：

1.学会察颜观色。因为你的影响力难以测量，领导也许会明显地表现出对你不信任，你必须运用你的眼光和头脑判断自己在别人心中的位置。

2.保持清醒。旁人晕头转向时，你若能保持清醒，就会拥有更大的权威。

3.主动提案，大胆尝试。不要消极等待，要主动出击，能率先提出或否定某种观念的人会在这方面有更大的权威。

4.不吝赞美。在合适的场合、合适的时候称赞他人，能振奋士气，赢得他人好感。

5.善于掌握分寸，在影响力和工作权威之间取得恰当的平衡。

6.要循序渐进，不可操之过急。增进自己权威的过程可能是很缓慢的，不可能一蹴而就，必须沉得住气，注意把握分寸。

7.当机立断。有成就的人不一定是才智过人的人，但他们更了解自己的影响力，并且会充分地加以利用。

Part14

销售能力训练

迈向销售冠军之路

业务素质与能力训练

先把自己推销出去

著名的推销员乔·吉拉德是以推销汽车为职业的，他认为，推销的要点不是推销商品，而是推销自己。

当推销员与顾客打交道时，你要记住，你首先是个人，之后才是推销员。一个人的优劣会让其他人产生不同的感情，所以推销员的个人品质，也会使顾客产生好恶等不同的心理反应，从而显著地影响着交易的成败。

著名的"改革闯将"苏州电扇总厂销售部经理潘仁林总结出的一条销售准则是"推销产品，更是在推销你的人品。优秀的产品只有在具备优秀人品的推销员手中，才能赢得长远的市场"。

因此，你在做业务的时候，首先是要推销你自己，是要表明你的优良人品。你在向顾客推销商品的时候，也在推销你的人品。

向顾客推销你的人品，就是推销员要按照社会的道德规范和价值观念行事，要表现出良好品德：热情、勤奋、自信、毅力、同情心、善意、谦虚、自尊、诚意、乐于助人、尊老爱幼……

向顾客推销你的人品，最主要的是向顾客推销你的诚实品质，获得他的信任。记住你的任务是说服推销而不是欺骗推销。因此，你工作的第一原则就是诚实，要做到童叟无欺。无论你的语言多么精彩，看起来你是多么有风度，都不如诚实能够博得顾客的好感。顾客都希望自己的购买决策是正确的，从交易中得到好处，害怕蒙受损失。一旦你的顾客觉察到你在说谎或者夸大其辞，故弄玄虚，出于对自己利益的保护，就会对交易活动产生戒心，而结果多半是他主动中止那笔生意。

先做信誉，后卖产品

美国营销专家 L·赫克金的一句名言："要当一名好的推销员，首先要做一个好人。"这就是赫克金所强调的营销中必须要讲诚信。同时，另一组数据证明了这个观点：

美国的一项推销员的调查表明，优秀推销员的业绩是普通推销员业绩的 300 倍的真正原因与长相无关，也与年龄大小无关，和性格是否内向外向也无关。所以，得出的结论是，真正高超的销售技巧是如何做人，如何做一个诚信之人。

"小企业做事，大企业做人。"讲的也是同样一个道理，要想真正地使大部分客户接受你，做个诚信之人，做个守信之人才是成功的根本。

在推销当中，守信乃推销之生命，如果失去了信用，也许一笔大买卖就会泡汤。

信用有小信用和大信用，大信用固然重要，却是由许多小信用累积而成。有时候，守了一辈子信用，只因失去一个小信用而使唾手可得的生意泡汤，好比柱子被白蚁蛀坏而使整个房子倒塌一样。推销高手们是最讲信用的，有一说一、实事求是、言必行、行必果，对顾客以信用为先，以品行为本，使顾客信赖，使用户放心地同你做交易。

诚实守信，以诚相待，是所有推销学上最有效、最高明、最实际也是最长久的方法。林肯说：一个人可能在所有的时间欺骗某些人，也可能在某些时间欺骗所有的人，但不可能在所有的时间欺骗所有的人。对于推销员来说道理也同样如此。在一个信息传播日益迅速的市场环境下，推销员的小手段、小聪明是很容易被看破的，即便偶尔取得成功，这种成功也是相当短暂的。对于推销员来说要想赢得客户，诚信才是永久的、实在的办法。

市场经济发展了200多年，在西方国家涌现出不少优秀的推销员，他们是推销界的英雄。审视他们的成功因素，会发现有很多不同，有的性格乖张，有的性格开放；有的靠强大的社会活动圈，有的靠名人的推荐，等等。但是，在他们的推销素质中，我们不难发现一个很简单的事实，他们都是讲求诚信的人。他们通过诚实获得了人们的信任和信赖。

一个推销员开始他的推销生涯的最基本素质就是诚信。如果一个推销员成天想着如何欺骗他的客户或者如何欺骗他所服务的企业，他怎么可能赢得客户和企业的信任，怎么可能赢得良好的口碑宣传。而对于一个推销员来说，如果没有良好的口碑宣传，就很难在自己服务的领域中有很好的建树。

成交固然重要，它是推销员进行推销活动的直接目的，但并不是唯一的目的。推销员进行推销活动的基本目的在于建立个人的诚信体系，以此来获得更多的经济效益。

对于推销员来说，最核心的一句话就是：先做信誉，后卖产品。一个推销员开始他的推销生涯的最基本素质就是诚信。首先是对产品的诚信，其次是对企业的诚信，最后是对客户的诚信。

推销，就是推销你的态度

生活中，往往越是不成功的人，他的态度越是傲慢。这可能和他的心理素质有关，因为他觉得，他的傲慢能够引起别人的重视，这是自卑心理的影响。有很多推销员也是这样，怕被人瞧不起，就时常流露出傲慢的姿态，殊不知，这样很容易引起顾客的反感。

下面这个例子，便是很多没经验的推销员的身影。

有一位推销员是某公司总经理的朋友，这位总经理承诺一定会买他的产品，但是最好能遵照公司的程序来做，先拜访公司的采购部经理。

于是那位推销员信心十足地走进了采购部经理的办公室。正如所有的采购部经理一样，他问了许多问题并对一些事情提出质疑。在某一次的质疑中，那位推销员感到非常恼火。于是，他整个人变了个脸，毫不客气地质问起那位采购部经理，对他说："请你听好，我已经见过你们的总经理了，他想要这种产品，你为什么不同意？为什么不直接下订单呢？"

采购部经理气愤地说："推销员先生，请你不要告诉我该做什么事。我好歹还是这个部门的经理呢！我们公司是由众人决策的，因此我必须做好我分内的工作。如果你能体谅这一点，请照着规定公事公办吧！"那个推销员度过了难受的一天，临走时他答应那位采购部经理隔天就送一份打好的订单给他。

一星期之后，采购部经理打电话给那位推销员，请他把订单送到公司去。那位推销员欣然前往，但当他一进办公室见到那位采购部经理时，竟然又给了那位经理当头一棒。他说："你看吧？我告诉过你的。"那位销售员的一字一句中透出了傲慢与轻蔑。

很明显，那位没经验的推销员对于这桩买卖感到洋洋得意、沾沾自喜。但是，就在产品送到该公司的几天之后，他收到了他那位总经理朋友的一封信。那位总经理朋友在信中表达了对那位推销员处理这桩生意的态度极为不满，从此拒绝再与那位推销员做生意。

这个故事告诉我们，作为推销员，即使一笔生意从开始你就胜券在握，也要与客户在和和气气的气氛下按部就班地谈生意，否则你将因小失大。

即使你和客户在商谈中有意见分歧，你也仍要表现出友善的态度，因为这会使你免去许多不必要的麻烦。学习如何去衡量事物的轻重和各种情况，是销售人员的一堂必修课。

销售能力与素质的训练

销售员的业务能力或业务素质，可以归纳如下：

必须有能力去接近一位未来的客户，引起他的注意并保持他的注意，否则是无法销售成功的。因为接近未来客户的机会是很少的。

必须有能力将其样品或其所拟讲解的内容技巧地呈现出来，很显然的，除非他能使客户对其事物发生兴趣，否则是无法使客户接受他的建议的。

必须有能力去激发客户对自己的信任感，要达到这个目的，一个重要的因素就是对于所销售的物品及其对客户所能产生的利益要有充分的了解。

必须有能力去激起客户对其所销售的物品产生一种占有欲。销售人员

可以用示范等方式，告诉客户这种物品可以对客户起到什么作用，以及这些作用对客户的重要性。这样才能达到销售的目的。推销员用来达到这个目的的方法当然很多，例如，介绍其他客户对这种物品的评价等等，只要能够成功，什么方法都可采用。

必须能够把握客户对其物品占有的愿望已成熟到何种程度，这样才能进一步促进客户的满意度，使之成为一笔真正的买卖。

此外，销售人员良好的体态、仪表、服饰等等，也都是销售人员必须具备的基本素质。

当然，销售人员所应具备的特殊能力和素质不是与生俱来的，也不是只有少数杰出人物才能具备的，正如游泳或打乒乓球一样，它的技术是通过训练和自我修养形成的。有些人可能比另一些人学得快些，但是任何人只要愿意尝试，都会获得成功。

一分钟打开客户钱袋子

取得客户的好感

获得客户的好感，就是自己得到了客户的认可、接受，就是向自我销售取得了进一步的成功。

那么，在产品销售中如何获得客户的好感呢？

奥地利心理学家亚佛亚德在《人生对你的意义》一书中说："对别人不感兴趣的人，他一生中的困难最多，对别人的伤害也最大。所有人类的失败，都出自于这种人。"

要做一个为客户所喜欢的销售人员，首先得真诚地喜欢你的客户。风靡世界的魔术大师华·哲斯顿从未上过一天学，从小靠从铁路旁的标牌上学会识字，但他前后四十年在世界各地为 6000 万名观众演出，获得空前成功，被公认为魔术师中的魔术师。而华·哲斯顿在谈到他的成功秘诀时说：他懂得的魔术手法跟其他同行一样多，并无特别之处，但他有两样东西是别人所没有的。一是他能在舞台上把自己的个性展示出来；二是他了解人类的共性：喜欢别人对自己感兴趣。他说："许多魔术师会看着观众对自己说：'瞧，台下一群傻子，略施小技就可以把他们骗得晕头转向。'而我上台前总是对自己这么说：'我很感激，这么多人来看我的表演，是他们给我提供了一种我所喜欢的生活。我要用最大的热情和最高明的手法来满足他们的期望。'"从华·哲斯顿身上，可以看到对你的服务对象感兴趣的重要性。

在产品销售过程中，如何对你的客户真诚地感兴趣？

一是无论她（他）是什么人，你都必须真心地尊重她，让她（他）体验到你的真心。

二是对他们的职业感兴趣，并学会恰到好处地称赞。

三是记住客户的生日，并在他生日的时候进行祝贺，虽然这可能仅是一张名信片，但效果却十分惊人。在他的心目中，你可能是世界上唯一记得他生日的朋友。

四是发现对方的兴趣点，并注意满足它。早在 2000 年前，著名古罗马诗人西拉斯就已说过："你对别人感兴趣，是在别人对你感兴趣的时候。"所以，你要销售自己，首先就要对你的客户真诚地感兴趣。

以柔克刚，软磨硬泡

在激烈竞争的销售业界，大多数竞争者的产品品质只是大同小异，在这种情况下要想战胜对方，必须先战胜对方的销售策略。所谓胜者，就是比对手更能争取客户的依赖而已。

一个新客户本身或许有其传统的供货厂商，在这种情况下，要取得这家客户的订货，不是要把其传统的供货厂家挤掉，就是要在对方仍然存在的情况下硬着头皮挤进来，但是，这是极困难的。然而遇到困难就应该死心而打退堂鼓了吗？——绝不！棒球比赛虽然比数悬殊，但也有可能起死回生、反败为胜。销售人员也一样，即使被拒绝，走出大门后也有被叫回来的可能。

正题谈不下去时，不妨闲聊一番，如果聊到双方都眉开眼笑（要知道，这时很可能会谈的时间已经超过一个小时了，耐性虽然重要，但也不要等

得太久，以免对方反感）时，你的希望就来了。

当对方提出"能不能便宜一点"时，即马上进入价格的攻防。如果对方还不表态，则可问对方："怎么样，能不能再考虑一下。"对方的态度暧昧或回答得含糊其辞时则可以直接了当地对他说："我是诚心诚意向你请教，请务必再认真考虑一下。"这种话最能引起对方的回应，不过措辞要非常慎重。

说了这么多，就是因为每一位从事销售工作的人都应当意识到销售工作最大的困难是要面对太多的拒绝，这种时候不要消极逃避，而是应当积极应对以寻求最好的处理办法。

最好的处理方法是，销售人员首先要意识到这是最精彩的部分，销售人员能力优秀与否就体现在这里，敏锐的观察，大胆的应对，你会获得意想不到的结果。

击中客户的软肋

没有需求的地方，就没有购买的行为。

把握客户思维的有效途径，离不开言语。而言语是讲究技巧的。有的人话不出三句，便把对方得罪了，本来是好心，可对方却忌恨他。

反之，有的人同样用三句话，可以完全地表达自己的意愿，缩短双方之间的距离，使关系逐渐融洽，从而成功地把握对方，达到最后的目的。把握客户的实质是用言语的能动作用，准确击中客户的软肋，让他很高兴地接受你的建议。

一对老夫妇来看一所房子，当业务员把客户领到房间里后，客户看到房间里的地板已经很破旧并变得凹凸不平，但当他们走到阳台上看到院子里有一棵茂盛的樱桃树时，两位老人立刻变得很愉快。

老妇人对业务员说："你这房子太破旧了，你看地板都坏了。"

业务员看到了他们对樱桃树的喜爱，就对客户说："这些我们都可以给你们换成新的，最重要的是院里的这棵樱桃树，一定会使你们的生活更加安详舒适。"说着业务员把老人的目光引到屋外的樱桃树，老人一看到樱桃树马上变得高兴起来。

当他们走到厨房时，两位老人看到厨房的设备很多已经生锈。还没等客户抱怨，业务员就对他们说："这也没有关系，我们会全部换成新的，同时，最重要的是院里的这棵樱桃树，会让你们喜欢这里的。"当业务员提到樱桃树时，客户的眼睛立刻闪出愉悦的光芒。"樱桃树"就是客户买下这所房子的"关键点"。

在这个小故事中，业务员通过观察客户的表情变化，敏锐地发觉在客户的潜意识中对樱桃树的喜爱。他抓住这一点，因势利导，对客户进行种种暗示，给了客户一个购买的理由。没有需求的地方，就没有购买的行为。这个业务员能够及时发现、唤起甚至创造客户内心对于产品的需要，恰到好处地对其进行说服，结果取得了成功。

抛小饵，钓大鱼

中国古语云："欲将取之，必先予之。"这是中国古代兵法中常用的招数，而日本人在现代经商谋略中将这一原则演绎得淋漓尽致。取与予，相反相成，前者是目的，后者是手段。只想得到，不愿给予，这是一厢情愿，做生意也不会赚钱。若要自己受惠，先要施惠于人。有甜头，客户才愿意停留下来慢慢嚼。

一位初涉商海的生意人在市场上考察了很久，最终选定做销售玻璃鱼缸生意先练练手。他认为，现在许多人都喜欢养金鱼，闲暇时修身养性，做鱼缸生意，也许能让自己掘得经商的"第一桶金"。于是，商人从厂家批了1000只鱼缸，运到离家不远的县城去卖。

几天过去了，他的鱼缸才卖掉几个，守着一大堆做工精细、造型精巧的鱼缸，商人开始琢磨使鱼缸畅销的点子。整整一天，他的思维就像长了翅膀一样，在脑海里飞来飞去，捕捉能给他带来财运的商机。

一夜之间，商人的思维终于在一条妙计上定格。第二天，他去花鸟市场找到一家卖金鱼的摊位，以较低的价格把500条金鱼全部买下，然后，他让卖金鱼的老人帮他把金鱼运到城郊的一处大水塘里，将500条金鱼全倾倒进清澈见底的水里。老人很是吃惊，认为他在胡闹，并且还怕他不给钱。见老人心存疑虑，商人立即从身上掏出钱一分不少地付给了他。

时间不长，一条消息传遍了水塘周围居住的城郊居民，水塘里发现了大批活泼漂亮的小金鱼。人们争先恐后地涌到水塘边打捞金鱼，捕捉到小金鱼的人，兴高采烈地跑到不远处卖鱼缸的摊位前，选购鱼缸后高兴地捧着小金鱼回了家。一些未捕到金鱼的人，唯恐鱼缸卖完后买不到，他们不管商人把售价抬了又抬，纷纷涌到商人的摊位前抢购鱼缸。仅半天时间，商人的鱼缸就销售一空。

数着到手的钞票，商人窃喜：1000只鱼缸，让他赚了2000多元。高兴之余商人想，如果不给客户一些甜头，买下那些金鱼放在水塘里，自己能赚到这么多钱吗？

先予人以利，尔后自己得利，以及兼顾同行之间的利益，这是先付出后得回报的一种智慧。人世间的事情，有了付出就有回报。付出越多得到的回报越大，不愿付出，只想别人给予自己，那么"得到"的源泉终将枯竭。

多方面发动推销攻势

有些时候会谈在友好的气氛中进行，销售人员苦口婆心地介绍了产品，同时也报了价，但对方就是没有买的念头。在这种情况下，不懂销售的人会迫不及待把价格降到最低限度，并说："请买一点吧？"但是对方往往是摇一摇头回答说"No"，销售人员一听这话就立刻显得垂头丧气，会谈也就不欢而散。

然而，对方之所以不买，可能与原来的供货厂家关系密切，不想抛弃原厂商另找别的公司。虽说原因可能很多，但上述原因最为常见。

在这种情况下，不妨转换一下话题，从正式谈话转为闲聊，并以对方感兴趣的一些话题作为开场白，使对方对你公司及产品抱有好感。也就是说，正面进攻不成就改为侧面进攻。

有的销售人员一下子就把所有的资料都拿出来："所有的资料应有尽有，我都带来了，请看吧。"这种办法其实并不正确，客户势必无法细看，只有敷衍了事看一遍，没有什么效果。正确的做法应该是仅拿出一些重要资料即可，一边耐心地说明，一边让对方看，这样才能奏效。

攻心为上，俘获客户

一位学者访问香港时，香港中文大学的一位教授请他到酒店用餐。落座不久，菜和酒就送上来了。

学者惊奇地发现送上来的这瓶装饰精美的洋酒已开封过并且只有半瓶，就问教授，教授笑而不答，只示意他看瓶颈上吊着的一张十分讲究的小卡片，上书：教授惠存。教授见学者仍不解，遂起身拉他来到酒店入口处的精巧的玻璃橱窗前，只见里面陈列着各式的高级名酒，有大半瓶的，也有小半瓶的，瓶颈上挂着标有顾客姓名的小卡片。

"这里保管的都是顾客上次喝剩的酒。"教授解释道。

酒店怎么还替顾客保管剩酒？

回到座位上，教授道出了"保管剩酒"的奥秘。原来这是香港酒店业新近推出的一个服务项目，它一面世就受到广大酒店经营者的青睐，各大酒店纷纷推出这项新业务。它的成功是有很多原因的。

它有助于不断开拓经营业务。酒店为顾客保管剩酒后，这些顾客再用餐时，就多半会选择存有剩酒的酒店，而顾客喝完了剩酒之后，又会要新酒，于是又可能有剩酒需酒店代为保管，下次用餐就又会优先选择该店……如此循环往复，不断开拓酒店的生意，吸引顾客成为酒店的固定客户。

有助于激发顾客的高级消费欲望。试想，稍有身份的顾客，肯定不愿让写有自己名字的卡片吊在价廉质次的酒瓶上，曝光于众目睽睽之下。于是，顾客挑选的酒越来越高级，有效地刺激了顾客的消费水平。

有助于提高酒店声誉。试问，连顾客喝剩的酒都精心保管的酒店，服务水平会低吗？经营作风难道还不诚实可靠吗？

保存剩酒使顾客感受到宾至如归的亲切感，顾客光顾酒店的次数自然越来越多。

抓住人性，招揽顾客的销售方式数不胜数，各有其妙。有奖销售、附赠礼品、发送赠券、优惠券等，都是引诱推销法的具体运用，唯一不变的是以"利"、以"情"吸引顾客成为其忠实客户。

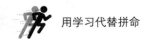

把每一次拒绝变成交易

顾客为什么说"不"

销售人员在销售产品或服务时，常常遇到客户的拒绝。销售人员怎样才能理解客户背后所隐藏的动机，以便有效应对拒绝，取得销售的成功呢？

在销售过程中，令销售人员最为烦恼但又是最常遇到的现象，莫过于遇到客户的拒绝：尽管你信心十足地去接近客户，满腔热情地开展销售介绍，不厌其烦地展示产品的功能，但最终客户仍然没有采取购买行动。对于一个销售新手来说，可能随着不断被拒绝所造成的心理压力，而退出销售行业。有经验的推销员视拒绝为正常现象，不因遭到拒绝而停止销售，而是把拒绝看成是一种信号，从客户的拒绝中分析其本意，善于改变对方的观点，把客户冷漠的抗拒变为对产品或服务的关心，最后促成客户决定掏钱购买。

一个优秀的销售人员不仅要正视拒绝，而且要学会认识拒绝和处理拒绝，将客户的"不"变"是"。

1. 防卫型说"不"

日本销售专家二见道夫，曾对 376 名销售人员进行过调查，调查的问题是"在进行销售访问时，你是如何被拒绝的？"根据调查的结果，可以得出以下结论。

客户没有明确的拒绝理由，共有 70.9%，这说明有 7 成的客户只是想随便找个借口把销售人员打发走。这种拒绝的实质是拒绝"销售"这一行为本身，我们把其称为防卫型拒绝。

回答的内容、人数、比例为无理由，条件反射式拒绝，占 47.2%；没有明显理由，随便找个借口拒绝占 16.9%；以忙为理由拒绝占 6.8%；有明显的拒绝理由，18.7%；其他 10.4%。

行为科学的理论告诉我们：人类行为的外在表现往往是内在心理活动的结果。按照心理学家的观点，人的原始欲望是"追求快乐"，主要表现为不愿受他人的约束，而按照自己的意愿行事，对外界的强制反其道而行。"追求快乐"的心理只有经过接受教育和人生经验的积累后，才会受到限制。对于一个不速之客的销售人员的到来，客户本能的反应是：保护自己，不受他人意志的支配，拒绝销售。这种拒绝常常是不真实的，只要销售人员耐心地对客户进行说服教育，使其克服心理上的障碍，销售活动就会顺利进行下去。成功的销售正是从克服这种拒绝开始的。

2. 不信任型说"不"

不信任型拒绝不是拒绝销售行为的本身，而是拒绝销售行为的主体——销售人员。人们通常认为，销售的成败取决于产品的优劣程度。这虽然有一定的道理，但不能一概而论。有时往往是同样好的产品，在不同的销售人员身上的销售业绩却大不相同，原因何在？大量的证据表明，在其他因素相同的情况下，客户更愿意从自己所信任的销售人员那儿购买。因此，要想成为一个成功的销售人员，必须在获得客户的尊重和信任方面多动脑筋，多下功夫。

3. 无需求型说"不"

客户不购买的一个重要原因可能是他们并不真正需要所销售的产品，这种拒绝的实质是对产品拒绝，而不是对销售人员本人的拒绝。当然，所谓"不需要"的真实性值得分析，因为有时很难让客户告诉你他需要什么，他们自己可能也是一头雾水。销售人员要凭借敏锐的观察力，或通过提出一些问题让客户回答，来了解客户的需求所在，以便设法满足他的需求。

4. 无帮助型说"不"

在客户尚未认识到商品的方便和好处之前，销售人员如果试图去达成交易，得到的回答可能是"不"。在许多场合下，客户是由于没有足够的根据说"是"才说"不"的。因为客户不愿随随便便地贸然购买而被人看作是傻瓜，最初"不"的含义是对我多讲一些，多提供些有价值的信息，好让我有充分的理由放心购买。在这种情况下，客户缺少的不是苦口婆心的劝说，而是诚心实意的帮助。销售人员应该向客户伸出援助之手，帮助客户认识到产品的价值，发现最大利益，从而下决心去购买。

5. 不急需型说"不"

这是客户利用拖延购买的方式进行的一种拒绝。一般而言，当客户提出推迟购买时间，表明他有一定的购买意愿，但这种意愿尚未达到促使他

立即采取购买行动的程度。客户常常想："我非得要今天买吗？下月再买不是一样的吗？"对付这种拒绝的最好办法是让客户意识到立即购买带来的利益和延误购买将会造成的损失。

对症下药，应对拒绝

应付客户的拒绝，除应掌握一些事前的预防策略外，还应具备一些事后处理的技术方法。

1. 冷处理法

销售人员不需要对客户的任何拒绝都去深究，因为很多拒绝可能仅仅是借口，未必就是真正的反对意见。借口有时会随着业务洽谈的进行而自行消失。如果对这些借口进行反驳，反而使客户感到他有义务为自己的借口辩护，这样一来，借口可能越来越大，变成真正的反对意见。如果你轻描淡写，借口可能会变得软弱无力了。

销售人员应善于区别客户的异议和托词。一般而言，异议是客户在参与销售活动的过程中有针对性地提出的反对意见，而托词是与销售洽谈沾不上边的借口。对于托词，要么不去理睬，要么就是试图找出它们背后所隐藏的真正动机，弄清原始的购买阻力是什么，以便对症下药。

2. 转化法

客户的拒绝既是给达成交易形成障碍，同时也给达成交易带来机会。通常情况下，销售人员把客户不买的理由转化成应该购买的理由的可能性是存在的。例如，客户的反对意见是"我们家人口少，确实不需要那么大的冰箱"。而销售人员笑眯眯地答道："很高兴您提出这个问题。正是由于您家人口少，购买大一点的冰箱才更有必要，人口少的家庭逢年过节常常有许多吃不完的食品，与其让食物白白浪费掉，还不如买台大点的冰箱，虽然一次性花钱多些，但和减少的浪费相比，实在是划算的。"销售人员巧妙地应用转化法的说服方式，将不买的理由转化成应该买的理由，既没有回避客户的拒绝，又没有直接正面去反驳，因而有利于形成洽谈气氛，较容易说服客户，做成生意。

3. 补偿法

任何一种产品不可能在价格、质量、功能等诸因素方面，都比其他的竞争产品有绝对的优势。客户对产品提出的反对意见，有时有正确的一面，如果销售人员一味去强调自己产品的优越性，容易引起客户的反感。如果销售人员能用让客户满足的因素予以强调，以此来削弱引起客户不满因素的影响，往往能消除客户的异议。

4. 证据法

人们对事情的看法，首先是最相信自己的判断，其次是尊重同一社会群体内他人的看法，而最不轻易相信的是销售人员。客户总是倾向于认为销售人员是"王婆卖瓜，自卖自夸"。

因此，对客户的反对意见，运用强有力的证据比运用空洞的说服更为有效。权威机关对产品提供的证明文件，其他客户使用后写来的感谢信，不同品牌之间的比较材料，如优质奖状、名牌产品等，都是说服目前客户的有力证据。充分运用这些证据会让客户感到你是可以依赖的，销售人员也才能掌握商谈的主动权，使洽谈按自己的意图进行下去。

5. 自问自答法

销售过程中客户的反对意见常常是不可避免的，高明的销售人员凭借经验预见到什么时候会出现什么样的反对意见。对于即将出现的反对意见，如果是由销售人员提出，而不是由客户提出，情况大不一样。第一，客户认识到你没有隐瞒产品的缺点，让他感到你诚实可信。第二，客户会认为你非常了解他，他想说而未说的话由你说出来了，于是觉得没有必要再提出反对意见了。第三，反对意见由销售人员主动提出，避免了因有不同意见，与客户发生争论，同时，反对意见被有计划地纳入销售洽谈中顺利自然地处理掉。由此可见，准确地预见可能出现的反对意见，能使销售过程变成积极进攻式而不是消极防御式。

总之，争取采用以上所讲的办法，灵活运用，应对好客户的拒绝，当他接受了你和你的产品与服务之后，接下来就容易多了。

捕捉成交信号，及时促成交易

所谓成交信号，是指客户在销售面谈过程中所表现出来的各种意向。

成交信号的表现形式十分复杂，客户有意无意中流露出来的种种言行都可能是明显的成交信号。成交是一种明示行为，而成交信号则是一种暗示行为，实际销售工作中，客户往往不首先提出成交，更不愿主动明确地揭示成交。为了保证自己所提出的交易条件，或者为了杀价，即便心里很想成交也不说出口，似乎先提出成交者一定会吃亏。正如一对有心相恋的情人，谁也不愿先说出内心的真情，似乎这样就会降低自己的身价，客户的这种心理状态是成交的障碍。但好在"爱"是藏不住的，客户的成交意向总会通过各种方面表现出来，销售人员必须善于观察客户的言行，捕捉各种成交信号，及时促成交易。成交信号取决于一定的销售环境和销售气氛，还取决于客户的购买动机和个人特性。

下面我们列举一些比较典型的实例，并且加以分析和说明：

直接邮寄广告得到反馈。在寻找客户的过程中，销售人员可以分期分批寄出一些销售广告。这些邮寄广告得到迅速的反应，表明客户有购买意向，是一种明显的成交信号。

客户经常接受销售人员的约见。在绝大多数情况下，客户往往不愿意重复接见同一位成交无望的销售人员，如果客户乐于经常接受推销员的约见，这就暗示着这位客户有购买意向，销售人员应该利用有利时机，及时促成交易。

客户的接待态度逐渐转好。在实际销售工作中，有些客户态度冷淡或拒绝接见销售人员，即使勉强接受约见，也是不冷不热，企图让销售人员自讨没趣。销售人员应该我行我素，自强不息。一旦客户的接待态度渐渐转好，这就表明客户开始注意你的货品，并且产生了一定的兴趣，暗示着客户有成交意向，这一转变就是一种明显的成交信号。

在面谈过程中，客户主动提出更换面谈场所。在一般情况下，客户不会更换面谈场所，有时在正式面谈过程中，客户会主动提出更换面谈场所，例如由会客室换进办公室，或者由大办公室换进小办公室，等等。这一更换也是一种暗示，一种有利的成交信号。

在面谈期间，客户拒绝接见其他公司的销售人员或其他有关人员。这表明客户非常重视这次会谈，不愿被别人打扰，销售人员应该充分利用这一时机。

在面谈过程中，接见人主动向销售人员介绍该公司负责采购的人员及其他有关人员。在销售过程中，销售人员总是首先接近具有购买决策权的人员及其他有关要人。而这些要人并不负责具体的购买事宜，也很少直接参与有关具体购买条件的商谈。一旦接见人主动向销售人员介绍有关采购人员或其他人员，则表明决策人已经作出初步的购买决策，具体事项留待有关业务人员进一步商谈，这是一种明显的成交信号。

客户提出各种问题要求销售人员回答。这表明客户对销售人员有兴趣，是有利的成交信号。

客户提出各种购买异议。客户异议是针对销售人员及其销售建议和销售品而提出的不同意见。客户异议既是成交的障碍，也是成交的信号。

客户要求销售人员展示销售品。这表明客户有购买意向，销售人员应该抓住有利时机，努力促成交易。

其他成交信号。在实际销售工作中，客户可能通过各种各样的方式来表示成交意向。除了上面所列举的几种成交信号之外，还有其他种种成交信号，例如，客户比较各项交易条件；客户认真阅读销售资料；客户索取产品样本或估价单；客户接受电话交谈；客户有意杀价；客户提出交货日期；客户担心会增加修理费用；客户接受邀请参加展示会或产品新闻发布会；客户托办有关个人方面的事务；客户无意中对同业人员或其他友人泄露购买销售品的意思，等等。销售人员应该善于分析销售情景和销售气氛，捕捉各种有利的成交信号，促成交易。

灵活机动，随时促成交易

一个完整的销售过程，要经历寻找客户、审查客户、选择客户、约见客户、接近客户、面谈、处理异议、签约成交等不同阶段。但是，这些不同的阶段是相互联系、相互影响和相互转化的。换句话说，在整个销售过程的每个阶段里，随时都可能达成交易。销售人员必须机动灵活，随时能发现成交信号，随时准备成交。正如捕捉成交信号一样，选择适当的成交时机也要求销售人员具备一定的成交经验和判断能力。

一旦成交时机成熟，销售人员就应该立即促成交易，也许成交机会就只有这么一次，一旦错过，再也达不成交易了。有些销售人员善于接近客户，也善于说服客户，只是不善于抓住有利的成交时机，往往会坐失良机，功亏一篑。也有些销售人员胸有成竹，自以为胜券在握，故意放过成交信号，结果大意失荆州，悔之不及。其实，客户的心境和情绪总是在不断变化，此时此地想买，彼时彼地就不想买了。同样，成交的机会也是复杂多变的，机不可失，失不再来。销售人员要善于利用各种成交机会，当机立断，达成交易。

魔鬼训练营——好习惯，好业绩

在销售的过程中，一个良好的习惯往往更加重要。好的习惯，可以帮助我们培养和提高工作能力，进而提高我们的销售业绩。

那么销售人员如何培养自己良好的销售习惯呢？首先，我们要制造习惯，然后每天不断地重复，最后在我们的脑海中形成潜意识，不断练习，直到成为自然反应为止，用习惯塑造我们。虽然养成良好的销售习惯很难，通常需要花去销售人员的许多时间与精力。但是要想达到更好的业绩，就要养成良好的销售习惯。

一个优秀销售员的良好作风并不是与生俱来的，而是通过自我训练得来的。进行这种自我训练要求销售员多给自己提问题，并勇于回答问题。

仔细分析下列的问题，如何把下列每一个问题应用在目前的工作上，看看每一个问题都能做"肯定"的回答吗？目前你是否在培养有助于销售工作与非销售工作的良好活动呢？

你经常获得他人的信任吗？

你能实现你的承诺吗？

你能准时提出工作报告吗？

在所有的人群关系中，你都能表现得诚恳与忠实吗？

对自己的错误，你能以负责的态度代替推卸责任吗？

你经常计划和安排你的活动吗？

在约会时，你经常考虑到路途中可能会有延误，因而提前到达吗？

……

　　以上所列出的问题，只是销售员应努力培养的一些积极工作态度罢了，当然还可以扩大到包括足以影响销售有效性的任何活动。目标远大的销售员，在掌握最基本的日常工作方法之后，还须再进一步确认某些工作，如下列所建议的事项。你应该养成的最基本的销售习惯有：

　　1. 每次约会都提前到达。

　　2. 对你所做的每一件事，都表现得很热诚。

　　3. 上司指派的每一件工作，都认真完成。

　　4. 工作要求超前一步。

　　5. 了解事实真相之后，说出你自己的意见。

　　6. 在任何情况下，都使自己感觉很舒畅。

　　7. 尽全力使你的朋友愉快。

　　8. 协助你的竞争对手。

　　9. 以实际成果来确认自己，而不用言词来吹嘘。

　　10. 当别人需要你的时候，马上参与并协助他们。

　　11. 保持冷静，因为冷静可避免受惩罚。

　　12. 多用耳朵倾听，少用嘴巴说话。

　　13. 尽量发挥你的才能。

　　14. 从不说"不"。

　　15. 同情比你更不幸的人。

　　16. 以取悦别人来取悦自己。

　　17. 遇到紧急事件，立刻反应。

　　18. 善良的心。

　　19. 读书、读书、读书，以便超越他人。

　　20. 把握机会的利益。

　　21. 善用零碎时间。

　　22. 尊重健康的价值。

　　23. 努力完成工作。

　　24. 排除可能导致失败的任何个性。

25. 你是你自己最重要的资产，身体与精神都要善加照顾。

26. 勇于迎接任何挑战。

现在，你已经知道该怎么养成好习惯了，所以，还等什么，马上开始吧！

创富篇

穷人为钱而工作，而富人让金钱为他工作。

——罗伯特·清崎（美）

一生能够积累多少财富，不取决于你能够赚多少钱，而取决于你如何投资理财，钱找人胜过人找钱，要懂得钱为你工作，而不是你为钱工作。

——巴菲特（美）

借钱是为了创造好运。

——洛克菲勒（美）

用特长致富，用知识武装头脑。

——比尔·盖茨（美）

不进行研究的投资，就象打扑克从不看牌一样，必然失败！

——（美）彼得·林奇

Part15

投资理财能力训练

让你的财富滚雪球

 **开启你的财商密码**

财商——天下财富在谁手

财商包括两方面的能力：一是金钱观念，正确认识金钱及金钱流通的规律；二是投资理财能力，按照金钱规律正确使用金钱的能力。

在美国，10% 的人拥有 90% 的财富，90% 的人拥有 10% 的财富。要想富，就得对金钱有全面的认识，对其本质和内在规律有全面的了解。

比尔·盖茨研究开发软件，成了世界首富；沃伦·巴菲特投资股票，很快做到了亿万富翁；乔治·索罗斯一心搞对冲基金，成为金融大鳄……这些人虽然所处行业不同，但是因为掌握了金钱的内在规律，所以都获得了成功。财富成就是他们高财商的体现。

虽然金钱绝对是人维持生活的必要条件，但金钱并不会让人更有力量。若不能掌握运用金钱的能力，那么赚到钱也会花光。成功人士的经验表明，金钱本身没有力量，懂得运用它的人才有力量。

犹太巨富比尔·萨尔诺夫小时候生活在贫民窟里。他家里有 6 个兄弟姐妹，全家只依靠做小职员的父亲一个人的收入维持生计，生活极为困难。父亲挣的每一分钱全家人都省了又省，家里没有一项多余的开支，就这样勉强过活。在比尔 15 岁的时候，父亲告诉他："小比尔，你已经长大了，要靠自己来养活自己了。"

比尔听了父亲的话，外出打工，然后用挣到的钱经商。这也是犹太人的一个优良传统。三年后，比尔改变了全家人的贫穷状况；五年之后，他们全家搬离了贫民窟；七年后，他们在寸土寸金的纽约市中心买下一套房子。

或许，我们的父辈都是"穷爸爸"，只教我们好好读书，找好工作，多存钱，少花钱。赚得少一点没关系，关键是稳定。他们从没教过我们开发财商，要考虑怎么理财。所以，财商对我们来说是迫切需要培养的一种能力。会理财的人越来越富有，一个关键的原因就是注重财商培养。

无论你的财商是高是低都不是问题。从现在开始，你就应该学习如何提高你的财商。不管你是穷人还是富人，不管你聪明还是不聪明，财商教育事关你的生存，是绝对必要的。"信息＋教育＝知识"，没有财商教育，人们就无法将信息转化为可以利用的知识。

提高财商虽然不能让你立刻富有，但是至少可以让你生活得更好些。而很多看上去有钱的人，并不一定是财务自由的人，但财商高的人一定能够通过努力来实现财务自由。《穷爸爸富爸爸》中，富爸爸的晚年是最快乐的，因为他的大部分时间都用来花钱而不是存钱。他的生活毫无拘束，自由自在，同时这也是财商的衡量标准。

树立正确的理财观

中国理财市场的健康发展，一方面需要金融机构不断提高金融服务水平，开发出更多更好的理财产品，培养出更多高素质、复合型金融人才；另一方面也需要加强对投资者的理财教育，培养投资者的理财意识。在对投资者的理财教育中，树立正确的理财观念是非常重要的一项内容。

什么是正确的理财观念？

1. 理财是一个长期过程，需要时间和耐心，不可能一夜暴富。

2. 家庭不是企业，资产的安全性应放在第一位，盈利性放在第二位。

3. 树立风险意识，投资是有风险的。低风险的投资品种，如银行存款、国债等，难以产生高回报；高风险的投资品种，如股票、实业投资，有产生高回报的可能，但也能导致巨额亏损。

4. 要保证良好的资产流动性，保持富余的支付能力，不要将资金链绷得太紧。

5. 保险是重要的保障手段之一，是家庭资产的重要组成部分，一份保险也是一份对家人的关爱。

6. 要根据自己的实际情况及风险承受能力选择理财品种，不要随波逐流。

7. 不要过度消费，尤其是贷款消费，如房贷、汽车贷款等，贷款是刚性的。尽量减少家庭的债务负担。

8. 股票是一种最好的长期投资工具，是使家庭资产大幅增值的最有效的投资方式，但如果投资操作不当，会导致巨额亏损，造成家庭财务危机。一定不能用借来的钱炒股票。

9. 要将生活保障（现金、债券、住房、汽车、保险、教育）与投资增值（股票、实业、不动产）合理分开。投资增值是一种长期行为，目的是使生活质量更高，不要因为投资而降低目前的生活质量。投资资金应该是正常生活消费以外的资金，用这样的闲钱投资，投资人才能保持一个良好的心态。

10. 要学习理财知识，要能同专业理财人员交流，要有一定的分辨能力，因为钱是你自己的。

11. 可以委托理财，但要慎选受托人。

12. 要编制家庭财务报表，包括资产负债表和现金流量表，做到收支有数，心中有底。

13. 要制定量化的、合理的理财目标，针对理财目标配置资产，做到有的放矢。

14. 抵制过高投资回报率的诱惑，任何投资回报率过高的项目都是值得怀疑的。

15. 投资一个项目，先考虑风险，再考虑收益，不能合理控制风险，收益无从谈起。

要富口袋，先富脑袋

在贫富差距越来越大的今天，关于穷与富的思考与争论成为了一个焦点。在短短的半个世纪内，在这个世界上攫取和创造了绝大多数财富的时

代精英们，他们究竟凭的是什么？而更多徘徊在贫穷边缘的人们，是什么让他们与财富隔海相望？

曾几何时，创造财富靠的是创业的激情、雄厚的资本，甚至是冒险和投机。可是，随着知识经济以迅雷不及掩耳之势统治了这个世界，在某一天早晨，当洛克菲勒、巴菲特这些昔日的富豪们睁开眼睛的时候，惊奇地发现富豪榜上竟然出现了比尔·盖茨等一批后起之秀，并且，他们就那样眼睁睁看着这些富豪们后来居上，几乎在一夜之间就超越自己，跃居富豪榜榜首。

用富可敌国形容比尔·盖茨的财富一点也不夸张。在短短20多年的时间里，比尔·盖茨创造了财富史上的神话，他平均每周增加资产4亿美元。他的成功与我们所熟知的那些往日的富豪们完全不同。在过去的一个多世纪里，全球首富是石油大王、汽车大王、钢铁大王等企业巨子，他们的财富是建立在数不清的有形原料、产品，以及数代人的不懈奋斗之上的。而比尔·盖茨的微软公司，既无高大的厂房，又无堆积如山的原料，有的只是知识和智慧，他们的产品就是一张张光盘。这虽然只是一个崭新的产业，可是，比尔·盖茨的微软公司的产值大于美国三大汽车公司产值的总和。

可以说，比尔·盖茨之所以能够连续多年稳坐世界首富宝座，就是由于他有丰富知识！

美国前总统卡特曾经说过："工业社会的动力是金钱，但在信息社会却是知识。人们将会看到一个拥有资讯且不为人知的新阶层出现；这些人会拥有权力——但这种权力并非来自金钱，也不是来自土地，而是来自知识。"

世界著名的社会学家托夫勒在《权力转移》一书中也指出："知识"在21世纪毫无疑问地成为首位的权力象征。相反，"财富"只占第二位。在信息社会的今天，"知识"胜过"财富"，同时也创造"财富"。知识就是力量，"富脑袋"="富口袋"。

誓做富爸爸，不做穷爸爸

在美国，一度有本畅销书叫做《穷爸爸富爸爸》，书中讲的富爸爸没有进过名牌大学，他只上到了八年级，可是他这一辈子却很成功，也一直都很努力，最后富爸爸成了夏威夷最富有的人之一。他那数以千万计的遗产不光留给自己的孩子，也留给了教堂、慈善机构等。

富爸爸不光会赚钱，在性格方面也非常的坚毅，因此对他人有着很大的影响力。从富爸爸身上，人们不光看到了金钱，还看到了有钱人的思想。富爸爸带给人们的还有深思、激励和鼓舞。

穷爸爸虽然获得了耀眼的名牌大学学位，但却不了解金钱的运作规律，不能让钱为自己所用。其实说到底，穷与富就是由一个人的观念所决定的，但却容易受周围环境的影响。

所有的有钱人都有一个共同的观念：誓做富爸爸，不做穷爸爸，用钱去投资，而不是抱着钱睡大觉。

正确投资是一种好习惯，养成这样习惯的人，命运也许从此改变。而那些拥有了财富就止步的人，将会重新回到生活的原点。

一个人如果不养成正确投资的好习惯，让钱在银行睡大觉，就是在跟金钱过不去，就是在变相削减自己的财富。有很多人辛劳一生，到头来却还是穷人，就因为这些人不会把钱变成资本。

可以这样说，富人都是天然的投资家，大多数穷人都只是纯粹的消费者。因此，如果要想不再做穷人，就不但要努力挣钱，用心花钱，还要养成良好的投资习惯，主动猎取回报率能超过通胀率的投资机会，这样才能真正保证自己的钱财不缩水，才能逐渐接近自己的财富目标，才能过上更好的生活。

别把鸡蛋放在一个篮子里

一定要让钱滚动起来

一个穷人在路上捡到一个鸡蛋，回来后，他便高兴地对妻子说："我们可以致富了，我们现在有了一个鸡蛋，我们可以借邻居家母鸡把这只蛋育成小鸡，小鸡长大又生蛋，再孵小鸡，再买牛，卖得的钱可以放贷，日复一日，年复一年，我们就可以得到更多的钱……"

从这个寓言故事中可悟出一个道理：如果这个人不把得到的蛋拿去孵

鸡，而是吃掉，恐怕就难以实现创富目标。社会上确有一些先富起来的人，只顾眼前，不思长远，总想把"鸡下的蛋"吃光，盲目攀比、盲目消费，而没有去扩大实业、拓展生意。富人从来不会把生财的"鸡蛋"吃掉，他们深知，钱再多也是有限的，"坐吃"必然导致"山空"。钱财只有流通起来才能赚取更多的利润，才能使优裕的生活得到保证。

美国和前苏联成功地发射了载人飞行的火箭，让世界感到震动。其他一些国家认为，这可是提升国力、扩大国际影响的极有效手段，也纷纷准备效仿。但任何国家都不具备单独发射火箭的实力，于是，德国、法国和以色列三国便商议要联合拟订一个载人飞船月球旅行计划。当火箭和太空舱都造好的时候，他们便开始在这三个国家挑选飞行员。一名德国人首先应征。工作人员在考察了他的条件后问：

"你准备要什么样的待遇作为报酬？"

德国人回答说："我要 3000 美元的报酬。"

工作人员又问："你要这么多钱，打算怎么花呢？"

德国人说："我打算把 1000 美元留着自己用；1000 美元送给妻子；1000 美元作为购房基金。"

接下来是法国人参加应征。法国人索要的报酬是 4000 美元。他说，除了德国人所想到的那些支出外，他还需要 1000 美元送给自己的情人。

最后轮到以色列人了。以色列人开出的条件是 5000 美元。他对主持应聘的人说："拿到这笔钱后，1000 美元给你，1000 美元给自己，其余 3000 美元，我将雇那个德国人来开飞船！"

也许你会说故事中的以色列人太过狡猾，但却反映出了犹太人一有钱就用来投资的理念，正是这种理念让犹太富翁比比皆是。

一位成功致富的人士曾对资金做过这样的比喻：资金和企业如同血液与人体。他告诉我们，即使一个已拥有一定财富的人，如果把钱用于盲目的消费，而不愿意用来周转，那么对于未来的事业来说，就像人体有了充分的血液，但心脏已经坏死，不再能够促进血液循环一样，其事业也会静止不动而死亡。只有把手中的钱再合理地运用到投资活动中，才能获得更高效益，赚到更多的钱。

让复利施展"利滚利"魔力

复利是指在每经过一个计息期后，都要将所生利息加入本金，以计算下期的利息。这样，在每一个计息期，上一个计息期的利息都将成为生息的本金，即以利生利，也就是俗称的"利滚利"。

复利的计算公式是：

本利和 = 本金 × （1 + 利率）期数

举个例子：1 万元的本金，按年收益率 10% 计算，第一年年末你将得到 1.1 万元，把这 1.1 万元继续按 10% 的收益投放，第二年年末是 1.21 万元（1.1×1.1），如此第三年年末是 1.331 万元（1.21×1.1）……到第八年年末就是 2.14 万元。

同理，如果你的年收益率为 20%，那么三年半后，你的钱就翻了番，1 万元变成两万元。如果是 20 万元，三年半后就是 40 万元……

复利何以有如此魔力？从公式入手，我们来解读复利生财的原因：

关于本金

假设以一个 1994 年开始工作即开始投资的人——赵星为例。

1994 年，赵星的第一个月工资是 300 元，当时算是中等水平。假定他把这第一个月的工资拿出 100 元投入一个年收益为 10% 的项目，到第十一年即 2005 年年末，就变为 285 元 [100×（1+10%）] 那是他当年月收入的 90% 还强！而今天这个经过投资收益达 10% 的投资得到的 285 元相对于他现在的工资来说仅仅是个零头。在这里，我们并没有看到复利的神奇！

由此看来，要想让复利创造奇迹，首先本金的数目不能太少。对于大多数工薪阶层来说，复利公式中的本金即使以万元为单位，都只能在两位数上停住，多不过几十万元。而当你有了几十万元的时候，你就该看看利率了。

关于利率

在上面的计算中，关于利率，我们选用了 10% 这个数字。但凡是存过钱的人都知道，上哪里找 10% 的银行利率呢？正如炒过股票的人都知道：上哪找没有风险的 10% 的投资产品？

关于期数

期数和利率对应，利率按年利率算，期数就以年为单位，如 10 年、15 年。

如果利率按月利率计算，那期数的单位就是月。

这里，得先说说"72法则"，所谓"72法则"。就是以1%的复利来计息，经过72年以后，你的本金就会变成原来的2倍。这个法则的好用之处在于它能以一推十，例如，利用5%年利率的投资工具，经过14.4年（72/5）本金就增加1倍；利用12%的投资工具，则只要6年（72/12），就能让1元钱变成2元钱。

综合起来，如果意欲借助复利成为富人，需要具备三个条件：

（1）拥有足够多的本金。

（2）具备好的投资渠道。

（3）必须有足够的耐心和精力。

绝不忽视每一分小钱

没有小钱就不会有大钱，那些财商较高的人懂得用小钱去赚大钱，最终万丈高楼平地起，假以时日，成为一个富有的人。

两个年轻人一同寻找工作，一个是英国人，一个是犹太人。

一枚硬币躺在地上，英国青年看也不看地走了过去，犹太青年却激动地将它捡起。英国青年对犹太青年的举动露出鄙夷之色：一枚硬币也捡，真没出息！犹太青年望着远去的英国青年心生感慨：让钱白白地从身边溜走，真没出息！

两个人同时走进一家公司。公司很小，工作很累，工资也低，英国青年不屑一顾地走了，而犹太青年却高兴地留了下来。2年后，两人在街上相遇，犹太青年已成了老板，而英国青年还在寻找工作。

英国青年对此不可理解，说："你这么没出息的人怎么能这么快地'发'了？"

犹太青年说："因为我没有像你那样绅士般地从一枚硬币上迈过去。你连一枚硬币都不要，怎么会发大财呢？"

英国青年并非不要钱，可他眼睛盯着的是大钱而不是小钱，所以他的钱总在明天。但是，没有小钱就不会有大钱，不懂得用小钱去赚大钱，那么财富就永远不会降临到你的头上。

用没底的水桶去装水，水并不会完全漏空，至少桶壁上还可以剩下一些。用同积存滴水一样的方法来存钱，同样有望变成富翁。

一个名叫丽莎的理财专家在书中写道：很多人都会为自己的低收入而抱怨，断定自己是不能成为富翁的。一旦存有这种想法，即使这个人以后的收入很多，也永远不可能成为富翁。因为他们根本没把小钱放在眼里，也不懂得水滴石穿的道理。

别把鸡蛋放在一个篮子里

鸡蛋和篮子，这对投资界最著名的比喻来源于 1990 年诺贝尔经济学奖的获得者马克维茨。资产分配，是一个关键性的投资概念。马克维茨所述的含义是：把你的财产看成是一筐鸡蛋，然后决定把它们放在不同的地方：一个篮子，另一个篮子……万一你不小心打碎其中一篮，你至少不会全部都损失。鸡蛋若都放在同一个篮子里，赚则大赚，亏则全亏。如果赚了当然是好事，一旦亏了，大多数普通人是承受不了的，那将是血本无归的。

绝大部分人都支持马克维茨，大家认为关注单个投资远远不及监控投资组合的总体回报来得重要。如果你有很多项投资，你就会看到他们的表现差别很大。比如这只股票表现不佳，而另一只股票则表现出色。鸡蛋必须放在不同篮子的主要目的是，使你的资产分布在不同的投资上，以减少总体收益所面临的风险。

人们购买股票，总是希望能在未来获得投资报酬。但是由于股价波动不停，无法事先准确预料，同时股份公司能否获利并派发股利也是不确定的。因此，投资者会面临两种情况：一是可能获利，二是可能亏本。这就产生了投资风险。

股票投资本身充满不确定性，如果再把鸡蛋放在同一个篮子里，这样单一持股就更限制了投资的灵活性和多元化，将风险变得更加无法控制，所以，要进行多元化投资，也就是说把鸡蛋放在多个篮子里。

不把鸡蛋放在同一个篮子里，并不仅仅是说你只能购买不同公司的股票，还有另外许多做法。一般来说，分散投资风险的做法大致可以有以下两种。

1. 购买不同的股票。握有几家公司的股票，比只盯住一家公司投资，其风险程度可大为减小，收益状况相对满意。

2. 分期购买股票。在购买股票的时间上要采取分散投资的方式。因为股票的波动有周期性，时好时坏，若在某一时刻一次性购入太多的同类股票，风险就会增大，很可能因股市不景气而久无收获，甚至造成损失。

当然，采取分散投资方式时，应客观地考虑自身的经济实力、对信息与行情的分析能力，以及能否承受较大的工作量等，从而决定是否属于自己的最佳选择。

总的说来，为了分散投资风险，不要把鸡蛋放在同一篮子里。这一原则的确具有风险小、收益好的功效。

长期持有，分享成长

古时候有个寓言：郑国一个人学做雨具，3 年后手艺学成遭遇大旱，制造的雨具售不出去。这个人连忙改学做桔槔（井上的汲水工具）。3 年艺成之后却遇到大雨，桔槔没有用处，又改回做雨具。不久，盗贼兴起，居民都穿军服，很少带雨具。他又想学做兵器，可是人已经老了。

股市中有许多投资者像这个郑国人一样，时刻热衷于追逐热点，频繁换股。可短线套利炒股一般人是把握不了的，毕竟股市千变万化，当你频繁换股操作时，若落后热点一拍，落入热点陷阱，只会输得鼻青脸肿。即使靠短期的投机操作赚了一笔小钱，但从长期收益看，仍比不过长期投资。频繁地买入卖出股票赚取短差，很容易变成为证券公司打工。

在投资理财中，时间是一个非常重要的概念。长期持有，对投资来说非常重要。如果投资者频繁地买入卖出，就会大大增加成本，实际上损害了自己的投资收益。很多人炒股票，为的就是明天卖出去，没有长远打算，自然就享受不到长期升值的好处。

无论市场是大牛市还是大熊市，都绝对不能拿吃饭的钱去投资。你的投资目标，无论是养老还是孩子的教育基金，投资收益的使用都应该是很久以后的事情，要给自己足够的投资期限，不要指望在短期内靠买股票改善生活品质。这样，你就不会在意市场的短期波动，因为你没有短期压力；

你会坚定地长期持有，因为你的目标是远期的，而且在未来的 10 到 20 年，你还会不断地投资。

作为投资者，锁定目标个股介入之后，要做的就是坚定持有，在目标值未达到的情况下，坚定持有，而不是三心二意。来到这个市场上，大家都为资金增值而来，假如有明确的公司价值的评估，而且公司业务持续向好的方向不断发展，你要做的就是在安全边际买入，坚定持有，以最简单的操作，最简单的心态面对这个复杂的市场。从投资历史可以发现，要真正在股市长期发展中取得好回报，一定要长期持有好的企业股票，分享企业成长的好处。

巴菲特曾说过："如果你不愿意拥有一只股票 10 年，那就不要考虑拥有它 10 分钟。"巴菲特又说："我最喜欢持有一只股票的时间是永远。"当你选择好公司，买入该公司的股票之后，一定要耐心持有。在这中间，坚持是你唯一要做的工作，因为资金永远流向好股票。

制订富足一生的理财计划

储蓄，以备不时之需

对于很多人而言，他们已经忽略了银行存在的最初意义——存储。他们习惯于把钱投资到各个领域，以期获得尽可能多的回报。然而，他们却身无分文，当需要现金周转的时候，特别是遇到紧急情况时，他们一筹莫展。富人从不这么做，他们会把一定数目的钱存储起来，以备不时之需。

事实上，存储是未雨绸缪的有效方式，固定地把钱寄放在银行中，不但可以积少成多，使小钱变成大钱，而且还可以在需要的时候提取出来，以免焦头烂额地去四处借贷。

学会储备，是致富的第一步，虽然说作好储备，未必能够成为富翁，但是如果没有基本的储备，是绝对成为不了富翁的。看我们的日常琐事，从房贷到各种投资，从日常消费到生活的各种娱乐享受，各种花销可能就已经占据了我们大部分的收入。面对储蓄我们或许只能有心无力，无能为力，

那么如何才能存到钱呢？

首先，从发薪水的时候开始说起，在每一个月领取薪水时，要提前计算出下个月的必要支出，然后将剩下的钱的一大部分存进银行或者投入基金。这种硬性策略可以使你大大减少不必要的支出，避免一些"小钱"浪费现象。不要小看那些小钱，如果你能坚持实施存钱策略，就会惊奇地发现，这些小钱在 1 年以后竟然变成了大钱。

其次，不要觉得支出记账是愚蠢的、可笑的行为。事实上，随时记账，不但可以清楚地看到自己的收入和支出，而且给自己的收支管理准备了数据。

想想你的生活，很多时候你会惊奇地发现：明明这个月花费不超过 3 000 元，但是当你月底检查钱包时，发现还是少了好几百元。翻开账本，你才恍然大悟：某天逛街突然馋虫大发，你一头扎进日本餐馆狠吃了一顿；某天无意间碰到了一个自己寻找许久的音乐光碟；某个周六心情不好，于是去商场刷卡购物；还有那次 KTV……这些没有在预算中的花销，会使你的很大一笔金钱不翼而飞。

所以说，养成记账的习惯是非常有意义的，一方面它可以帮助你了解自己的消费水平和花销途径，以有利于制定下一个月的消费支出表；另一个方面它让你更清楚地了解自己的消费情况，可以在一定程度上减少那些大手大脚、浪费金钱的活动。在看到自己的账本后，聪明的人会有意识地去判断哪些是必要的花费，而哪些是一时冲动的花费，避免了它们，你或许可以积累下很大一笔钱用于投资。总之，了解自己在投资、储蓄与消费上的比例，才有助于平衡生活，在能够做到部分存储的同时，也能作出明智的投资决定。

保险，撑把人生保护伞

任何与投资有关的行动都是存在风险的。根据我国目前绝大多数家庭的收入水平来说，其对资金安全的需求远远大于投资，在满足了自身及家庭的基本保障需求之后，才可以考虑各种投资方式，根据自己的经济能力和需求来作明智的选择。所以，对大多数人来说，保险都是有必要的。

保险投资是个人理财中的一种财务风险管理，使风险得到分散，避免个人或家庭因为意外伤害而受到更大的损失。

买保险是为了给自己未来生活增添保障，因而要慎重。

首先，心理上要放下成见，不要偏听偏信。保险公司是经营风险的金融企业，我国《保险法》规定保险公司可以采取股份有限公司和国有独资公司两种形式，除了分立、合并外，都不允许解散。所以，你可以放下自己的成见放心购买。重点在于，看公司的条款是否适合自己，售后服务是否更值得信赖。

然后要确定根据自己的需要购买。首先考虑自己或家庭的需要是什么，比如担心患病时医疗费负担太重而难以承受的人，可以考虑购买医疗保险；为年老退休后生活担忧的人可以选择养老金保险；希望为儿女准备教育金、婚嫁金的父母，可投保少儿保险或教育金保险等。所以，弄清保险需要再去投保是非常重要的。

具体购买时要比较各公司的险种，不要盲目购买。尽管各家保险公司的条款和费率都是经过中国保险监督管理委员会批准的，但比较一下却有所不同。如领取生存养老金，有的是月月领取，有的是定额领取；同时大病医疗保险，有的是包括10种大病，有的只包括7种。这些一定要看清楚、弄明白，针对个人情况，自己拿主意。

要自己研究条款，不要光听别人介绍。保险不是无所不保。对于投保人来说，应该先研究条款中的保险责任和责任免除这两部分，以明确这些保单能为你提供什么样的保障，再和你的保险需求相对照，要严防个别营销员的误导。没根没据地承诺或解释是没有任何法律效力的。

要考虑保障，不要考虑人情。保险是一种特殊的商品，不能转送。不要因为营销员是熟人或亲友，本不想买，但出于情面，还没搞清条款，就硬着头皮买下，以后发现买到的是不完全适合自己需要的保险险种，结果是不退难受，退了经济受损失也难受。

要考虑责任，不要只图便宜。"物美价廉"这种事在所有的投资项目上都不太适用。不能光看买一份保险花多少钱，而要搞清楚这一份保险的保险金是多少，保障范围有多大，要全方位地考虑保险责任。

基金，让专家打理你的财富

或许你听说了投资基金不错，自己也跃跃欲试准备把一部分资金投资于基金。但是不管你打算如何确定投资目标和策略，认识投资基金的一般常识都很重要。那么，你清楚什么是基金吗？

简言之，投资基金就是汇集众多分散投资者的资金，委托投资专家——基金管理公司，由投资管理专家按其投资策略，统一进行投资管理，为众多投资者谋利的一种投资工具。投资基金集合大众资金，共同分享投资利润，分担风险，是一种利益共享、风险共担的集合投资方式。

证券投资基金（简称基金）作为投资基金的一种，是通过向社会公开发行基金单位筹集资金，并将资金用于证券投资。基金单位的持有者对基金享有资产所有权、收益分配权、剩余财产处置权和其他相关权利，并承担相应义务。

下面简要介绍基金运作的三个流程：

首先，投资者的资金汇集成基金。

然后，该基金委托投资专家——基金管理人投资运作；其中，投资者、基金管理公司、基金托管人通过基金契约方式建立信托协议，确立投资者出资（并享有收益、承担风险）、基金管理公司受托负责理财、基金托管人负责保管资金三者之间的信托关系。

基金管理公司与基金托管人（主要是银行）通过托管协议确立双方的责权。

最后，基金管理公司经过专业理财，将投资收益分予投资者。

在我国，基金托管人必须由合格的商业银行担任，基金管理公司必须由专业的基金管理人运作。基金投资人享受证券投资基金的收益，也承担亏损的风险。

基金管理公司的作用，简单地说，就是它作为专家，能够集合运用投资者闲散的资金，按照科学的投资组合原理进行投资决策，真正体现出证券投资基金的最大特点——专家理财。

如果你是一个拥有相当数量资产的投资者，有充分的时间和精力，又有丰富的证券投资知识，还能寻找到各种投资机会，相信你不难依靠自身的优势在商品经济大潮中获得成功。但是假如你只是个小投资者，既没有时间、专业知识及资讯去管理你的资产，又没有足够的能力去聘请专业人士代你理财，那么，基金便是你理想的投资工具。

那么，在具体购买基金时，怎样选择到自己满意的基金呢？选基金，就要选"三好"基金。

所谓"三好"基金，第一是好公司和团队。考察一家公司首先要看基金公司的股东背景、公司实力、公司文化以及市场形象，同时还要进一步考察公司治理结构、内部风险控制、信息披露制度，是否注重投资者教育等等。其次要考察管理团队，主要看团队中人员的素质、投资团队实力以及投资绩效。

第二是要看好业绩。市场上表现优秀的基金公司，在各种市场环境下都能保持长期而稳定的盈利能力，好业绩也是判断一家公司优劣的重要标准。首先要看公司是否有成熟的投资理念，是否契合自己的投资理念，投资流程是否科学和完善；是否有专业化的研究方法、风险管理及控制，公司产品线构筑情况等。

而且还要看公司的历史业绩。虽然历史投资业绩并不表明其未来也能简单复制，但至少能反映出公司的整体投资能力和研究水准。此外选择基金时还要关注那些风格、收益率水平比较稳定、持股集中度和换手率较合理的产品。

第三是好服务。正如您在商场、酒店等消费时应该享受相应的服务一样，作为代客理财的中介服务机构，基金公司的重要职责之一就是提供优质的理财服务。从交易操作咨询、公司产品介绍到专家市场观点、理财顾问服务等，服务质量的高低也是投资者在选择基金时不容忽视的指标。

会赚钱，更会花钱

如果自己拥有了金钱，却守着它们不松动，把它们紧紧地攥在自己的手里不花，是愚蠢的，更是贫穷的。有钱不能花，不正是穷人的表现吗？所以一个真正的富人，不光会赚钱，更要会花钱。

学会花钱，也是富人的一个重要特点。世界上最会赚钱的人，无不是

最会花钱的人。小气，并不是讽刺，这是有钱人的看家本领。精打细算，不乱花钱，是大富翁的真正风度。

然而，在我们的生活中，还会发现另外一种现象：越是没钱的人，越爱装阔。这似乎是个心理问题，因为大多没钱的人容易产生抗拒心理，他们内心常在交战："难道我只能买这种便宜货吗？"自怜便油然而生，更因顾虑到别人的眼光感到不安。所以当他们面对一件商品时，往往考虑虚荣要比考虑价格的时候多，没钱的自卑感像魔鬼一样缠得他们犹豫不决，最终屈服于虚荣，勉强买下自己能力所不能及的东西。于是，社会中有了一种怪现象，越穷的人，越不喜欢廉价品。仔细想想，有时候穷人的虚荣心总比富人强，他们会因为乱花钱而永远无法存钱。

年轻人往往是最爱虚荣的，一个刚赚了一点钱的小伙子，却非要去吃高级餐馆，进高级酒店。有些只租得起3平方米小房间居住的年轻人，却非要倾其所有积蓄买一部汽车。试想，这样的年轻人又怎能不穷呢？越穷越装阔，越装阔越穷，形成了一个跳不出去的贫穷的恶性循环。

那么，无论你是富有者还是穷人，抛掉你那些挥霍无度的愚蠢行动吧！这样你就不会有那么多世道艰难、税收太重、家庭不堪重负之类的抱怨了。

将理财进行一生一世

通常来说，富人都非常清晰地明白自己的理财目标，也就是说生活的意义和生活的理想，他们想达到什么样的财务目标。一个人只有知道自己需要什么的时候，才能确定自己要怎么做，所以要想过上富裕的生活，就要懂得理财，就要学会理财。

理财不是一段时期的事情，理财应该贯穿一个人的一生，要知道只有你一生理财，财才能理你一生。

根据美国生涯规划专家雪莉博士在其名著《开创你生涯各阶段的财富策略》中的建议，个人的理财生涯规划应该是：4岁开始不早，60岁开始也不迟。

4~9岁——学习掌握理财的最基本知识，包括消费、储蓄、给予，并进行尝试。

10~19 岁——学习掌握并开始逐渐养成良好的理财习惯。除了上一阶段的消费、储蓄、给予之外，还增加了学习使用信用卡和借款的课题。

20~29 岁——建立并实践成人的理财方式。除了消费、储蓄、给予之外，你可能准备购买第一辆汽车、第一所房子。你应该开始把收入的 4% 节省下来，为养老金投资。如果你已结婚并育有小宝宝，你需要购买人寿保险，并开始为孩子的教育费用进行投资。

30~39 岁——可能准备购买一套更大的住房、一辆高级轿车与舒适的家具。继续为子女的教育费投资，同时把收入的 10% 节省下来，为养老金投资。别忘记购买人寿保险，并向孩子传授理财的知识。

40~49 岁——实行把收入的 12%~30% 节省下来为养老金投资。这时，你的孩子可能已经进入大学，正在使用你们储蓄的教育费。

50~59 岁——切实把收入的 15%~50% 节省下来为养老金投资，你可能开始更多地关心你的年老父母，开始认真地为退休作进一步决策。

60 岁之后——向保本项目、收益型和增长型的项目投资。你可能会从事非全日制工作，可能继续寻找充实自己的机会。

从上面能够看出，理财真的是一辈子的事情，每个阶段有每个阶段的内容，只有把理财进行到底，自己才能成为财富支配者。

魔鬼训练营——理财规划 5 重点

理财是改变生活、创造财富的重要手段。越早理财，越早受益。而要想从理财中获益，就要做好理财规划。理财规划，应该主要从以下几方面着手：

1. 投资规划

投资是指投资者运用自己拥有的资本，用来购买实物资产或者金融资产，或者取得这些资产的权利。目的是在一定时期内获得资产增值和一定的收入预期。我们一般把投资分为实物投资和金融投资。实物投资一般包括对有形资产，如土地、机器、厂房等的投资。金融投资包括对各种金融工具，如股票、固定收益证券、金融信托、基金产品、黄金、外汇和金融衍生品等的投资。

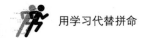

2. 居住规划

"衣食住行"是人最基本的四大需要，其中"住"是投入最大、周期最长的一项投资。房子给人一种稳定的感觉，有了自己的房子，才感觉自己在社会上真正有了一个属于自己的家。买房子是人生的一件大事，很多人辛苦一辈子就是为了拥有一套自己的房子。买房前首期的资金筹备与买房后贷款偿还的负担，对于家庭的现金流量及以后的生活水平的影响可以延长到十几年甚至几十年。

3. 教育投资规划

一定要对人力资本、对教育进行投资，它带来的回报是强有力的。变化的中国需要增加人力资本投资。早在 20 世纪 60 年代，就有经济学家把家庭对子女的培养看做是一种经济行为，即在子女成长初期，家长将财富用在其成长上，使之能够获得良好的教育。当子女成年以后，可获得的收益远大于当年家长投入的财富。1963 年，舒尔茨运用美国 1929 年～1957 年的统计资料，计算出各级教育投资的平均收益率为 173%，教育对国民经济增长的贡献率为 33%。在一般情况下，受过良好教育者，无论在收入或是地位上，确实高于没有受过良好教育的同龄人。从这个角度看，教育投资是个人财务规划中最具有回报价值的一种，它几乎没有任何负面的效应。

4. 个人风险管理和保险规划

保险是财务安全规划的主要工具之一，因为保险在所有财务工具中最具防御性。

5. 退休计划

当代发达的医疗科学技术和极为丰富的物质文明带给人类的最大好处，是人类的健康与长寿。目前中国人已经把"人生七十古来稀"变成了"七十不老，八十正好"。美国人则喜欢用"金色的年华"来形容退休后的生活。如何过一个幸福、安全和自在的晚年呢？这就需要较早地进行退休规划。可以选择银行存款、购买债券、基金定投、购买股票或者购买保险等以获得收益。

Part16

创业能力训练

把握时代的财富风口

 练好创业者的基本功

检验自己是否适合创业

创业之初，创业者在创业前必须了解自己是否具备成功的条件。成功的创业者应该具备的条件包括：

自律，自强，识人能力，管理技能，想像力，口才，毅力，乐观，奉献精神，积极的人生观，推销产品（服务）的能力，独立作业的能力，追求利润的方法。

当你确定自己适合创业后，你不必急着马上走上创业这条路，必须先评估一下你的创业计划是否可行。你可以探索以下一些问题：

1. 你能否用语言清晰地描述出你的创业构想

创业的想法必须明确。你应该能用很少的文字将你的想法描述出来。根据成功者的经验，不能将自己的想法变成语言的原因是还没有经过仔细思考的表现之一。

2. 你是否真正了解你所从事的行业

许多行业都要求选用从事过这个行业的创业者，并对其行业内的方方面面有所了解。否则，你就得花费很多的时间和精力去调查诸如价格、销售、行业标准、竞争优势等等。

3. 你是否看到别人使用过这种方法

一般来说，一些经营比较成功的企业，其经营方法比那些特殊的想法

更具有现实性。有经验的企业家流行这样一句名言："还没有被实施的好主意往往可能实施不了。"

4. 你的想法能否经得起时间考验

当未来的企业家的某项计划真正得以实施时，他会感到由衷的兴奋。但过了一个星期、一个月甚至半年之后，将是什么情况？它还那么令人兴奋吗？或已经有了完全不同的另一个想法来代替它。

5. 你是否有良好的关系网

创业的过程，实际上就是一个组织供应商、承包商、咨询专家、雇员的过程。为了找到合适的人选，你应该有一个服务于你的个人关系网。否则，你可能会误用不可靠的人或滥竽充数的人。

6. 你是否明白什么是潜在的回报

每个创业者投资创业，最主要的目的就是赚最多的钱。可是，在尽快致富的设想中隐含的决不仅仅是钱。你还要考虑成就感、价值感等潜在回报。如果没有意识到这一点，那就必须重新考虑你的计划。

经过自我分析后证明你适合创业，同时你也能正确回答上述的几个问题，那么你创业成功的胜算将会很高，你可以决定着手去创业。但是创业并不是一时冲动的想法所决定的，如果创业前你举棋不定，最好还是选择工作这条路。因为，尽管你现在有机会创业，你的动机不错，想法也很棒，但是基于市场、经济能力或家庭等因素的考虑，现在也许不是你创业的最好时机。

总之，你创业必须要有相当的竞争力，而且只有你自己才能决定怎么做最恰当。成事不易，创业更难。选择创业这条路，自然而然地会憧憬成功的景象，但是，堤前预想到创业过程中将会遇到的种种难题应该是创业之初应该考虑清楚的。

你应具备的创业心理素养

美国曾经对 75 位取得成功的创业家做过研究，并归纳出了"创业家的心理素养"。这些素养成为很多创业者的座右铭。

1. 自信

他们普遍都有很强的自信心，有时有咄咄逼人的感觉。

2. 急迫感

创业家通常很急切地想见到事物的成果，因此会给别人带来许多的压力。他们信仰"时间就是金钱"，不喜欢也不会把宝贵的时间浪费在琐碎的事情上。

3. 广泛的知识

几乎大事小事无所不知，他们既能掌握事情全盘的来龙去脉，又能明察秋毫。

4. 脚踏实地

做事实在，不会为了使自己舒服一点而马虎从事。

5. 超人的能力

他们能够从杂乱无章的事物中，整理出一套逻辑的构架，有时候他们做决策时会全凭感觉。

6. 崇高的理想

为了达到个人理想，他们不会计较虚名；他们生活简单务实，必要时常常身兼数职。

7. 客观的人际关系态度

他们为了事业往往是"冷酷无情"、"不顾面子"。给人以"大公无私"、"就事论事"的感觉。

8. 情绪稳定

他们通常不喜形于色，也很少在人前抱怨，发牢骚；遇到困难时，他们总是坚韧不拔突破困难。

9. 迎接挑战

喜欢承担风险，但并不是盲目地冒险。他们乐于接受挑战，并从克服困难中获得无穷乐趣。

你应具备的创业能力

创业要想成功，创业者必须具备相应的创业能力。如果你想去创业，首先要培养以下的能力：

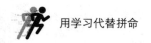

1. 强烈的市场意识

勇于竞争，善于把握机遇的人，无论从事何种职业都会大有作为。因为所有产业都要面对市场，因此要有市场眼光对市场上的供求信息反应迅速，并且能够根据实际情况大胆进行决策，再以周密的计划，灵活的处理方式，将设想转化为实际行动的创业一定会成功。

对于为什么科技创业往往失败、科技型企业往往规模不大的疑问，依靠技术起家的施正荣认为，科技创业能否取得成功，最关键的是是否具有很强的市场意识。"从长期来看，技术对科技创新的成败意义极为重要，但如果不能在短期内做好市场，再好的技术也要归于失败。"

2. 回避风险的能力

成功的创业者大都具有回避风险的能力。正如在山路上开好车的司机，他会根据路况决定车速，而且会系上安全带，随时收听路况信息。

3. 学习能力

成功的创业者大都具有比别人更优秀的学习能力，并且有高度的创新精神。因为他们善于在实践中学习，这些成功的创业者对于新事物都具有积极的学习能力与高度的创新精神。

4. 管理能力

管理并不容易，不是管管人，动口不动手的事。小到经营一个家庭、大到经营一个国家，都需要有科学的管理。如何能将内部的资源最大化利用？如何能使一个企业的办事效率最大化？这都与科学的管理有直接的关系。对于一个企业来说就更重要了，良好严谨的管理体制，能使企业散发活力，充满生命力，这就形成了企业文化，能带领企业进行团队作战，其作用可想而知，相反一个没有科学的管理能力的创业者带领的企业就如一个团伙，哪里起火哪里救，哪里出事哪里死。就不用谈战斗力和生命力了。

5. 敏锐的觉察能力

创业就意味着你要带领一个团队打天下，你需要事事冲在最前线，需要与形形色色的现象打交道。这就要求创业者是一个能审时度势，透过现象看本质的人，需要有敏锐的目光区别是非、辨别真伪、洞察秋毫、预算未来。

挖掘创业的第一桶金

如何选择创业项目

无疑，创业之初项目的选择至关重要。那么，怎样才能选择到好的创业项目呢？尽管非正规就业的劳动组织对服务范围有所界定，但究竟做什么项目，完全要取决于创业者自身的选择和正确的把握。

1. 见缝插针，巧占市场空白

经济愈发达，社会愈进步，人们的需求就愈细化，因此，小额投资者应该独辟蹊径，致力于经营人无我有的商品和服务，巧占市场盲点。如经营与大商店商品配套、相补充的商品；在三百六十行之外开辟擦洗、接送服务等新的行业；针对时间经营的空白开设商店、饭店、新奇特商店、夜市等等，为消费者提供多层次的便利服务。

2. 快速反应，船小掉头快

经营环境常常是瞬息万变的，市场行情此一时彼一时。小本经营船小掉头快，只要时刻保持清醒的头脑，及时对市场变化作出灵敏快捷的反应，抢先抓住稍纵即逝的机遇，一定能够实现本小利大。

3. 主动上门，灵活经商

资本雄厚的大企业经营重守，做小生意的小本经营重走。流动摊档的商品一般要求是日常生活用品，每家每天都要用，因此，容易与客户建立稳定的联系，稳稳当当地赚钱。而送上门的服务都能迎合急着要办又不用出门的需求，一拍即合。

4. 薄利多销，不压货

俗话说得好：三分毛利吃饱饭，七分毛利饿死人。利润微薄，价格降低，在竞争中以优势招引客户，实现薄利—多销—赚钱目标。小本经营资本相当有限，最怕造成商品积压，资金周转不了，成为死钱，包袱越背越重，影响下一步的经营，形成恶性循环。

5. 有利即卖，赚钱心不要太切

赚大钱是许多人的梦想。但大多数人终其一生却难以梦想成真。这是什么原因呢？是因为他们赚钱心太急切，小钱不想赚，大钱挣不来。曾有

位百万富翁说过：小钱是大钱的祖宗。生活中不少腰缠万贯的人当初就是靠赚不起眼儿的小钱白手起家的。

从自己最擅长的行业创业

一个要创业的人，常常问：我该从事哪一行业？

对于创业的成功，比尔·盖茨曾说过这样一句高度概括的话："做自己最擅长的事。"微软创立时只有比尔·盖茨和艾伦两个人，他们最大的长处是编程技术和法律经验。两个人立足于自己的长处，成功地奠定了在这个领域的坚实基础。在以后的 20 多年里，他们一直不改初衷，"顽固"地在软件领域耕耘，任凭信息产业和经济环境风云变幻，从来没有考虑过涉足其他经营。结果，他们有了今天这样的成就。

如果你用心去观察那些成大事的成功者，他们都有一个共同的特征：心中有一把丈量自己的尺子，知道自己该干什么，不该干什么。有了自知之明，就可以扬长避短，再抓住发展机遇，这个世界上便有了"塑料大王""汽车大王""钢铁大王"等企业巨人。

正如一个国家选择经济战略一样，每个人都应该选择自己最擅长的创业项目，做自己最擅长的事。换句话说，当你在与人相比时，不必羡慕别人，你自己的专长对你才是最有利的，这就是经济学强调的"比较利益"。

无论你的创业项目是什么，你都应该自己问自己这样一个问题："这真的是我所擅长的吗？"做自己擅长的项目，你才更容易成功！

创业者首先应该尽量选择从自己熟悉的行业，选择自己最擅长的业务开始创业，这可以帮助自己很快寻找到准确的市场定位。同时，选择自己擅长的业务是挣钱的一个好开端。对于每一个人来说，你原来所从事的工作对你来说是最熟悉的，选择自己熟悉的行业，就能够拥有更多的信息，知道什么商品有市场、有前途，知道不同产品的优劣及消费者的需求，知道市场的发展方向，就能够做出正确的判断与决策。这是创业者的无形资产。

独辟蹊径巧创业

沈君是石家庄市纺织厂的一名工人。1996 年，全国的纺织行业不景气，许多人在企业濒临倒闭时仍在想方设法保住自己的职位，而沈君却毅然放弃了与企业签订的终身合同自愿下岗。在众人纷纷表示不解时，沈君却有自己的打算，他想要自己创业。

沈君下岗后，更大的打击接踵而来，先是父亲因脑溢血住进了医院，生命垂危，接着与他同单位的妻子也下岗了，生活的重担全部压在了沈君的身上。

沈君开始寻找机会，他把目光投向了蔬菜市场。因为 1997 年石家庄市政府提出了美化、绿化城市的号召，占道经营的菜场被清理了，居民日常生活所需的蔬菜是一个很大的市场。沈君找到几个好朋友，凭着一起借来的十几万元资金，注册了自己的企业，为小区居民供应蔬菜。

一开始，他们遇到了困难。因为人们平时买菜都是去市场，不习惯送货上门的销售方式，往往看多于买，使得他们每天都有大量的蔬菜销售不出去。为了保证自己的产品质量，沈君专门请有关专家讲解保鲜技术，往返于北京、上海之间学习同行的经验。在专家的指导下，终于有效地解决了蔬菜的变质问题，使成品净菜的保鲜期达到了 5 天 ~ 7 天。同时，他还结合实际形成了自己的营销模式，通过努力，他的成品净菜打开了市场，受到人们的广泛欢迎。

如今，沈君的净菜已经被搬上各大商店和超市的柜台，形成了从超市到商店到小区的网状销售模式。通过与农民签订协议，他们还建立了 200 多亩的生产基地，经营品种也扩展到特色蔬菜、绿色蔬菜等，产品开始销往外地。

现代商业社会，最为成功的营销就是：没有需求而去创造需求，从而开发出一个新的市场机会，成就事业。沈君从濒临倒闭的工厂自动辞职创业，是有着独特的眼光和非凡的勇气的。他独辟蹊径，开创了一个净菜市场，甚至因此改变了人们的购买习惯。

与众不同的独特的模式，是创业成功的保证。在困境之中，需要寻找新的出路，守住一棵树吊死，不如放开怀抱，去寻找新的森林。

做市场上第一个吃蛋糕者

判断一个创业项目能否成功，最重要的标准是看这个项目是否具有自己的特点，即这个项目的"个性"，它有没有区别于其他项目的特点。所谓有"个性"并非一个空泛的概念，"个性"是由许多具体实在的内容组成的，它包括这样几个特点：

1. 创新

项目必须是新颖的，是市场还没有饱和的，仍拥有着可开拓的领域。

2. 创意

有新意、有特点、有自己特有的"卖点"。

3. 敢为人不愿

即使是再好的项目，在具体实施时也会碰到这样或者那样的问题，这时就需要创业者用冷静的头脑去思考如何应对。不要随大流，要做出自己的准确判断与决策。

4. 专业

好的项目会具有一定的"专业知识"含量，如此才可以在众多的项目中脱颖而出。

5. 有前瞻性

即使目前可能在市场上还不是很"吃香"，但好的项目一定可以在长久利益上胜出，是可以经得起时间考验的。

"个性化"的投资项目由于其自身的特点，投资者往往能成为"第一个吃蛋糕者"，收益高，短期内竞争者少，因此"个性化"投资项目备受江浙地区中小企业欢迎，如水晶花制作技术、仿古家具的制作工艺及配方、亲子装等项目前景十分看好。

借别人的力创自己的业

借鸡生蛋，白手起家

钱能生钱，这是人所共知的事实。但是，却不一定非要用自己的钱不可。

"借鸡生蛋""借钱生钱"同出一辙，它为现代人立志成才、白手起家开拓了一条新路，值得我们借鉴。

世界上许多富豪都是白手起家的。现代经济活动中，自身经济实力不足又要发展事业，许多人也会用到"借鸡生蛋"之法：借得钱来，投资生产，赚回钱来，发展壮大自己的实力。这种经营谋略，也叫"负债经营，无钱走遍天下"。

要想比别人更有钱，你要学会利用负债。负债能够缩短我们与成功的距离，负债能够帮助我们获得扩大化的收益，合理的负债并不可怕，它是我们扩大资产的一种方式和途径，因此不妨勇敢当"负翁"。

当然，"借鸡生蛋"的方法已经广为人知，借钱的难度也相应地增加了。"借鸡生蛋"要掌握下列技巧：

1. 恪守信用

借来的每一笔钱一定要按时归还。别人的信任对你来说就是一笔宝贵的财富！哈佛大学管理公司是负责管理美国最大的大学捐赠基金的集团。埃尔·埃利安公司的执行总裁说，之所以哈佛能取得现在的地位，是因为哈佛的竞争优势。"它有长期投资的视野、AAA级的资产负债表、稳定的资金来源，以及吸引创意和人才的能力。"AAA级表示哈佛具有非常强的还本付息能力。

2. 建立你的信用记录

一个从来没借过钱的人是很难借到钱的，一个借钱不按时归还的人更是借不到钱的，只有经常借又按时还的人才最容易借到钱。经常借又按时还就代表有"良好的信用记录"。借钱的次数越多，借钱的金额越大，并且没有一次"不良信用记录"就代表信用记录非常好。

3. 放平心态

要把借钱投资当做一件很光荣的事，不要有任何"不好意思"的感觉。在这个世界上，任何一个不会借钱的人几乎都是不会投资的人，至少不是投资理财的高手。

4. "化整为零"

不管是要借10万元还是500万元去投资，都要学会"化整为零"。比

如，要借 10 万元去投资，要尽可能地向多个人去借。因为如果只向一个人借，很可能连 1 万元也借不出来。

广开门路，筹借创业资金

对于创业而言，初始资金很重要，但不是所有的人生下来就是口里含有金钥匙的。没有初始资金怎么办，只能借，借别人的鸡给自己生蛋，才是最便捷的道路。

很多人或许都有过自己创业的理想，可是又因为没有资金而放弃这样的想法。没错，创业必须有原始资金，然而不是所有的创业者都有本钱，他们大多数也是从"借"中走出来的。

借钱的途径有很多，如果你现在还苦于无处借钱，那么往下读，你或许会茅塞顿开。

首先，向亲戚朋友借款是一种简便的方法。

这种途径会免去很多复杂的借贷手续，还有昂贵的借贷利息。不过你或许因为面子而不好意思去借，或许因为害怕被拒绝而一直踌躇不定，放下这些顾虑，去尝试一次，你不行动怎么知道不会成功呢？

其次，向银行贷款。

可是很多人因为高额利息而对银行贷款望而生畏。不可否认，在当前中国的金融条件下，不但贷款利率高达 7%，而且银行对个人或企业提供贷款的条件是很严的，特别是中小企业，仅有质押资产是不够的，还要积累信誉，向银行及时提供真实的财务信息。至于个人信用贷款，则只能进行物业抵押，且只能抵押 50%。尽管如此，从整个社会的融资成本上来看，以物业的方式从银行贷款融资成本依然是最低的。因为目前的社会平均借款利率（15% 左右）高于按揭贷款利率（7% 左右），只要能满足银行的条件，从银行借到资金且使它们得到合理利用，自然就可以借钱生钱了。

最后，借企业的钱。

亲人朋友的钱毕竟是小数，而银行的借贷又太昂贵，这时候成功的投资家就会想到一个新的资金来源，那就是企业。可以选择在商业合作伙伴，或者熟悉的供应商中寻找出借企业，这些企业会提供宽泛的还款期限。

借朋友之力，成一番大业

借朋友之力，让他人为自己服务，能够成就一番大业。

黄巾乱世之中，刘关张邂逅相逢，桃园结义，成就了千古美名，也奠定了西蜀王朝的根基。以后三分天下，刘备西蜀称帝，关张也成开国元勋，西蜀重臣。回头看看，刘关张结义之时，三人均是下层草民。刘备虽是汉室宗亲，却落得流浪街市，贩席为生。张飞只是一个屠夫，粗人。关羽杀人在逃，无处立身。三人结义后，彼此借重，相得益彰。董卓之乱时，吕布称枭雄。刘关张大战吕布，却只打成平手，可见吕布何等英雄。但吕布匹夫无助，枉自豪勇，最终被曹操所杀。而刘关张却彼此相仗，日益得势，最终立国树勋。这是借朋友之力的一个典型例子。

俗话说：孤掌难鸣，独木难支。一个人要想成就一番事业，必须寻求他人的帮助，借他人之力，方便自己。一个没有多少能耐的人必须这样，一个有能耐的人也必须这样。就算我们浑身都是钢，也打不了几个毛钉。

不过，"他人"只是一个泛泛的概念，有些不着边际，而且这些"他人"大多都是你的陌路人，不太熟悉的人，关系很一般的人，他们大多都不能实际地帮助你，具体地帮助你。"他人"中只有一种人能够实际地帮助你，具体地帮助你，那就是——朋友。你的亲朋好友，总是给你各种各样的帮助。当你遇到坎坷时，总是他们帮你排忧解难，渡过难关。或者当你吉星高照时，也是他们为你抬轿唱喏。朋友，是一个特定的圈子。圈子虽小，作用却难以估测。

一个人，无论在哪方面，都离不开人与人之间的相互利用，创业更是如此。各人的能力有限，人际交往范围也不同，因此必须相互帮助。借朋友之力，是创业成功必不可少的一个途径。

寻找贵人，创业走直线

什么是"贵人"呢？在你的一生中，你的事业总会受到别人的影响，凡是能对你的事业施以援手，产生积极帮助的人，都可能是你人生旅途中遇见的"贵人"。

究竟谁会对你伸出援手，哪里会有这种人呢？这个问题没有人能够回答。只能这么说：任何人都有可能成为对你施以援手的贵人，他可以是你工作上的伙伴或上司，可能是读书时的同学，甚至有可能是一位从不曾谋面的陌生人。总的来说，交际范围愈广，结识贵人的机会就愈多。传统上，人们还习惯性地认为有地位、有权势、有大量财富的人才是贵人，这种想法有些问题。因为这种人你难得交上，如果你已有这种关系，那你成功就变得"不言而喻"了。

当然，人不能总期待这样的机缘。那么，如何结识贵人呢？与其满街乱跑，不如散发魅力，让贵人自动找上门来。

统一集团的总裁高清愿在企业界成就非凡，或许你会以为他是继承了一份前辈的产业，其实不然。他小时生活非常清苦，16岁就追随吴修齐，在吴修齐的新和兴布行当学徒。因为他忠厚待人，各方面的能力都比较强，吴先生认为他是一个不可多得的人才，对他大力提拔，这成为高清愿成就事业的基础。吴先生就是高清愿的贵人，贵人喜欢"人才"。

只要你具备人才的特质，贵人自然会纷至沓来，古有诸葛亮之才使刘备"三顾茅庐"，今有诸多猎头公司为大公司挖人才。所以，如果你要寻求别人的帮助，假借他人的力量，首先要练好内功。

"攀高枝"，事业平步青云

小王毕业后，没有像他的同学一样选择就业，而是决定自己创业。一开始，凭借自己的勤奋及杰出的编程技术基础，小王从别的公司接了很多活自己来做，并以此获得创业的第一桶金。后来小王注册了自己的公司，开始招揽更多的业务。

小王渐渐发现，凭借自己一个人的力量已经无法同时为越来越多的客户提供服务，自己的技术与才干并不能全面满足企业的需求，同时，小王也没有足够的精力去开发一些应用程序。

这时候，小王想起了牛顿"站在巨人肩膀上"那句名言。与很多人的想法一样，小王想到了IBM、CISCO等跨国巨头，如果能够和这样的跨国公司合作，那无疑会令小王的事业站到一个巅峰之上。然而像小王这样刚刚创业的年轻人，何况还是个学生，是不可能引起IBM、CISCO兴趣的。

在几次碰壁之后，小王开始思考是不是可以寻找国内一些实力强大的公司来合作。

在互联网的搜索中，小王发现了他一直认为只有跨国公司才会拥有的"中间件"技术，在国内已经被一家叫做中龙网库的公司实现了技术突破。而且，中龙网库所提供的"中间件"在价格上十分便宜。

抱着试试看的心态，小王从南京跑到了北京与中龙网库洽谈，而中龙网库也正在着手推广其十年技术攻坚所取得的"EDN 中间件"。由于小王自己也是技术员出身，因此在看了中龙网库产品之后，当即觉得中龙网库就是他要寻找并愿意让自己站上去的"肩膀"！

与中龙网库的合作，不仅为小王的公司大大增强了技术实力，也大大拓展了业务范围，而且小王也不再需要为自己的售后服务所担忧。不到两个月，小王的业务收入便获得成倍的增长。

如今，小王已成为拥有千万资产的 80 后成功人士！

借力是创业的捷径，可以帮助你完成从没钱、没背景、没经验向成功的转变，你可以利用人际关系来借梯登高，成就自己。在这个竞争异常激烈的 21 世纪，自我奋斗的精神固然可嘉，但是如果想成为一个成功者，就必须要学会借助外力。当你和别人同在一个起跑线，最先成功的往往就是那些寻找到合适的"巨人"的人。

"站在巨人的肩膀上"，不是为了在巨人身上坐享其成、坐吃山空，而是为了超越巨人，跨越巨人，这是历史和社会不断前进的必然。

搭建人脉，打通钱脉

一个人的本事再大，力量也是有限的。要想成就一番事业，还必须获得大家的支持和帮助。"红花虽好，也要绿叶扶"的俗语，就形象地指出了只有依靠人脉，才能办成大事的道理。

与这个俗语意思相关的格言并不少，比如"众人拾柴火焰高""独木不成林，单丝不成线"等等，话语虽然浅显，道理却很深刻。如果像武大郎开店——高的一个都不要，或者像梁山泊的白衣秀才王伦那样嫉贤妒能，生怕有本事的人夺自己的位子，最后只能成为孤家寡人，难成大事。

红顶商人胡雪岩曾说过，一个人的力量到底是有限的。就算有三头六臂，又办得了多少事？要成大事，全靠和衷共济。说起来我一无所有，有的只是朋友。如果你有丰富的人脉资源而不知道加以利用，本身就是一种损失。

所有成功的企业家都有一个特点，就是善于借助人脉的力量成事。台湾的巨富陈永泰曾经说过一句这样的话："聪明人都是通过别人的力量，去达成自己的目标。"即使你身上蕴涵着一座金矿，但如果没有人来开发，将与一堆石头无异。即使你有很好的天赋，有很强的能力，但是得不到赏识和机遇，最终也会默默无闻。

成功的人能够充分利用别人的优点，因人而异地安排好每个员工的位置，充分发挥每个人的力量和智慧，这样就能极大地提高工作效率，创造出更好的业绩。

魔鬼训练营——理性创业，规避风险

通过创业致富，是大多数人的梦想，然而创业并不是一件轻松的事，创业过程中会面临各种风险。对于每一个创业者来说，在创业时，都需要认真分析自己创业过程中可能会遇到哪些风险，这些风险中哪些是可以控制的，哪些是不可控制的，哪些是需要极力避免的，哪些是致命的或不可管理的。一旦这些风险出现，应该如何应对和化解。

1. 进行理性创业

特别是初次创业，一定要理性思考，弄清以下几个方面的问题：

（1）创业的盈利模式。必须找到利润点，要有明确的利润来源。

（2）要做最糟糕情况下的运营预算。不要以理想的数据来做预测，要防止投资预算偏小、市场预测失准、成本估算偏低等现象，过于理想化必然导致预期效益偏高，出现问题时就会措手不及。

（3）要有整合资源的能力。初次创业要"整合一切可利用的力量"，打造一个优势互补的利益共同体。以此有效降低成本，提升运营效率，使企业运营事半功倍。

（4）各种资源链条不能断。这里的资源是指原辅材料、人才、产品、资金、渠道等要素，为做到这一点企业必须降低对某些资源的依存度，或者具备调动、牵制资源的能力。

（5）产品潜力。无论是有形产品还是无形产品，产品必须有市场潜力与市场价值，这关系到市场成长性，如果产品成长性差，那么创业也就难于成功。

2. 自我检查分析

初次创业，你可能会遇到来自不同方面的风险，如政策风险，诸如国家及地方性法律法规、产业政策，临时性、突发性出台的政策法规等等；决策风险，不同的决策方案有不同的机会成本，以及不同的机遇风险。

（1）市场风险。这是核心风险因素，如更强势的竞争对手出现导致竞争加剧，市场形势变化。

（2）扩张风险。诸如企业规模扩张、经营领域扩张、项目扩张等方面。如果扩张很盲目，不能与企业能力、市场需求合拍，是极其危险的。

（3）人事风险。其实人事风险不仅仅表现在使企业组织不能正常运行上，还表现在当员工不能为创业企业所用时，到竞争对手那里去挖创业企业的墙角等等。

面对不同方面的风险，你需要自我检查分析，具备一些基本的素质，如勇气信心、行业背景和思考能力。其中，创业勇气和信心是第一位的，很多创业者历经艰辛与磨难，最终能够走出创业低谷，信念发挥了至关重要的作用。其实，对于第一次创业者，最难过的就是心理关：怕赔、怕软环境不好，这种心理阻碍了无数人下海创业。如对于资金难的问题，你可以通过向朋友筹集；可以设计商业计划书去融资；可以申请创业基金；可以贷款。在创业时，要善于整合内外资源，有效借助外力或外部资源降低创业成本、加快企业成长速度、提升企业运营效率并提高企业创业成功率；要具备足够的随需而变的能力，随时应对市场的不确定性；善于走捷径，早点开始积累，诸如边打工边创业——赚着老板的钱，学着老板的经验，为老板做事的同时自己的事业也起来了，然后适时撤出；先做员工后做老板——先为老板经营公司，然后再承包公司，乃至最终买下公司，这是一种最好的捷径，因为聚变和裂变都推动企业成长，要善于裂变，开始内部创业（如蒙牛是从伊利裂变出来的）。